南京交通職業技術學院

校史

（1953～2013）

人民交通出版社
China Communications Press

内 容 提 要

《南京交通职业技术学院校史》秉持历史唯物主义观点，以时期、年代、时间为叙事顺序，注重史实考订，客观地呈现了学校 1953 年至 2013 年的办学历程，清晰地描绘了学校 60 年建校、改革、发展的峥嵘岁月，忠实地记录了学校各个不同时期历史阶段在行政管理、教学管理、学生管理、后勤管理、科研产业开发、党建与精神文明建设等方面开展的重大活动和发生的重要事件。

谨以此书献给南京交通职业技术学院 60 周年华诞，并奉献给长期以来关心、支持学校发展的社会各界人士及广大校友。

图书在版编目（CIP）数据

南京交通职业技术学院校史 /《南京交通职业技术学院校史》编委会编著 .—北京：人民交通出版社，2013.10

ISBN 978 - 7 - 114 - 10892 - 1

Ⅰ.①南… Ⅱ.①南… Ⅲ.①南京交通职业技术学院—校史 Ⅳ.①U-40

中国版本图书馆 CIP 数据核字（2013）第 225425 号

Nanjing Jiaotong Zhiye Jishu Xueyuan Xiaoshi

书　　名：南京交通职业技术学院校史
著 作 者：《南京交通职业技术学院校史》编委会
责任编辑：卢仲贤　刘　君
出版发行：人民交通出版社
地　　址：（100011）北京市朝阳区安定门外外馆斜街 3 号
网　　址：http://www.ccpress.com.cn
销售电话：（010）59757973
总 经 销：人民交通出版社发行部
经　　销：各地新华书店
印　　刷：中国电影出版社印刷厂
开　　本：787×1092　1/16
印　　张：16.25
字　　数：330 千
版　　次：2013 年 10 月 第 1 版
印　　次：2013 年 10 月 第 1 次印刷
书　　号：ISBN 978 - 7 - 114 - 10892 - 1
定　　价：80.00 元

《南京交通职业技术学院校史》编审委员会组成人员名单

历史沿革

1953年 江苏省交通厅干部职工培训班

（南京市安品街、建邺路、九儿巷）

1955年 江苏省交通干部职工学校

（南京市安品街、建邺路、九儿巷）

1961年 江苏省交通专科学校

（南京市长江后街6号）

1964年 江苏省南京汽车职业学校（南京市长江路272号）　江苏省南京航运职业学校（南京市中山北路507号）　江苏省镇江汽车学校（镇江市谏壁刘家湾）

1965年 江苏省南京交通学校

（南京市建邺路168号）

1966年 江苏省南京交通学校

（南京市浦口区沿江乡冯泰路65号）

1973年 江苏省南京交通学校

（南京市浦口区点将台路40号）

1982年 江苏省南京交通学校

（南京市浦口区泰山镇东门后河沿90号）

2001年 南京交通职业技术学院

（南京市浦口泰山镇东门后河沿90号）

2005年 南京交通职业技术学院

（南京市江宁科学园龙眠大道629号）

江苏省交通干部职工学校部分职工合影（1956 年）

1965 年租借校舍——江苏省委党校旧址

南京市浦口区冯泰路 65 号校园教学行政楼（1966 年）

南京市浦口区点将台路 40 号校园旧址（1973 年）

南京市浦口区泰山镇东门后河沿 90 号校园（1982 年）

南京市浦口区泰山镇东门后河沿 90 号校园（1996 年）

学院浦口校区（2001 年）

南大门

图文信息楼

校园一角

学院江宁校区（2013 年）

校训：

知行合一

明德致远

校风：勤奋求实　团结创新

教风：尚德善教

学风：砺志敏学

国家级重点中专奖牌

江苏省文明单位标兵奖牌

江苏省高等学校和谐校园奖牌

江苏省高校毕业生就业工作先进集体奖牌

江苏省“高技能人才摇篮奖”

江苏省教学工作先进高校奖牌

江苏省教育厅
江苏省财政厅 文件

苏教高〔2008〕31号

省教育厅 省财政厅关于公布2008年江苏省示范性高等职业院校和园区建设单位名单的通知

各高等职业院校：

为进一步推进高等职业教育人才培养模式改革，提高高等职业教育整体建设实力，根据教育部、财政部及我省工作部署，今年继续开展省级示范性高职院校建设单位遴选工作，在学校申报的基础上，省教育厅与省财政厅联合组织专家委员会，进行评审论证，经专家评审与两厅审定，确定无锡商业职业技术学院、南京交通职业技术学院、江苏畜牧兽医职业技术学院、苏州农业职业技术学院、南京信息职业技术学院、江苏食品职业技术学院、南通职业大学和南京铁道职业技术学院等8所学校为2008年省级示范

江苏省教育厅文件

苏教高〔2006〕9号

省教育厅关于公布2005年高职高专院校人才培养工作水平评估结论的通知

各有关高职高专院校：

2005年，我厅组织了南京交通职业技术学院等14所高职高专院校人才培养工作水平评估，根据专家组实地考察意见、省内外专家通讯评议和江苏省高职高专院校人才培养工作评估专家委员会审议意见，经认真研究，现将评估结论通知如下：

一、确定以下11所高职高专院校人才培养工作水平评估结论为优秀：南京交通职业技术学院、南京森林公安高等专科学校、徐州建筑职业技术学院、江苏农林职业技术学院、江苏畜牧兽医职业技术学院、南通航运职业技术学院、淮安信息职业技术学院、

中共江苏省委组织部
中共江苏省委宣传部

苏宣〔2013〕64号

关于命名表彰全省首届学习型党组织建设工作先进单位、学习型领导班子建设工作先进集体的决定

各市、县（市、区）委组织部、宣传部，省委省级机关工委、省委教育工委、省国资委党委：

为认真总结推广近几年来全省各级党组织大力推进学习型党组织、学习型领导班子建设工作的成功做法和典型经验，大兴学习之风，提升创建水平，根据省委有关文件精神，2012年10月，省委组织部、省委宣传部面向全省组织开展了首届学习型党组织建设工作先进单位、学习型领导班子建设工作先进集体评选活动。在各地各系统推荐申报的基础上，经组织专家严格评审，并报经省学习型党组织建设工作协调小组全体会议审定，决定对南京市玄武区委等50家学习型党组织建设工作先进

— 1 —

中心组等20家学习型领导班子建设先进集体进
）。
的先进单位和先进集体，珍惜荣誉，再接再厉，
范作用。全省各级各类党组织要以此次评选为
落实党的十八大关于深入推进学习型党组织创
平总书记关于大兴学习之风的重要讲话精神，
进取，为进一步提高学习型党组织建设工作水
、服务型、创新型党组织建设，为谱写中国梦
贡献。

省首届学习型党组织建设工作先进单位名单
2、全省首届学习型领导班子建设工作先进集体名单

中共江苏省委组织部

中共江苏省委宣传部

2013年8月29日

— 2 —

1 江苏省示范性高职院校批文
2 高职院校人才培养工作水平评估获得优秀等级
3 江苏省学习型党组织建设先进单位批文

交通要发展
教育須先行
陈焕友

1 时任江苏省委书记陈焕友为学校题词

2 时任江苏省副省长王湛为学院校庆发来贺信

3 时任江苏省副省长王荣炳为学院题词

江苏省人民政府

贺　信

南京交通职业技术学院：

在你校建校四十周年之际，谨致以热烈的祝贺！

南京交通职业技术学院是我省培养交通专门人才的高等学校，建校四十年来特别是改革开放以来，学校认真贯彻党的教育方针，团结拼搏、开拓创新，立足行业、面向社会，形成了鲜明的办学特色，培养了大批各类交通专门技术人才，为江苏职业教育和地方经济社会发展作出了积极贡献。希望你们以建校四十周年为新的起点，认真实践“三个代表”重要思想，继承和发扬优良传统，以就业为导向，进一步深化教育教学改革，不断提高教育质量和办学效益，为江苏实现“两个率先”作出新的贡献。

王湛

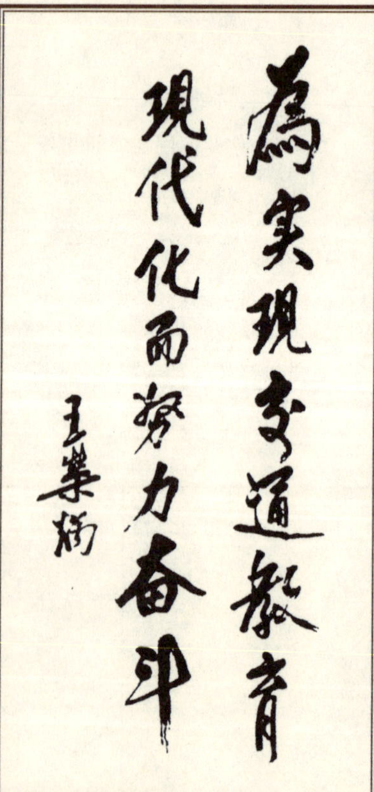

时任江苏省副省长王荣炳为学院揭牌

江苏省人大常委会副主任张艳为学院江宁校区落成校铭石揭牌

江苏省副省长史和平出席学院建校 55 周年庆祝大会

江苏省原副书记任彦申来院作报告

时任江苏省交通厅厅长周赤民来校作报告

时任江苏省交通厅厅长丁子纲来校视察

时任江苏省交通厅厅长徐华强来校视察

时任交通部职教司司长肖枝平来校视察

江苏省委常委、南京市委书记，时任江苏省交通厅厅长杨卫泽出席学校教师节表彰大会

时任江苏省交通厅厅长潘永和来院视察

江苏省交通运输厅厅长游庆仲来院视察

江苏省交通运输厅党组书记刘广忠来院视察

江苏省教育厅厅长沈健来院视察

时任江苏省交通运输厅党组书记刘大旺来院视察

历任学校领导

姓　名	学校名称	职　　务	任职时间
丁征野	江苏省交通干部学校	党委书记、副校长	1955–1958
印仁昌	江苏省交通干部学校	副校长	1957–1958
刘汝成	江苏省交通干部学校	副校长	1957–1958
于德才	南京汽车职业学校	副校长	1964–1965.07
蔡致中	南京航运职业学校	副校长	1964–1965.07
王振才	江苏省镇江汽车学校	党支部书记	1964–1970.10
李光辉	江苏省镇江汽车学校	校长（兼）	1964–1970.10
秦退之	江苏省镇江汽车学校	副校长	1964–1970.10
孙洪文	江苏省镇江汽车学校	副校长	1964–1970.10
周　旭	江苏省镇江汽车学校	副校长	1964–1970.10
耿文达	江苏省镇江汽车学校	党支部书记	1966–1970.10
李光帆	江苏省南京交通学校	党支部书记、副校长	1965–1970.10
施志球	江苏省南京交通学校	副校长	1965–1970.10
蔡致中	江苏省南京交通学校	副校长	1965.08–1970.10
		革委会副主任	1974.10–1978
于德才	江苏省南京交通学校	副校长	1965.08–1970.10
		党支部副书记、革委会副主任	1974.10–1978
于秀娥	江苏省南京交通学校	临时党支部书记	1973.11–1974.09
		党支部副书记、副校长、革委会副主任	1974.10–1976
秦退之	江苏省南京交通学校	党支部副书记、革委会副主任	1974.10–1976.03
		党支部副书记、革委会主任	1976.04–1979.06
		副校长	1979.10–1981.08
陈　展	江苏省南京交通学校	党支部书记、革委会主任	1974.10–1976.04
刘其义	江苏省南京交通学校	党支部书记	1976.04–1979.09

姓　名	学校名称	职　　务	任职时间
陈彤鍪	江苏省南京交通学校	副校长	1979.10–1981.07
		校长	1981.08–1985.02
许怡善	江苏省南京交通学校	副校长	1979.06–1985.02
姜　浩	江苏省南京交通学校	党总支副书记、副校长	1979.06–1981.04
		党总支书记	1981.04–1985.01
		党委书记	1985.07–1986.09
黄荣枝	江苏省南京交通学校	副校长	1981.08–1985.01
		校长	1985.02–1997.07
王家勋	江苏省南京交通学校	党委书记	1989.07–1992.11
孟祥林	江苏省南京交通学校	副校长	1985.02–1997.08
		校长	1997.09–2002.05
陈玉龙	江苏省南京交通学校	党总支副书记	1985.02–1985.06
		党委副书记	1985.07–2002.05
张道明	江苏省南京交通学校	副校长	1985.02–1999.09
魏　明	江苏省南京交通学校	副校长	1985.11–2001.02
王晓农	江苏省南京交通学校	副校长	1997.09–2002.05
高进军	江苏省南京交通学校	副校长	1997.09–2002.05
史国君	南京交通职业技术学院	党委书记	2002.06–2008.02
孟祥林	南京交通职业技术学院	院长、党委副书记	2002.06–2008.01
		党委书记	2008.01–2011.06
王晓农	南京交通职业技术学院	副院长	2002.06–2012.03
贾俐俐	南京交通职业技术学院	院长、党委副书记	2008.01–2011.05
	南京交通职业技术学院	党委书记	2011.06–
张　毅	南京交通职业技术学院	院长、党委副书记	2011.05–
许正林	南京交通职业技术学院	党委副书记	2007.06–
高进军	南京交通职业技术学院	副院长	2002.06–
周传林	南京交通职业技术学院	副院长	2008.12–
应海宁	南京交通职业技术学院	纪委书记	2008.12–
杨益明	南京交通职业技术学院	副院长	2013.03–
陈玉龙	南京交通职业技术学院	副院级调研员	2002.06–

学校部分历任老领导

左起：蔡致中　许怡善　秦退之　姜　浩　耿文达　刘其义　施志球　于德才

学校领导参加教务工作会议（1985 年）

左起：陈玉龙　孟祥林　黄荣枝　姜　浩

学校领导研究工作（1992 年）

左起：魏　明　孟祥林　黄荣枝　陈玉龙　张道明

学院领导班子（2002 年）

左起：高进军　史国君　孟祥林　王晓农

学院领导班子（2008 年）

左起：应海宁　王晓农　许正林　孟祥林　贾俐俐　高进军　周传林

学院领导班子（2013 年）

江苏省交通运输厅部分老领导参加校史编写咨询会

校史审稿人员

校史编写组成员

南京交通职业技术学院全体教职工合影（2013年）

序

南京交通职业技术学院创办于1953年，坐落在襟江带河、虎踞龙蟠的六朝古都南京，在青山环抱、碧水环绕、钟灵毓秀的方山脚下，她以含英咀华，奋发勤勉，修养丰富之内涵，呈现风华正茂之气象。

盛世修史，古来如此。今日之南京交通职业技术学院，已经是“江苏省示范性高等职业院校”，被誉为江苏交通人才的摇篮，集诸多盛誉于一身，校友遍天下，声名传遐迩。在建校一甲子之际，校史编写计划得以付诸实现，充分表明了学校师生对发展历史的高度重视，对优良传统的高度认同，对学校未来的满怀信心，也体现了南京交院人的成熟、自信和高度的理性。

悠悠六十载，浦口至江宁，筚路蓝缕、风雨砥砺、玉汝于成，值得铭记。新中国成立初期，学校自力更生、艰苦奋斗；而后又遭遇极左危害，特别是动乱浩劫之际，学校执着坚守、栉风沐雨；改革开放后，学校拨乱反正、解放思想、改革创新、加快发展……每一步如何走来，每一个过程如何经历，许多艰辛怎样克服，无数心血如何付出，众多成绩怎样取得，这部《校史》一一道来。这六十年历史的书写，无疑是学校建设和发展史上一件大事，对于学校来说，是汲取办学经验，凝练办学智慧，鉴往知今，继往开来之所在；对于全体校友来说，是铭刻梦想与青春，挥洒激情与热血，热爱母校，心系母校之所在。

晚清学者梁启超在《中国历史研究法》中指出：“史者何？记述人类社会赓续活动之体相，校其总成绩，求得其因果关系，以为现代一般人活动之资鉴者也。”意大利哲学家克罗齐有名言：“一切历史都是当代史。”强调的是一部好的历史应当体现时代精神，蕴含现实意义。这部《校史》坚持用事实说话，征引若干珍贵资料，在许多复杂史实的叙述中，常有微言大义和点睛之笔，努力呈现鲜明的时代精神。无论是新中国成立初期的事业初创，还是“文化大革命”浩劫后的复校新生；无论是复办时期的举步维艰，还是改革开放后的蓬勃发展，都贯穿了当代中国的时代精神，同时激活和升华了南京交院精神。六十年的历史沉淀，聚合为“勤奋、求实、团结、创新”的校风，凝结为“尚德善教”的教风和“砺志敏学”的学风，沉淀为“明德致远、知行合一”的南京交院精神。

一甲子的岁月轮回，六十年的历史风雨，一批又一批的教育工作者怀教育之理想，健自强之远志，把青春韶华、才情抱负，无私地抛洒在交通职业教育的热土上。这是一群心怀交通教育大发展，甘愿献身教育的最可爱的人，他们是学校发展的火炬手，薪火相传，奋斗不息，树立了一座座治学兴业之丰碑。一代又一代的学子肩负着建设祖国、服务人民、造福家乡的重任，在这里沐浴着春风雨露，在书山上攀登，在学海中遨游，他们是交通建设的“铺路石”，无怨无悔地奋战在江苏省乃至全国交通事业的工作第一线，用自身的实际行动诠释着“特别能吃苦、特别能战斗、特别能奉献”的江苏交通精神。他们是《校史》的主角，他们是学校历史的创造者。校史铭刻着他们最初的梦想，是他们梦之所及、心之所依、情之所系的宝贵珍藏。他们和母校心连心，同呼吸、共命运，为共筑交院梦努力奋斗。

面对六十年的沧桑岁月，阅读着厚重的《校史》，而今我们站在更高的历史高度，思考着我们的艰巨使命，发扬过去悠悠岁月中沉淀下来的交院精神，沿着前人的足迹，以更高的热情继续开拓交通职业教育的新局面、新篇章。这是我们的责任，也是我们的使命；面对历史，这更是我们的承诺。

勤耕一甲子，而今从头越。南京交院人可以做得更好！

是为序。

党委书记：贾俐俐

二〇一三年八月

前言

据江苏省公路交通史记载，南京交通职业技术学院的前身是创办于 1953 年的江苏省交通干部学校。遥想 1953 年，江苏省各地的汽车、轮船工人和交通干部，怀着对交通事业的巨大热情、对振兴新中国交通事业的雄心壮志，走进了江苏省交通干部职工学校。就是从这里开始，学院在江苏省人民政府、省交通运输厅、省教育厅的领导下，不畏道路之修远，不怕艰辛与困苦，上下求索，勇于创新，开拓了一片交通教育事业的新天地。经过多年建设，1982 年办学地址迁入南京市浦口区后河沿，1994 年学校荣获省部级和国家级“重点中专”称号，1991 年起连续八年四次被授予“江苏省文明单位”称号，2001 年被授予江苏省“文明单位标兵”称号。2001 年 6 月，学校升格为专科层次的职业技术学院，并于 2005 年 10 月迁入江宁新校区。学院先后于 2005 年、2011 年高水平通过教育部高职高专人才培养工作评估，是江苏省示范性高等职业院校、江苏省高技能人才培养示范基地、江苏交通运输职业教育集团理事长单位、江苏省高等教育综合改革试验区建设试点院校。

为了总结 60 年来的办学经验与成果，推动学院更好地科学发展，学院作出编写校史的决定。历经一年多的辛勤笔耕，在学院建校 60 周年之际，《南京交通职业技术学校校史》终于付梓出版了。

《南京交通职业技术学校校史》以时期、年代、时间为叙述线索编排史事，客观呈现了 1953 年至 2013 年 6 月之间较为完整的办学历程，清晰地描绘出了学院发展的纵向轨迹。按照办学体制的变迁，本书将学院发展史分为三个时期，即交通干部职工培训教育时期、交通中等专业教育时期和交通高等职业教育时期，并依据重要时间节点划分为八个阶段，即八章编写。第一章，创办江苏省交通干部职工学校，开展交通干部职工教育（1953~1957）；第二章，创办江苏省南京交通学校，培养交通中等专业人才（1958~1965）；第三章，“文化大革命”时期，学校教育遭到严重破坏（1965~1976）；第四章，改革开放时期，恢复重建学校（1976~1982）；第五章，积极进取，学校事业稳步发展（1983~1990）；第六章，开拓创新，学校事业进入蓬勃发展快车道（1991~2001）；第七章，调高调大，学院实现跨越式发展（2002~2005）；第八章，内涵发展，提升高职教育办学水平（2006~2013）。

本书以纪事体的编写方法，注重史实考订，力求忠实记录反映学院发展史上在学院行政管理（包含领导班子建设、中层机构设置）、教学管理（包含专业设置、师资队伍建设）、学生管理（包含招生与就业）、后勤管理（包含基础设施建设）、科研产业开发、党建与精神文明建设等方面开展的重大活动和发生的重要事件。《校史》编写组以高度的责任感与使命感，细致梳理学院历史及相关事件，实地采访了学院的老领导、老职工，多次组织召开了老同志座谈会，同时前往江苏省档案馆、江苏省交通运输厅档案室和学院档案室查阅历史档案，从而掌握了翔实的历史资料。学院原党委书记孟祥林担任编写组组长，李国之、陈锁庆担任副组长。本书编写分工如下：赵家华、许榴宏负责第一章、第二章，孟祥林负责第三章，陈锁庆负责第四章，李国之负责第五章，袁茜负责第七章，王利平负责第六章和第八章。全书由孟祥林策划并统稿。

本书在编写过程中，江苏省交通运输厅的老领导周赤民、施因、丁子纲、蒋华年、汤干齐、陈以琳等给予了关心和指导；学院的离退休老领导、老同志蔡致中、于丛淑、刘玉英、钟镕、端木建国、宿惠娟、刘传成、张宗祥、罗家琚、王挺度、林光郎、沙圣芳、胡维忠等参与了校史相关资料的提供和初稿的审阅工作。学院朱红茹、姜维维为史料、图片提供了良好服务。本书的写作也得到了江苏省档案馆、江苏省交通运输厅档案室、南京金陵汽车配件制造厂托管中心的大力支持，在此一并表示感谢。

谨以此书献给南京交通职业技术学院60周年华诞。

院长：[签名]

二〇一三年八月

目录

第一章

创办江苏省交通干部职工学校，开展交通干部职工培训

（1953~1957）

新中国成立初期，江苏交通运输业百废待兴。为了积极实施国民经济第一个五年计划，需要大批与交通运输发展相适应的有文化懂技术的专门人才，江苏省交通厅于1953年1月决定，设立专门的教育机构，对交通系统在职人员进行培训。先期举办的江苏省交通厅干部职工训练班，对管理干部、汽车驾驶员和船务员工等进行分类培训；1955年江苏省交通厅将原“干部培训班”、“船务员工培训班”和“汽车驾驶员培训班”整合，开办“江苏省交通职工学校”；1956年更名为“江苏省交通干部学校”，进一步加大对交通干部职工的培训力度，提高对交通干部职工的培训水平。

第一节 创办背景

解放初期，江苏省内公路每平方千米只有2.7km，且大多是土路。苏南约1000km公路可维持通车，苏北仅有815km公路能勉强通车，农村公路处于自然状态。江苏尽管河流、湖泊密布，但航道通轮驳船里程不足8000km。省内较大的运输企业被官僚资本操纵，运输工具除人力车、畜力车，主要是依靠肩挑人抬，交通状况十分落后。

为迅速恢复交通运输、支援前线、繁荣城乡经济及物资交流的需要，江苏省建立了苏北人民行政公署交通处和苏南人民行政公署交通管理局，有步骤地接管、接收、接办和改造官僚资本主义运输企业，建立了国营汽车运输企业及建华轮船运输公司和苏北内河轮船公司及苏北汽车运输公司。

经过三年多的经济恢复，江苏的工农业生产取得较快发展，进一步促进了交通运输事业的发展。内河航运客货运量的迅速增长，迫切需要增加设备、提高机械化程度和加强技术力量。1952年底，全省各地逐步建立了汽车公司（分公司）、轮船公司（分公司）、联运公司、民间运输合作社，交通工业、公路航道运营里程和客货运、养路和航道管理得到了较快发展，交通运输职工队伍迅速扩大。据省内河轮船公司所属七个分公司和一个营业部的调查，技术干部和技术工人十分缺乏，迫切需要加快公路运输和内河运输技术干部和工人的培训工作。

1953年1月1日，苏北人民行政公署、苏南人民行政公署及徐海地区与南京

市人民政府合并，成立江苏省人民政府。与此同时，江苏省交通厅正式成立。这一年，土地革命的任务已在全国范围内基本完成，国民经济恢复工作提前实现预定目标，第一个五年计划即将开始。交通运输业是工农业生产的先行官，随着交通事业的发展，技术革新群众运动的开展，机械化、半机械化程度的提高，对人的素质尤其是对职工政治、文化、技术水平要求相应提高；而当时交通职工队伍中文盲、半文盲占 50%，严重制约着交通事业进一步发展。开展职工教育，提高交通行业职工队伍文化和专业素质，是江苏交通运输行业发展的当务之急。

第二节　举办干部职工训练班

为了提高干部职工政治思想、文化知识和技术水平，更好地为过渡时期的交通运输事业服务，根据中央关于“工农教育一般以文化教育为主要内容，并适当地结合政治教育、生产技术和卫生教育，首先着重对工农干部和工农中积极分子的教育”的批示，1953 年，江苏省交通厅设置专门机构，开展干部职工文化和技术培训。1953~1954 年，江苏省交通系统先后开办了内河轮船公司工人、干部和汽车驾驶员训练班。

一、机构及师资

为做好培训工作，在干部职工培训班设行政科、组织科和教育科。行政科负责经费管理，房屋、家具及办公学习用品的分配，有关公文及文件处理等。组织科负责学习班工作人员和培训学员思想工作，负责审查干部和调配干部及组织、保卫、福利等工作。教育科负责制订日常教学计划、与任课教师研究干部训练班的教学方法及研究推动学员学习办法。各训练班设正、副队长各一名，组织干事、教育干事、公勤员各一名。各队下设若干小组，配备正、副组长各一名。各队队干由训练班研究决定，上报江苏省交通厅批准并任命。干事经训练班办公会议决定，各组长由各队推荐，上报训练班同意后直接委派。印仁昌同志任训练班主任。

因为没有专职教师，训练班主要由交通厅主管领导和相关部门领导担任兼课教师。教学形式采取大会宣讲与小组讨论相结合的方式。为避免小组讨论走弯路，教师在课后深入各小组进行辅导，并通过讨论、读报、看教育电影、参观展览、出黑板报、文娱问答晚会等方式，加深对学习内容的理解，以达到提高学习效果的目的。

二、开办训练班

1. 内河轮船公司工人训练班

1953 年，江苏省交通厅航运管理局成立，为提高干部和职工的政治、文化和业务水平，经过认真筹备，由江苏省交通厅航运管理局组织，于 1953 年 6 月在南京九儿巷开办第一期“国营内河轮船公司工人训练班”，到 1954 年 12 月共举办三期，培训学员 295 人。学员为来自全省国营轮船公司及其分支机构正、副驾驶，正、副司机，加油工、舵工、客驳水手长、水手等。训练班教学内容包括政治教育与业务教育。政治教育是以党在过渡时期总路线、总任务为主，以新旧社会对比、中国共产党三十年的光荣历史、工人阶级如何为实现社会主义工业化而奋斗等为内容。业务教育内容主要是航运安全运行图表、交通部颁布推行的一列式拖带运输法等。

2. 干部训练班

1953年4月，根据交通部“机构逐步裁并，人员进行编整”的指示精神，华东联运公司奉命紧缩机构，江苏省交通厅联运公司组织全省各联运公司编余职工484人举办干部训练班，进行文化和时政学习。干部训练班于1953年7月7日开班，7月9日举行开学典礼。训练班按学员不同文化水平编为三个队：第一队，文盲及初小水平；第二队，相当于高小水平；第三队，相当于初中水平。校舍租用安品街和建邺路的古旧民房。1954年底，干部训练班结束。学习过程中根据整编精神清退213人，其余分配或安置工作。

训练班政治教育主要进行党的路线、方针、政策为主要内容的社会主义教育，通过学习，使学员了解国家在过渡时期的方针政策和国家发展趋势，明确当前中国革命的性质、任务及步骤，进一步提高学员对资本主义工商业、私营工商业进行社会主义思想改造政策的认识，澄清思想上一些模糊认识，提高政治思想觉悟。业务教育按学员文化知识水平，进行扫盲教育，开设高小、初中层次的语文和算术、地理、历史课程。经过一年多学习，学员都能认识到江苏交通建设的美好前景，主动适应交通行业工作要求，跟上交通建设发展的步伐。

3. 汽车驾驶员训练班

江苏省交通厅公路运输局根据汽车运输发展的需要，抽调本省国营汽车公司及各分公司驾驶员任教练助手，于1954年9月组织举办省汽车驾驶员训练班。汽车驾驶员训练班开设政治课与业务课，其中业务课程主要学习驾驶操作、交通安全技术和修理技术。因为没有教材，训练班自编了《汽车驾驶员技术操作手册》、《汽车技术保养手册》等讲义，采用上课与讨论结合、自学与互助结合、理论与实践结合的“三结合”方式进行教学。通过学习，学员掌握了汽车驾驶的基本操作，建立了交通安全意识。这个训练班只办了一期，学员25人。

第三节　组建江苏省交通干部职工学校

为加强对干部职工培训工作的领导，江苏省交通厅在短期、分散举办训练班的基础上，1955年正式创办了有教学基地、教学设施和教学人员的“江苏省交通职工学校”。1956年初，“江苏省交通职工学校”更名为“江苏省交通干部学校”。

一、创办过程

随着国家工业化的发展和第一个五年计划的实施，工农业生产水平不断提高和城乡物资交流日益扩大，地方交通运输任务愈来愈繁重。为了适应交通发展需要，完成繁重的运输任务，必须要有足够的具有高度社会主义觉悟的、一定技术水平的干部和职工。1955年1月，江苏省交通厅党组召开扩大会议，就如何加强对干部职

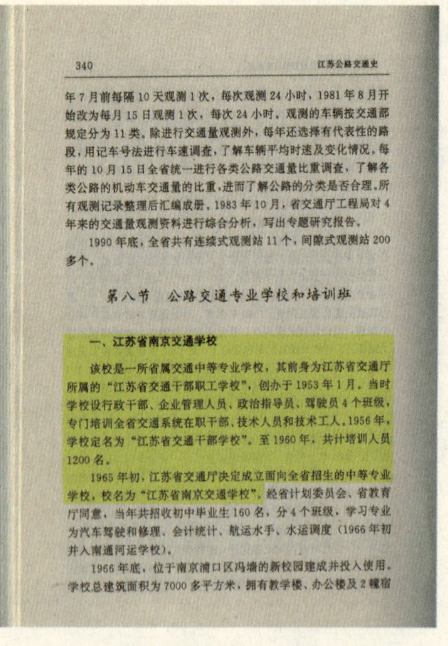
340 江苏公路交通史

年7月前每隔10天观测1次，每次观测24小时，1981年8月开始改为每月15日观测1次，每次24小时。观测的车辆按交通部规定分为11类。除进行交通量观测外，每年还选择有代表性的路段，用记车号法进行车速调查，了解车辆平均时速及变化情况。每年的10月15日全省统一进行各类公路交通量比重调查，了解各类公路的机动车交通量的比重，进而了解公路的分类是否合理。所有观测记录整理后汇编成册。1983年10月，省交通厅工程局对4年来的交通量观测资料进行综合分析，写出专题研究报告。

1990年底，全省共有连续式观测站11个，间隙式观测站200多个。

第八节 公路交通专业学校和培训班

一、江苏省南京交通学校

该校是一所省属交通中等专业学校，其前身为江苏省交通厅所属的“江苏省交通干部职工学校”，创办于1953年1月。当时学校设行政干部、企业管理人员、政治指导员、驾驶员4个班级，专门培训全省交通系统在职干部、技术人员和技术工人。1956年，学校定名为“江苏省交通干部学校”。至1960年，共计培训人员1200名。

1965年初，江苏省交通厅决定成立面向全省招生的中等专业学校，校名为“江苏省南京交通学校”。经省计划委员会、省教育厅同意，当年共招收初中毕业生160名，分4个班级，学习专业为汽车驾驶和修理、会计统计、航运水手、水运调度（1966年初并入南通河运学校）。

1966年底，位于南京浦口区冯墙的新校园建成并投入使用。学校总建筑面积为7000多平方米，拥有教学楼、办公楼及2幢宿

《江苏公路交通史》有关学校的记载

工培训工作的领导，并就1955年干部职工训练方针、任务和要求，向江苏省委提出专题报告。报告认为，原有三个训练班分属不同的管理单位，其中干部训练班由交通厅管理，汽车驾驶班由省公路局管理，船员训练班由省航运局管理，这种管理方式已不能适应交通建设快速发展的要求。因此，决定将交通厅干部训练班、省公路运输局汽车驾驶员训练班、省航运局船员训练班合并，成立“江苏省交通职工学校”，实行统一管理。1月15日，江苏省交通厅党组“关于加强职工训练并开办交通厅职工学校的决定”报送江苏省委。3月1日，江苏省委批复，同意将所属三个干部训练班合并为“江苏省交通职工学校”。3月15日，“江苏省交通职工学校”印章启用。1956年初，学校正式定名为“江苏省交通干部学校”。

学校由江苏省交通厅直接领导（1956~1958年分设为江苏省交通厅、航运厅期间，由两厅共管），经费由江苏省交通厅下拨，性质为短期专业训练班。学校的教育思想是根据国家在过渡时期和第一个五年计划对交通工作的要求，结合交通运输干部与职工的具体情况，以政治教育为主，结合部分业务教育与文化教育，对在职干部和职工进行轮训。首先训练骨干职工，而后训练一般职工。要求通过政治与业务教育，纠正各种错误的思想认识，提高社会主义觉悟和为人民服务的意识，教育职工安心工作，钻研业务，掌握地方交通运输的常识及有关交通运输方面的法律规章，最终达到提高干部职工思想水平、政治水平和业务水平的目的。学校开设行政干部、企业管理人员、政治指导员、航运技术船员、汽车驾驶员、会计等专业训练班。

二、组织机构及师资

江苏省交通厅厅长兼任学校校长，日常工作由校委会领导，先后任命丁征野、印仁昌、刘汝成为学校副校长。学校下设行政科、组织科和教育科。行政科负责经费管理，房屋、家具及办公学习用品的分配和有关公文及文件处理。组织科负责掌握学习班工作人员和培训学员思想状况，审查干部和调配干部及组织、保卫、福利等工作。教育科负责制

江苏省交通干部职工学校学习笔记簿

订日常教学计划、研究干部训练班的教学方法及改进学员学习办法。学校分设干部、航运技术船员和汽车驾驶员三个队（班）。各队设专职支部书记，另设负责行政工作的队长或副队长。为提高教学质量，学校成立教学委员会，由专职副校长及专职教员组成，以加强对教材、教学方法的研究和备课工作的指导。

到 1957 年时，学校有教职员工 20 多人。专职教员 9 人，其中政治教员 3 人、汽车机械及驾驶教员 3 人、轮船驾驶教员 1 人、轮船机械教员和机械助理各 1 人。除专职教师外，厅长或副厅长、政治处主任或副主任、专职副校长，公路、航运局长等为学校兼职教员。另外，每期培训班可根据需要聘请其他负责干部进行专题讲座或抽调汽车公司熟练驾驶员担任汽车驾驶技术助教。

三、校址校舍

在校舍选择问题上，由于当时学校没有校舍，教学设备也十分缺乏，学校一方面组织人员，认真做好原来三个训练班的教学设备和家具接管、登记工作；另一方面组织人员联系、洽谈民居房舍租赁，以作校舍之用。学校经过与相关部门多方协商，购买安品街 82 号、建邺路 26 号两处房屋 106 间，租赁南京市九儿巷 30 号两个旅社 42 间，共 148 间房屋作为校舍。学校校部设在南京市安品街 82 号。

由于校舍是临时租用或购买的古旧民居、旅社，不仅房屋年久失修，且住地分散，分属白下区、秦淮区和建邺区，给学校管理带来很大不便，造成人力、物力很大浪费，仅房屋的月租费就需千元以上。房子虽然很多，有 100 多间，但大多是临街的木质住房，结构和形式不适合教学，教学环境很差。

针对教学条件差的状况，学校采取一系列措施，在做好各期学员培训的同时，努力改善教学和生活条件。在江苏省交通厅的支持下，学校扩大租用建邺路 26 号 48 间公产房，租赁九儿巷内的旅社和老百姓住房 54 间，加上原购买南京水西门安品街 82 号旧式房屋 64 间，二处房屋可住学员 350~400 人。学校从旧货市场购置了 450 张床和部分课桌及炊事用品，修缮了一所可容纳 350 人的礼堂，建起了运动场，安装篮球架、单双杠等体育锻炼设施。1956 年 1 月，学校又租赁施府桥 67 号和 69 号 40 余间房屋供教学用。为了改善办学条件，经江苏省交通厅同意，学校决定将校址固定并集中在建邺路 26 号，经报南京市房管局批准，将该处校舍后的东西两排年久失修的房屋拆除，改建为三层楼房，并征用建邺路 26 号周围土地 3700m²。由江苏省地方国营惠山建筑工程公司承建，学校于 1958 年建成 2790m² 教学楼、宿舍楼、办公楼、厨房、餐厅，可容纳 300 人教学、办公、生活使用。

为改善教学条件，在江苏省交通厅的支持下，学校从徐海、淮阴公路运输局，调用 5 辆部件齐全拟报废货车，从南京公路运输管理局调拨车况较好的货车用于教学；从淮阴、镇江航运管理局调拨 038 号、081 号两艘轮船，从镇江船舶修理厂调配即将报废的河清轮主机、锅炉整修后，用于学生教学实习；在南京市公园路体育场建立了驾驶员训练教练场，租用水西门外大士茶亭 20 余亩空地改建为驾驶训练场。经南京市公安局同意，学校教练车的行车驾驶训练，在中山门—新街口—汉中门等路线进行；轮船驾驶技能鉴定，在下关中山码头至第二码头、下关三汊

江苏省交通干部学校部分职工合影

河口至中山桥进行。学校还主动向武汉河运学校、长江航运学校、南京航务工程学校等单位，广泛征集管理工作组织经验、工作制度和有关书籍、杂志，并得到大力支持。教学条件的改善，为汽车驾驶训练和轮船驾驶训练与技能鉴定提供了基本保障。

四、培训教育

“一五”期间，江苏省交通厅计划将厅所属机构中近9000名干部职工，在分批培训的基础上，争取做到每人轮训一次。根据省交通厅的要求，学校确定训练对象主要是行政管理与政治工作干部、企业单位干部、财务、统计工作干部。职工每期按比例调训，要求必须是职工中的骨干、政治上纯洁且有培养前途的人员，并制订了训练工作计划。学校没有设置固定的班次，每期开班主要是按江苏省交通厅、江苏省航运厅两厅业务部门生产需要开办专业的教学班。根据“培养理论与实际相联系、政治与业务相结合”的培训方针，自1955年3月至1958年10月，学校共开办专业训练班四期，培养学员1576人；其他培训班11个，培养学员约400人。

1. 第一期训练班

1955年3月15日江苏省交通厅通知下发所属汽车公司、轮船公司等企业，要求各部门和企业按要求选派人员参加学习。培训教学计划，经厅党组三次讨论修改后付诸实施。学校经过两个多月筹备，首期招收干部、航运技术船员、汽车驾驶员三个训练班，共252名学员。训练班于同年4月1日报到，4月7日在安品街校本部大礼堂举行开学典礼，4月8日正式上课。

培训班安排专职教学人员9人，其余为兼职教学人员。干部培训班和航运技术船员班培训时间各为四个月，汽车驾驶员班为六个月。三个班级均开设政治课程，业务课程根据不同班级设置不同。其中干部班开设业务课程主要有：地方交通基本知识、有关公路、航运的方针政策、法规以及生产经营、组织管理等知识；航运技术船员班开设业务课程主要有：驾驶操作规程、锅炉、机器保养、安全技术测定和确保航运安全等基本知识；汽车驾驶员班开设的业务课程主要有：汽车机械原理、汽车驾驶操作方法和汽车保养及修理知识。

为了加强党的领导，保证学习任务的胜利完成，学校成立临时党总支委员会和团总支；各班成立学员党团临时支部，负责班级组织领导和思想工作。学校通过入学教育和党团组织活动，以及学习优胜比赛等活动的开展，在学员中形成了紧张但积极向上的学习氛围，取得了较好的效果。

2. 第二期训练班

为贯彻交通部对地方交通规划的要求，加强县、乡道路和小河支流的修建和养护工作，培养基层交通工程养护技术人员作为今后全省修建与养护县乡道路和港河支流的骨干，根据江苏省交通厅、江苏省人事局“增设县乡交通工程技术人员训练班”联合通知精神，第二期训练班由原来的三个班增加到五个班，即干部班、汽车驾驶班、县乡交通工程技术班、会计班和政治班，学员共 487 人，于 1956 年 2 月 22 日开学。

在教学方面，当时学校的专职教学人员有 12 人。学员文化程度从文盲到大学生参差不齐，有 38% 的学员文化程度不符合调训要求，会计班甚至达到 50%，教学难度很大。针对这种情况，训练班教学采取“教学抓中间，辅导抓两头”的方法，讲课尽可能通俗化、形象化；在学员中开展互帮互学、学习竞赛等活动，尽量提高学员学习积极性。通过培训，学员普遍提高了政治思想认识水平和业务水平，纠正了“干交通、没出息”的错误认识。会计班的成绩比较突出，全班学员政治学习成绩平均 91 分，业务学习成绩平均 89 分。学校评出优胜小组 6 个，优胜个人 41 人。

3. 第三期训练班

1956 年 9 月，学校开办第三期训练班，开设航运干部、政工人员、航运船员和汽车驾驶 4 个班。根据江苏省航运厅、江苏省人事局《交通干部学校第三期训练班教学计划的联合通知》精神，由公路局、航运局、专署及南京、无锡、泰州、常州市人民委员会、办事处、修理厂、养路段等单位按计划和条件选送人员参加学习，共选送学员 437 人，其中航运系统 250 人，公路运输系统 120 人，公路、航运系统中政工干部 67 人。

培训对象主要是航运系统各单位的科长、科员、正副股、所、站长，机动轮船及客驳正副驾驶、舵工、水手长、水手，公路系统原在部队担任过驾驶员但尚未有驾驶执照人员，航运、公路系统的政工干部等。培训学习时间为四个月。

按照学校“政治与业务相结合，理论与实际相联系，提高思想水平和工作能力”的教学方针，培训班在政治方面，主要学习党的基础知识和哲学知识，使学员进一步提高社会主义觉悟，树立辩证唯物主义世界观。业务方面，航运干部班主要学习船舶调度常识、商务工作须知、运价内容及政策、商务事故的防止和处理、航港规章制度常识和船舶管理知识；航运船员班主要学习驾驶操作、国际避碰章程、船员职责、气象常识、应急保养措施、河道维护和航标、货物装卸、拖驳运输的运用、游泳等；汽车驾驶员班主要学习汽车驾驶员技术操作、汽车保养手册和机械基本原理、运输常识和交通规则。

4. 第四期训练班

1957 年 3 月，学校开办第四期训练班。江苏省交通厅和航运厅在南京局、镇江局、常州局、无锡局、苏州局、松江局、南通局、泰州局、盐城局、淮阴局和驻沪办事处等调训政治可靠、身体健康、有一定文化基础的 60 名木船管理员、40 名港埠装卸员、100 名轮船驾驶员、50 名交通民间工具管理员、50 名公路统计员、50 名汽车技术干部和 50 名汽车技工共计 400 人分别参加木船管理、港埠装卸、轮船驾驶、交通民间工具管理、公路统计、汽车技术干部和汽车技工等七个训练班学习。汽车技术干部班学习时间为一年，其他训练班为四到六个月不等。

5. 其他培训

学校积极贯彻为地方交通服务的精神，想社会之所想，急社会之所急，积极为社会需求服务，在认真做好计划内培训任务基础上，1956~1957 年间还先后开展了会计训练班、初级机务技术班、初级公路工程班、高级航运船员班。

（1）会计训练班。根据全省各地木帆船队、马车队、板车队等组建合作社，急需会计的需求，学校及时组织了 120 人的短期速成会计训练班。通过一个半月时间的学习，学员基本能编制决算表、资产负债表，及处理公积金分配等业务。

（2）初级机务技术班。江苏省交通厅通过劳动局吸收的 120 名初中毕业生，经培训初步掌握机务管理技术检验等基本知识和技能后，分配到各修理厂（队）担任技术检验员和技术管理员。

（3）初级公路工程班。根据江苏省交通厅工程处当年急铺 576km 路面需要，通过劳动局吸收初中毕业生 50 人组成培训班。经培训，学员初步掌握公路工程知识，结业后分配至各工程队，成为培训基层干部和公路养护骨干。

（4）高级航运船员班。由江苏省交通厅抽调全省航运系统较优秀的水手、水手长、舵工 106 人组成培训班，学习安全生产、内河驾驶操作、船艺、避碰法、一列式拖驳运输法、航标识别、游泳、操纵船舶等，结业后成为高级轮船驾驶员。

五、教学管理

学校重视教学管理，每一期培训班都制订完整的教学计划，经过几期教学，训练班的管理工作走上正常轨道。为了保证教学质量，学校加强对兼任教师管理，要求教师对学习较困难的学员进行辅导，主动帮助他们收集教学参考资料，采用编写补充讲义方法，以克服教材缺乏问题；组织学员到车队、船厂进行现场教学，以充实和丰富教学内容，提高教学效果。

开展互助教学活动，提高学习质量。由于参加培训人员政治、文化水平参差不齐，特别是航运船员班 110 名学员，粗识字和文盲就占 60%，再加上职务、工作性质不同，对教学影响很大。因此，开展辅导互助工作，显得尤为重要。学校抽出四个干事专职从事辅导和帮学，采用差生集中辅导和个别帮助的办法，提高学习效果。为了解和指导学员业务学习，学校指派崔连富、瞿静贞、朱昭明、吴诚、曹董、高立坤、陈学群等老师随班听课，课后进行辅导；组织政治觉悟高、文化程度较高的学员与学习后进的学员结成互助学习小组，帮助他们找参考资料、开展学习交流、共同讨论问题等，促进后进学员的学习；通过开展组与组、班与班学习挑战赛和每月评选优胜个人、优胜小组的评优活动，促进全体学员学习质量的提高。

经过几年的培训教学，学校逐步积累了一定的培训经验，为制度建设打下了基础。在广泛征求意见和讨论的基础上，学校培训制度修订工作完成，并于 1956 年 10 月 11 日正式颁布实施。主要制度有：会议制度、请示报告制度、办公规则、收发制度、文印制度、档案制度，财经管理制度、办公用品及家具分配管理办法、车辆管理制度，保卫与保密工作制度、值日制度、学员行为总则和学习制度、评优条例、生活用品制度、卫生制度、会客及招待制度，图书管理与借阅制度等，使学校管理工作有章可循。

第二章

创办江苏省南京交通学校，培养交通中等专业人才

（1958~1965.4）

为适应交通事业的发展，江苏省交通厅批准在原江苏省交通干部职工学校基础上筹建江苏省交通学校，开办中等专业技术教育。1958 年交通部所属南京航务工程学校下放江苏省，由江苏省交通厅领导，并在同年升格为专科学校。学校分设大专部和中专部，中专部由江苏省交通厅举办，开设公路与桥梁、汽车维修、轮机管理和河船驾驶 4 个专业。1962 年，交通部收回学校管理权；中专部定名“江苏省交通专科学校”，仍属江苏省交通厅领导。1965 年江苏省交通厅在南京汽车职业学校、南京航运职业学校基础上组建江苏省南京交通学校，成为一所独立设置的中等专业学校。

第一节　批准筹建江苏省交通学校

1956 年，江苏省交通厅和航运厅着手准备在江苏省交通干部职工学校的基础上，建立江苏省交通学校（中等技术），在做好职工轮训的同时，为交通行业培养中等专业技术人才。初步确定建校基地和汽车教练场需征用土地 500 亩，其中南京市石门坎以东、工程兵学校以西、旧城河以南、马路以北的 200 余亩作为建校基地；天堂村以西、炮兵学校以东、马路以南的 300 亩作为汽车教练场。江苏省航运厅拨款十万元，用以办理土地征购手续。

1956 年 8 月 29 日，南京市城市建设局同意学校在光华门外石门坎以东、工程兵学校以西先行征用建校基地 60 亩，用作建校基础。同年 9 月，江苏省交通学校（筹）制订基建计划任务书。新校舍计划建设教育行政用房 11925m^2，师生宿舍等生活用房 20537m^2，轮船码头、汽车教练场、运动场等场地 161141m^2。按照建设进度安排，1956 年第四季度开始办理土地征用、进行勘测设计、提出总体设计，以及施工预算、备料；1957 年组织施工，建成教育教学生活用房；1958 年建成办公、实习用房等附属用房；1959 年建成托儿所等工程。预算经费 205.5 万元。与此同时，江苏省航运厅发文，学校工程委托江苏省地方国营惠山公司承包建设。

在完成先行征用建校基地 60 亩后，江苏省航运厅再次要求征购 312 亩建校土地。1956 年 11 月，南京市城市建设局函复江苏省航运厅，建议暂停学校继征 312 亩用地，待学校建校计划任务书正式批准后再行研定。由于没有接到上级指示，学

校征用的土地一直没办征地手续。1957 年 3 月，南京市城市建设局致函省交通厅，询问 1956 年 8 月已同意征用的土地，为何尚未办理相关手续。直到 1957 年 9 月，江苏省交通厅回函南京市城建局，回答了为什么在同意征用土地后，迄今尚未办理相关手续的原因，主要是因为贯彻国家增产节约精神，江苏省委将省交通厅建校任务推迟至第二个五年计划完成。后因南京航务工程学校由交通部下放江苏省，归口江苏省交通厅领导，江苏省交通厅认为没有必要再筹建江苏省交通学校，所以先行征用的土地退还给南京市，学校筹建工作就此中止。

江苏省交通学校基本建設設計任务書簡要表

主管部門 ~~省交通部航运廳~~　計劃規模 30 班 1500 人

建設單位 江苏省~~交通幹部学校~~　寄宿生比例 100 %

建設地点 光華門外石門坎　用地面積 365 畝

單位：平方公尺、元

建筑面積	結構	單價	总投資額	投資年度 1956年 建筑面積	1956年 投資額	1957年 建筑面積	1957年 投資額	1958年 建筑面積	1958年 投資額	1959年 建筑面積	1959年 投資額	說明
193,203m²			2,058,661		100,000	78,462m²	700,119	113,241m²	1,183,542	1500m²	75,000	
11,925m²	混合結構	57·6	685,822			4,017m²	232,554	7,908m²	453,268			教育行政用房
4,388m²	混合結構	45	197,460			2,912m²	131,040	1,476m²	66,420			学生宿舍
8,775m²	混合結構	45	394,875			2,400m²	108,000	6375m²	286,375			教职員工宿舍
6,874m²	磚木結構	51·3	352,370			2,533m²	147,025	2841m²	130,345	1500m²	75,000	其它生活用房
200m²	木石結構	30	6,000					200m²	6,000			簡單輪船碼头
801m²	瀝青結構	10	8,010					801m²	8,010			灯光球場
400m²	鋼筋結構	150	60,000					400m²	60,000			地下室
26,640m²		1	26,640					26,640m²	26,640			运动場
133,200m²		0.5	66,600			66,600m²	33 300	66,600m²	33,300			汽車教練場
			260,884		100,000		48 200		112,684			

一欄內包括整个教学上的普通教室，專修教室，階級教室，專業教室，实验室，实習工廠，繪圖教室，停車房（教練汽車）以及所有的办公室，貯藏

結構以混合結構为主，磚木結構佔一部份。造價是按各种不同結構的平均造價。（最高的 32元最低的40元）

江苏省交通学校（筹）基本建设设计任务书

第二节　改办江苏省交通专科学校

1958 年 2 月，随着国家体制改革计划的实施，原交通部南京航务工程学校体制下放，由江苏省交通厅领导和管理。该校始建于 1951 年 5 月，时名交通部干部学校南京分校，学校建在马鞍山 1 号，占地 48.5 亩。1952 年 9 月该校改名为交通部南京交通学校，设有测绘、桥梁、道路 3 个专业，学制三年。1953 年，全国中专校调整，江西萍乡高级工业学校土木科、湖南交通学校部分专业并入交通部南京交通学校。1955 年 4 月，学校改名为交通部南京公路工程学校。同年 9 月，杭州航务工程学校迁来南京与该校合并，更名为交通部南京航务工程学校。1958 年，江苏省人民委员会批准省教育厅《关于 1958 年新建高等学校问题的报告》，提出全省新建高校 59 所，全省出现了大办高等教育的热潮。江苏省先后将 27 所条件比较好的中专校升格为高等学校，其中南京航务工程学校升格为专科学校，校名为“南京交通专科学校”。1958 年，因省级专业干部学校调整裁并，江苏省交通厅撤销江苏省交通干部学校时，将学校教学档案、教学资料和部分教学仪器、图书移交到南京交通专科学校。

南京交通专科学校分设大专、中专两部。大专部设三年制公路工程专业，1959年增设水道与港口水工建筑专业，1960年增设两年制数学力学和数学物理专修科，共四个专业。中专部学制四年，设水力工程建筑、航道整治工程、汽车技术使用与修理、船舶动力装置四个专业，1959年增设公路与桥梁工程专业。中专部的公路与桥梁工程、汽车技术使用与修理、轮机管理和河船驾驶等省交通厅开办的4个专业以“南京交通学校”的名义列入江苏省教育厅中等专业学校招生计划中，招生人数420人。

1959年，江苏省委、省政府根据中共中央、国务院关于整顿1958年新建全日制、半日制高等学校的通知精神，对全省新建高校进行了整顿，中等专业学校升格为高等学校的只保留7所，南京交通专科学校仍恢复为中等专业学校，从南京市马鞍山1号迁至长江后街6号。1961年7月，根据中发［1961］499号《中央关于改变运输企业、事业单位领导体制的通知》精神，南京交通专科学校收归交通部领导，学校改名为“南京航务工程专科学校”。经交通部同意，学校1958年下放后由江苏省交通厅举办的中专部公路与桥梁工程、汽车技术使用与修理、轮机管理和河船驾驶四个专业划出仍归江苏省交通厅领导，定名“江苏省交通专科学校”，实行一门两校，即南京航务工程专科学校、江苏省交通专科学校，同时办在南京市长江后街6号。

1962年下半年，国民经济调整，南京航务工程专科学校大专部及省交通厅办的江苏省交通专科学校被撤消。南京航务工程专科学校仍改名为南京航务工程学校，只保留水工建筑和航道整治两个专业。江苏省交通专科学校停办后，应届毕业生回到原籍。1962年9月，部分教职工划分到金陵汽车修配厂和金陵船舶修造厂等单位工作。

第三节　组建江苏省南京交通学校

1964年，随着国民经济的逐步恢复和交通事业发展的需要，培养各类技术人员重新提上了议事日程。根据中央关于逐步推进“两种教育制度、两种劳动制度”的指示，教育部批准国家各部委在其直属大型厂矿企业设立半工半读学校，招收应届和部分往届高、初中毕业生。鉴于原计划在第二个五年计划建成的江苏省交通学校未能实施，加之江苏省交通专科学校的撤销，江苏交通系统没有一所培养专业人才学校的实际，为了更好地适应工农业生产和交通运输事业发展的需要，江苏省交通厅、江苏省教育厅、江苏省劳动厅和江苏省财政厅联合决定，在南京、盐城两个航运局，南京、扬州、淮阴三个汽车运输处开办职业学校。1964年9月，江苏省交通厅南京航运局和南京汽车运输处分别开办半工半读形式的江苏省南京航运职业学校和江苏省南京汽车职业学校。1965年在两校基础上合并组建江苏省南京交通学校。

一、创办江苏省南京航运职业学校

为了适应生产日益发展的需要，及时补充新生力量，根据江苏省交通厅1963年11月的有关企业举办职业学校指示精神，1964年6月，江苏省交通厅南京航运局开办南京航运局附设职业学校，后定名为江苏省南京航运职业学校。学校由江苏省交通厅南京航运局领导，并接受地方教育、劳动部门的业务指导。学校可培养内河船舶驾驶人员，实行半工半读，自费学习。学校于 1964 年 8 月招生，9 月开学。

1. 学校组织机构与教师队伍

1964 年，江苏省交通厅航运局任命蔡致中为副校长兼教导主任。

教师队伍由专职与兼职教师组成，其中驾驶基础、船艺等专业课由海胜轮大副毛景澄、海船水手长孟守祺、海船驾驶员张国忠担任，政治、语文课教学由蔡致中兼任，另有游泳兼职教师、教务、勤杂人员各 1 人。以上教职工均从航运局在岗职工中调剂安排。

2. 专业设置与招生

学校设内河船舶驾驶专业，学习时间一年半，其中在校学习一年，船上实习半年。招收对象为南京市年满 16~20 周岁男性青年，具有初中文化程度，本局职工子弟优先招收。1964 年学校招收内河驾驶专业学生 50 名。

3. 校舍与教学

为了遵循勤俭办学的方针，尽量使职业学校与本局原有职工业余文化学校结合起来，学校决定因陋就简，基本上不增人员、设备，校舍、教学用品均从现有调剂解决。校址设在中山北路 507 号南京航运局后院内，校舍为航运局仓库的一座小楼、两间平房和一间大草棚。小楼上层作为教室，底层为学生宿舍。两间平房作办公室，大草棚作实习场地。院内约有 250m^2 的场地，用作体育活动场地。

学生在校学习期间，生产实习占总学时的 54%，驾驶基础、船艺、水运业务等专业理论课占总学时的 36%，政治、体育等普通文化课占总学时的 10%。教学设施和用品从各单位调剂，船舶驾驶实习以封存报停的轮驳为主，并适当安排一些实习在修理船上进行。学校第一任班主任是蔡致中，后由张国忠继任。

二、创办江苏省南京汽车职业学校

1964 年，江苏省交通厅南京汽车运输处开办南京汽车运输处附设职业学校，后定名为江苏省南京汽车职业学校，同年 8 月进行首届招生，9 月开学。该校由江苏省交通厅南京汽车运输处领导，并接受地方教育、劳动部门的业务指导。根据江苏省交通厅“发展和办好半工半读学校”的具体方案，学校的培养目标为“又红又专、能文能武，在专业知识上具有中专毕业生水平，在实际操作上具有 1~3 级工水平的各种交通系统的技术工人、车船驾驶员及企业管理人员”。

1. 学校组织机构与教师队伍

建校当年，江苏省交通厅南京汽车运输处抽调于德才任学校副校长。学校校址在南京长江路 272 号，校舍只有十几间房子，江苏省零担货运车队也在校内。教学设备、教具主要是驾驶训练用车辆和废旧的汽车大梁。

学校专职教师 4 人，都来自南京汽车运输处。他们分别是钟镕、蒋长禧、蔡守康和端木建国，其中钟镕担任汽车理论课教学、蒋长禧担任汽车构造课教学、蔡守康担任汽车教练员、端木建国担任政治、语文课教学。

2. 专业设置与招生

学校开设汽车驾驶专业，学制两年。学校实行半工半读，自费学习。在校学习期间，理论学习包括政治、语文、汽车理论、汽车构造，实践教学主要是汽车驾驶。

招收对象为南京市初中毕业生，优先招收本局职工子弟。1964 年汽车驾驶专业招收学生 47 人，其中，本局职工子弟占三分之一，班主任端木建国。学校为家庭困难的学生减免学杂费。

三、组建江苏省南京交通学校

1. 筹办过程

为了贯彻党的“调整、巩固、充实、提高”八字方针，江苏省交通厅决定培养陆上交通中等技术人才，填补全省交通系统还没有一所省直属中等专业学校的空白。1965 年 6 月，经江苏省人民委员会批准，南京航运职业学校和南京汽车职业学校合并，组建“江苏省南京交通学校”，由江苏省交通厅领导，确定学校在校生规模为 1000 人，教职工 120 人左右，总投资为 40 万元，1965 年按省计委、教育厅中等技术专业学校招生计划招生，学制三年。

当年成立了以李光帆、施志球、于德才、于从淑等人组成的筹备小组，负责学校的筹建工作。学校建校初期，一无所有，经江苏省交通厅与江苏省委党校商定，租借建邺路 168 号江苏省委党校校舍挂牌办学。江苏省委党校的 1 号楼、9 号楼、10 号楼分别用作学校宿舍、教学楼和办公楼。

1965 年学校参加全省统一招生，新开设的四个专业在全省招收新生 204 人和原来两所职业学校两个专业共六个班 301 名学生，在江苏省委党校度过第一学期。这期间，师生坚持同吃、同住、同教学、同劳动。没有实习基地，师生们到车站、车队和码头参加生产实习，利用寒假到车站参加春运服务工作。为了弥补学生生活费用不足，师生勤工俭学，承担了汽车运输处的零担货运装卸工作。虽然校址未定，百端待举，但教职员工团结一致，为办好学校、教好学生倾注心力，从而使学校办学有了一个良好开端。

2. 学校领导班子

1965 年 9 月，江苏省交通厅党组批准成立中共江苏省南京交通学校支部委员会，李光帆任支部书记，施志球、蔡致中、于德才、于从淑为支部委员，任命李光帆为校长（兼），施

江苏省人民委员会文件

苏交字第 4 4 7 号

江苏省人民委员会
关于同意举办半工半读扬州交通
工业技术学校批复

省交通厅：

省人民委员会同意你厅举办半工半读扬州交通工业技术学校一所。并同意将南京航运职业学校和南京汽車职业学校合併为江苏省南京交通学校。关于一九六五年招生問題，按照本委批轉省計委、教育厅《关于中等技术学校、职业学校和技工学校一九六五年招生計划安排意見的报告》执行。

一[illegible]五日

抄送：省計委、教育厅，南京、扬州市人民委員会。

江苏省人民委员会批准成立江苏省南京交通学校

租借校舍——江苏省委党校旧址

志球为副校长（主持学校行政工作），蔡致中为副校长兼教导主任、于德才为副校长兼总务主任。

学校校务委员会由李光帆、施志球、蔡致中、于德才、于从淑、刘传成等人组成。

学校团总支由于从淑、刘传成、李红（学生）等人组成。于从淑任专职组织人事干事，代表党支部分管团总支工作；刘传成任团总支副书记，主持工作。各班建立团支部，开展团组织各项活动。学校建立学生会组织，首届学生会主席是魏维金（后改名魏东），各班建立班委会。建校之初，学校党、团组织基本健全，各项活动正常开展，党团组织关系由省交通厅党组织直接管理。

3. 择址建设学校

1966年3月，江苏省委党校的校舍租借期已到，江苏省交通厅决定将学校搬到南京市浦口区沿江乡冯墙，依托江苏省金陵汽车配件厂，在厂外的一片空洼地上建校。刚搬去之时，学校以厂里停车车库作为教室、行政办公室，用砖石水泥砌成课桌。师生宿舍无着落，男生住在沿河边临时搭建的芦席棚，教师宿舍又兼作办公室。面对一片荒地，师生们承担了开山运土的任务，边教学，边建校。学校一期工程建设项目主要是办公楼和学生、教职员工宿舍，以保证迁校和暑假招生的需要。学校由南京第一建筑工程公司承建。当时长江大桥尚未建成，学校基建所需的一砖一木，以及制作课桌椅、床铺的材料，都要从下关码头轮渡过江，再用汽车运到学校，由师生负责装卸，条件十分艰苦。

到1966年秋季开学时，学校二幢宿舍楼提前建成交付使用，接着又建成了办公楼、教学楼和大礼堂，建筑面积达7000多m^2，基本满足师生教学和生活的需要。学校规划建设总建筑面积为2.186万m^2，总预算投资约46.84万元。

4. 师资队伍

两校合并后充实了教职工队伍，专职教师14人。当年从南京大学、厦门大学、

行政办公、教学楼

南京师范大学、南京体育学院等院校分配毕业生刘传成、章以元、杜长安、程凌云、王高志、戴佺等6人来校任教，配备了语文、政治、数学、化学和体育等基础学科的教师。1966年，学校又调进财会专业教师龚育申、周信孚等6人，学校教师队伍结构得到了改善，教师队伍整体水平有所提高。1965~1970年江苏省南京交通学校部分教职工名单见表2-1。

1965~1970年江苏省南京交通学校部分教职工名单 表2-1

类别	姓　名	性　别	工作岗位	类别	姓　名	性　别	工作岗位
教学人员	杨肆宏	女	政治教师	教学人员	蒋丽娟	女	轮机教师
	端木建国	男	语文教师		张国忠	男	船驾专业教师
	刘传成	男	语文教师		毛景澄	男	船驾专业教师
	程凌云	男	数学教师		孟守祺	男	船驾专业教师
	杜长安	男	数学教师		江茂琰	男	民兵训练教师
	王高志	男	数学教师	行政人员	涂振发	男	驾驶员班班主任
	章以元	男	化学教师		于从淑	女	组织人事干事
	戴　佺	男	体育教师		王志娟	女	文书
	叶德曾	男	交通经济学教师		于淑珍	女	财务会计
	周信孚	男	财会教师		宿惠娟	女	财务会计
	龚育申	女	财会教师		李溉然	男	事务长
	钟　镕	男	汽车专业教师		蔡正义	男	总务人员
	蒋长禧	男	汽车专业教师		李志英	女	基建会计
	蔡守康	男	汽车驾驶教练员		吴斐然	男	基建工程师
	王靖国	男	汽车驾驶教练员		姜　波	男	校医
	刘　旭	男	汽车驾驶教练员				

5. 调整专业结构与招生

学校合并初期，除保留原江苏省南京汽车职业学校和江苏省南京航运学校汽车驾驶、船舶驾驶专业外，新开设水运调度、陆运调度、计划统计和财会专业，使学校专业总数达到六个。1965 年，学校除船舶驾驶、汽车驾驶在校生 97 人外，当年水运调度、陆运调度、计划统计和财会四个专业在全省统一招生，招收参加统考的应届初中毕业生，共录取学生 204 人，两届在校生人数共 301 人。1966 年初，根据省交通厅指示，学校水运调度专业 40 名学生在班主任叶德曾老师带领下转到南通河运学校。1964~1969 年江苏省南京交通学校专业设置及招生人数情况见表 2-2。

1964~1965 年江苏省南京交通学校专业设置及招生人数情况表　　表 2-2

年 度	专业名称	招生人数	生 源	调 整 情 况
1964 年	汽车驾驶	47（全男）	南京市	原江苏省南京汽车职业学校
	船舶驾驶	50（全男）	南京市	原江苏省南京航运职业学校
1965 年	水运调度	40（全男）	全省	1966 年 3 月转至南通河运学校
	陆运调度	40（含 5 女）	全省	1967 年重组为技工、钳工、财会班
	计划统计	62	全省	
	财会	62	全省	
在校生合计		301	全省	

第四节　江苏省镇江汽车学校并入江苏省南京交通学校

一、江苏省镇江汽车学校概况

为了适应交通运输发展的需要，培养汽车驾驶和汽车修理工的后备力量，1964 年江苏省交通厅决定在镇江开办交通技工学校。1964 年 3 月江苏省交通厅派王振才负责，孙洪文、周旭、秦退之、缪仁富、王挺度、卞汉文等人赴江苏镇江筹建江苏省镇江交通技工学校。1965 年，学校定名为江苏省镇江汽车学校，学校规模 600~700 人，校址设在镇江谏壁刘家湾的镇江造船厂旧址。镇江造船厂是前苏联 1958 年大跃进时援建的项目，苏联专家撤走后停建，除部分为镇江无线电厂使用外，只留下两幢二层楼房和一幢大厂房框架。学校在废墟上引水、供电，改造教室和宿舍。师生一边教学，一边参加建校劳动。江苏省交通厅投资 6 万元新建 1000m^2 砖木结构宿舍楼一幢，1966 年初投入使用。校内修建了汽车教练场，配有 15 辆教练车，办学条件逐渐改善。

1. 学校领导班子及中层机构

建校时学校领导班子成员主要是党支部书记王振才，校长李光辉（兼）、副校长孙洪文、周旭、秦退之。1966 年，王振才病逝，秦退之调至越南学生培训班任职，周旭被批斗。为加强领导，江苏省交通厅调耿文达任学校党支部书记。学校设有组织人事、教务、总务等机构。童富春为组织人事负责人兼团委书记，王挺度为教务负责人；缪仁富是总务后勤负责人、顾思文是会计。

学校教学机构设专业教研组和普通教研组。专业教研组组长谢仁武，普通教研组组长许爱国。为提高办学质量，学校从扬州配件厂技工学校调顾国祥、陆汉章来校任教。1965 年，学校又从大专院校引进毕业生充实师资队伍，南京大学的张宗祥、张国玳、厦门大学的林光郎等人都是当时引进的。

2. 招生及教学组织

学校建校初期先开办汽车驾驶和汽车修理短期培训班，1964 年下半年正式在全省招生。所开设的汽车驾驶与修理专业，学制三年，培养目标是 3 级驾驶员和 3 级修理工。专业课主要开设汽车构造、汽车电工、汽车修理、汽车驾驶、钳工学、金属工艺学、数学等课程。实践教学安排在镇江汽车保养厂、扬州汽车公司和盐城汽车公司。学校共招两届学生，1964 年在南京、镇江、扬州和镇江招收初中毕业生 4 个班，200 名学生，9 月 1 日开学。1965 年全省招生，学校招收 4 个班，200 名学生，两届学生共 400 人，分为 8 个班，陆汉章、卞汉文、钱根林（张宗祥）、许爱国、吴新如、林光郎、顾国祥、张国玳（王挺度）等分别担任这 8 个班的班主任。童修元、童富春担任政治辅导员，校医刘光普。1964~1965 年江苏省镇江汽车学校部分教职工名单见表 2-3。

1964~1965 年江苏省镇江汽车学校部分教职工名单 表 2-3

类别	姓名	性别	工作岗位	类别	姓名	性别	工作岗位
教学人员	张宗祥	男	数学教师	教学人员	祝狄初	男	汽车专业教师
	林光郎	男	数学教师		戴鑫	男	汽车专业教师
	张国玳	女	数学教师		何齐龙	男	汽车教练员
	许爱国	男	体育教师		单子平	男	汽车教练员
	王挺度	男	工艺教师		陈公民	男	汽车教练员
	朱爱同	男	钳工教师		沈兴才	男	汽车教练员
	陆汉章	男	制图教师		王文华	男	汽车教练员
	朱锦堃	男	电工教师		吴良复	男	汽车教练员
	卞汉文	男	汽车专业教师	行政人员	童富春	男	组织人事兼团委书记
	钱根林	男	汽车专业教师		童修元	男	政治辅导员
	吴新如	男	汽车专业教师		缪仁富	男	总务人员
	顾国祥	男	汽车专业教师		顾思文	男	会计
	谢仁武	男	汽车专业教师		刘光普	男	校医

二、并入江苏省南京交通学校

1966年6月，江苏省交通厅决定将江苏省镇江汽车学校迁入南京，并入江苏省南京交通学校，实现教学、科研和工厂“三合一”，促进交通教育与科研发展。由于江苏省南京交通学校新校舍当时正在建设，不具备接受江苏省镇江汽车学校的条件，而江苏省镇江汽车学校的校址已让给四机部镇江无线电厂，江苏省镇江汽车学校必须尽快完成搬迁。经商定，在江苏省南京交通学校内搭建芦席食堂临时过渡，接收江苏省镇江汽车学校师生。1967年3月，江苏省镇江汽车学校从镇江谏壁刘家湾动迁，师生分别从陆路和水路把设备和家具搬到南京市浦口区沿江乡冯墙的江苏省南京交通学校内。由于当时“文革”动乱，学校呈无政府状态，两校并没有实现实质性合并。校门上仍然是挂着两个校牌，有两套领导班子，派两个工宣队，各住一幢宿舍楼，使用两个食堂开伙。1966年后两校都没有再招生，并分别在1967年9月、1968年12月和1969年3月毕业生分配后停办。

第三章

“文化大革命”时期，学校教育遭到严重破坏

（1966.5~1976.9）

在“无产阶级文化大革命”期间，江苏省南京交通学校遭到严重的破坏，领导被批斗，教职工被迫害，学生学业荒废；学校校舍并给了江苏省金陵汽车配件厂，教师下放，学生下乡，学校陷入悲惨的境地。

第一节 “文化大革命”初期的大动乱

1966年5月16日，中共中央扩大会议通过了《中国共产党中央委员会通知》（即《五·一六通知》）。《五·一六通知》在全国一经播发，首先积极响应的是广大青年学生，于是“文化大革命”首先在各级各类学校发动起来，学校教育陷入混乱的局面。

一、批判资产阶级反动路线学校领导教师遭批判

1966年6月1日，中央人民广播电台广播了北京大学聂元梓等人攻击北京大学党委、北京市委的“全国第一张大字报”，《人民日报》发表了《横扫一切“牛鬼蛇神”》的社论，一时间，各高等学校、中等学校以及中小学校领导遭到大批判。1966年6月10日，江苏省南京交通学校党支部书记李光帆首先在学校受到“革命大批判”，大字报以推行所谓“修正主义教育路线”等罪名，把李光帆打成“反党反社会主义的反革命黑帮”。在之后铺天盖地的大字报中，学校领导蔡致中、施志球等也受到点名攻击。李光帆是抗日战争初期参加革命的抗战老战士，枪林弹雨中被打掉一只胳膊，就这样一位华东一级战斗英雄，在“文革”中被“革命小将”污蔑为“叛徒”、“内奸”、“牛鬼蛇神的总后台”，惨遭迫害。与此同时，一些造诣较深，对学生要求较严的教师被打成“资产阶级反动学术权威”；一些被认为有政治历史问题和复杂社会关系的教师被打成“牛鬼蛇神”、“资产阶级孝子贤孙”，横遭揪斗。随着批斗程度的不断加剧，谩骂、打人的现象大量出现，不少人受到罚站、罚跪、剃阴阳头、挂牌、戴高帽子等体罚，身心人格受到严重摧残。一时校内大乱，大多数学生已不能安心在教室听课，失去理智的学生高喊着“革命无罪”、“造反有理”的口号，干扰破坏了学校正常教学秩序，使学校领导机构陷入瘫痪。

1966年6月中旬，江苏省委与南京军区根据中央指示精神组织起500名连级

以上干部，加上地方干部共 4000 人组成若干工作组进驻江苏省和南京市各高等院校。6 月下旬，江苏省交通厅派工作组进入江苏省南京交通学校，宣布停止原学校领导的职权。工作组召开全校大会，号召师生“以阶级斗争、路线斗争”为纲，彻底揭露和摧毁“资产阶级堡垒”。之后，教职工之间便掀起了一场相互贴大字报、相互揭批的混战。学校领导李光帆、蔡致中、施志球等受到进一步揭发批判而靠边。一些被认为有政治历史问题或家庭出身不好的教师，如钟镕、李慨然、端木建国等被确定为阶级“异已分子”，被整黑材料，遭到歧视和打击。尽管如此，工作组力图使运动在党的领导下有序进行的做法，引起一些情绪偏激的造反学生的不满。在中央的统一安排下，工作组于同年 8 月上旬撤离学校，学校陷入更加混乱不堪的状况。

二、学校造反派夺权、武斗与“复课闹革命”

在全面夺权的背景下，学校造反派组织“红色造反兵团”等，于 1967 年 2 月初夺取了学校党政大权，查封了学校党支部、行政印章，宣布学校领导靠边站。与此同时，观点分别倾向于“好派”和“屁派”的学校造反派之间，矛盾不断加深，派性斗争不断激化，校内多次发生武斗，多名教工、学生被打，多处办公室、实验室被砸，许多办公设备、教学仪器损毁、丢失，图书资料遭哄抢。学校百孔千疮，一片狼藉。

1967 年 3 月初，南京军区 6453 部队派出军管小组开进学校。在学校军管小组的领导下，学生开始返校，并从同年 5 月 22 日开始了为期一个月的军政训练，使得学校的无政府状况有所好转，派性斗争有所收敛。1967 年 6 月，学校转入“复课闹革命”。在当时条件下，分管教学工作的校领导和许多基础课、专业课教师仍然遭批斗，教室、仪器严重损坏，正常的教学活动根本无法进行。形式上的复课也只是学习毛泽东著作，学唱革命歌曲，进行“讲用会”等，实际上还是搞运动。

1967 年 8 月，学校 64 级汽车驾驶专业 5 个班 243 名学生、水手专业 1 个班 49 名学生进入了毕业分配阶段。1967 年 8 月 16 日，经江苏省交通厅批准，汽车驾驶专业除张树森、洪家俊等 5 人留校外，其他学生按“专业对口”原则，分配到南京汽车公司 55 名，盐城汽车公司 100 名，南通汽车公司 20 名，六合汽车公司 30 名，镇江汽车公司 23 名，交通厅工程局 10 名。关于水手专业即船舶驾驶专业分配问题，由于学生在学校三年所学专业教材均为交通部统编教材，学生实习也在南京航运局行驶在长江上的等级船舶上进行。而在 1965 年体制调整时，江苏省原有等级船已划为长江船运公司经营。因此，江苏省交通厅认为，这部分学生毕业分配问题本厅无法解决，请交通部统一安排。后经多次交涉，1968 年 1 月 14 日，水手专业 49 名毕业生中，有 41 名分配到外省，其中，分配给中央六机部 093 筹备处 15 名，山东省交通厅 13 名，浙江省交通厅 13 名。

三、“斗、批、改”运动与青年学生上山下乡

1968 年 8 月，经江苏省革命委员会交通局批准，江苏省南京交通学校“革命委员会”成立，成员有于德才（领导干部代表）、涂振发（教职工代表）、倪以凡和朱

民斋（学生代表）等 11 人，于德才任主任。

1969 年初，江苏省革命委员会派出第一批宣传队进驻大中专学校，南京市革命委员会派工宣队进驻中小学，华电二公司此时派出宣传队进驻江苏省南京交通学校，领导学校开展“斗、批、改”工作。在阶级斗争扩大化和“天下大乱”的背景下，学校“清理阶级队伍”成为派性斗争、挟嫌报复、排除异己的工具，除被打成“走资派”的学校领导、被定性为“叛徒”、“特务”、“阶级异己分子”的教师等“死老虎”外，也有一些人被无中生有、捕风捉影地诬为“阶级敌人”，学校被“群众专政”的人数有所增加。

1969 年 2 月，学校开始整党建党工作，教职工中个别造反派头头以群众代表的身份列席整党会议。当时，采用“开门整党”的方法，由群众对党员进行评议，并对在“文革”中“有错误”的党员提出处理意见。1969 年 5 月整党结束，形式上重新恢复了党员组织生活。

1968 年 12 月，毛泽东发出“知识青年到农村去，接受贫下中农的再教育很有必要”的号召，全国掀起知识青年上山下乡的高潮。学校 65 级即 68 届毕业班汽车驾驶专业 5 个班 250 名学生、会计专业 1 个班、统计专业 1 个班、调度专业 1 个班计 162 名学生，于 1969 年 3 月底全部下放到江苏南通江心沙农场或农村、生产建设兵团劳动。后来，这届毕业班通过招工途径，陆续分配到全省相关企事业单位工作。其中，马桂兰、马华松、陈涌、张春石、马凤仙等调回学校安排工作，当兵入伍的芮建平、郑思华退伍后也分配回学校工作。1969 年底，为了落实“斗、批、改”任务，学校部分教师及其家属，如钟镕、李溉然、端木建国等被动员全家下放到农村安家落户，林光郎等因家属插队而受牵连下放农村劳动。1971 年始，尤其是粉碎江青反革命集团之后，大部分下放教师及其家属陆续被调回城市或在当地按有关政策进行了安置。

第二节　“文化大革命”中，学校停办三年

“无产阶级文化大革命”中积极推进的“无产阶级教育革命”开始后，教育系统按照“大破大立”、“彻底革命”的精神，中小学、高等院校进行了较大规模的撤并，而中等专业学校则遭到撤消、停办的厄运。

一、学校停办

1969 年 5 月，在南京市浦口区革命委员会领导下，学校清理阶级队伍、整党工作结束，学生分配完毕。根据江苏省革委会生产指挥组负责同志指示精神，江苏省交通局于 1969 年 12 月 16 日报请省革委会政工组同意，确定江苏省南京交通学校（含江苏省镇江汽车学校）停办，学校教职工 80 人另行安排工作。

二、教师下放劳动

在“文化大革命”期间，学校教师一直作为“资产阶级知识分子”处于被改造

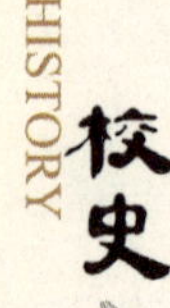

的地位，与当时所谓的“反革命、走资派、地主、富农、坏分子、右派、叛徒、特务”等列在一起称为“臭老九”，当成革命对象遭受迫害。学校停办后，江苏省革命委员会交通局于 1970 年 10 月 6 日将学校的周旭等 46 名教职工（其中省交通学校 16 名，省汽车学校 30 名）调到江苏省汽车大队工作，其余的教职工均于 1971 年 1 月 1 日起安排到江苏省金陵汽车配件厂工作。

三、学校并入江苏省金陵汽车配件厂

根据江苏省革委会生产指挥组 1971 年 2 月 27 日《关于下放企事业单位的通知》（苏革生［1971］16 号），江苏省交通局将江苏省南京交通学校并入江苏省金陵汽车配件厂，以厂办校。这意味着江苏省南京交通学校原有校舍、教学设施以及图书等统统划归江苏省金陵汽车配件厂所有。与此同时，江苏省交通局根据江苏省革委会生产指挥组“关于农机分院生产实习工厂所属职工、机具设备、资金材料划交省交通局管理”的指示精神，为了充分发挥生产实习工厂的生产能力，加速 140 型汽车发动机的制造，决定将南京农机分院生产实习工厂并入江苏省金陵汽车配件厂领导。南京农机分院生产实习工厂划交江苏省交通局管理和并入江苏省金陵汽车配件厂领导这一决定的实施，为“文化大革命”后期江苏省南京交通学校在南京农业机械化学校内复办埋下伏笔，但是也造成后来南京农业机械化学校复办过程中两校互抢房屋、场地的矛盾。

第三节　“文化大革命”后期，在困境中恢复办学

自 1966 年起，由于“文化大革命”的破坏，江苏省南京交通学校以及后来并入的江苏省镇江汽车学校，均已连续多年没有招生，并于 1969 年停办，致使全省交通运输事业人才匮乏，青黄不接矛盾十分突出。江苏省革委会于 1973 年 9 月 22 日以（苏革发［1973］67 号）文件批准江苏省南京交通学校等中等专业学校和技工学校复办招生，由此，江苏省南京交通学校重新走上办学之路。

一、筹备办学

1973 年 9 月，为了落实江苏省革命委员会（苏革发［1973］67 号）文件精神，江苏省革委会交通局指示江苏省金陵汽车配件厂成立江苏省南京交通学校复办筹备组，筹备组由于秀娥、蔡致中等五位同志组成。为了加强领导，认真做好学校复办工作，中共江苏省金陵汽车配件厂委员会（省配党组［1973］字 13 号）文件决定成立交通学校临时党支部。支部书记：于秀娥，委员：于德才、蔡致中。当时复办工作急于解决的问题有三方面：一是复办的校址及校园整治；二是学校的师资及管理人员；三是招生工作。

1. 在南京农业机械化学校旧址办学

“文化大革命”期间，江苏省革委会决定省南京交通学校停办、南京农业机械化学校撤销，停办的江苏省南京交通学校并入江苏省金陵汽车配件厂，撤销的南

编号 000001

江苏省革命委员会文件

苏革发〔1973〕67号

★

关于中等专业学校和技工学校招生的通知

各地、市、县革命委员会，省各部、委、办、厅、院、局，省各直属单位，江苏生产建设兵团：

根据国发〔1973〕81号国务院批转国家计委和国务院科教组《关于中等专业学校、技工学校办学中几个问题的意见》，对我省中等专业学校和技工学校招生的有关事项通知如下：

一、今年我省招收中等专业学校和技工学校学生七千八百九十七人，其中中央有关部在我省招生一千五百二十七人，名额分配见附表。

二、遵照毛主席关于"要从有实践经验的工人农民中间选拔学生"的教导，一般应招收具有二年以上实践经验的优秀的青年职工、

—1—

008

年中专、技工学校招生计划表

表三

中 职职工	学校名称	招生数	共中 非在职职工	 在职职工
3,531				
75	南京化工学校	140		140
55	南通河运学校	200	60	140
40	南京交通学校	200	60	140
20	南京农业机械化学校	200		200
180	常州市无线电工业学校	100		100
170	常州市机械技术学校	100		100
	无锡动力机械厂农业机器制造学校	100		100
70	南京机器制造学校	200		200
60	扬州卫生学校	150	127	23
240	南京护士学校	80	80	
200	南京卫生学校	130	115	15
175	徐州卫生学校	140	111	29
80	苏州卫生学校	100	83	17
100	无锡卫生学校	150	126	24
50	镇江卫生学校	140	108	32
	淮阴卫生学校	150	127	23
90	盐城卫生学校	150	130	20
100	常州卫生学校	150	147	3
320	南通卫生学校	90	90	
200	南京艺术学院中专部	70	70	

— 3 —

江苏省革命委员会批准学校复办招生

京农业机械化学校的校产划归江苏省交通局管理并由江苏省金陵汽车配件厂领导。1973年初，江苏省金陵汽车配件厂因生产140型汽车发动机需要，占用的江苏省南京交通学校的校舍无法退出。在这种情况下，江苏省交通局决定在南京农业机械化学校旧址上复办江苏省南京交通学校。当时，在南京农业机械化学校旧址上，驻扎有中国人民解放军2459部队司令部、0973部队警卫排、修械所，占用了大量校舍。江苏省金陵汽车配件厂的曲轴车间及其仓库也安排在南京农业机械化学校校办工厂和实习车间中。整个校园杂草丛生，满目荒芜。在江苏省交通局的协调下，1973年上半年，调剂出二幢平房约16间改作学校办公用房兼作图书馆，挤出一幢平房约8间作为教室；挤出原实习工厂大厂房约300m^2、锻工车间约150m^{2}分别改作男女生宿舍；挤出原焊工车间约200多m^{2}改作食堂兼会堂。学校抓紧维修改造，收集散失的课桌椅和学生用床，以保证下半年新生入学的最基本需要。

2. 抽调教职工回学校工作

毛泽东说："教改的问题主要是教员问题。"从"文化大革命"一开始，广大教职工就是被"改造"的对象遭批斗受审查。学校停办时，除先期下放到农村安家落户的教职工外，其余的都下放到江苏省汽车大队或江苏省金陵汽车配件厂劳动。学校复办，当务之急是尽快抽调教职工回学校工作。1973年1月17日，江苏省金陵汽车配件厂委员会向中共江苏省革委会交通局提交《关于南京交通学校机构编制与人选的报告》（省汽配委组［1973］字第11号），报告提出交通学校开设汽车制造与修理、公路与桥梁、统计与会计三个专业，学制定为两年。按每期招生200人计算，需配备教师和教学辅助人员36人，其中普通课教师10人，基础课教师9人，专业课教师13人，教学辅助人员4人。行政管理设办公室、教务处、总务处，需配备人员23人。江苏省革命委员会交通局非常重视复校教职工队伍的重新组建，多次发文从基层企事业单位抽调原江苏省南京交通学校（含江苏省镇江汽车学校）、

食堂兼会堂（1973 年）

学生宿舍（1973 年）

篮球场（1973 年）

原南京农业机械化学校（省革委会生产指挥组将该校 100 多名教职员工划归省交通局安排）的教职员工回江苏省南京交通学校工作。其中，一次性抽调于秀娥、于德才、蔡致中、陈彤鳌、黄荣枝、张宗祥等 45 人回校工作，并于 1974 年 2 月 22 日办理了调动手续。后因南京农业机械化学校于 1974 年初恢复办学，原调入江苏省南京交通学校工作的部分南京农业机械化学校的教职工不安心在江苏省南京交通学校工作，纷纷私自回南京农业机械化学校，给当时的江苏省南京交通学校的教学秩序造成严重影响，引起在校师生的极大不满。江苏省人事局 1974 年 10 月 24 日（苏革人发［1974］第 178 号）文件通知，明确王坤杰、郑大谋、李景虹等 11 人到南京农业机械化学校工作，其余擅自去农机校人员迅速返回江苏省南京交通学校参加批林批孔活动，搞好教育革命。

3. 招生与录取

1966 年 6 月，中共中央、国务院发出了《关于改革高等学校招生考试办法的通知》中指出："高等学校招生考试办法，基本上没有跳出资产阶级考试制度的框框，不利于更多地吸收工农兵革命青年进入高等学校。这种制度必须改革。"从此，全国取消了高考，大学及中专被迫停止招生。直到 1970 年 6 月中共中央、国务院批转《北京大学、清华大学招生工作的意见》后，全国高校陆续在工人、农民、解放军战士、上山下乡和回乡知识青年中招收学员。1973年，江苏省革命委员会《关于中等专业学校招生的通知》（苏革发［1973］67号）下达给南京交通学校招生计划为200名，其中：在职职工140名、非在职职工60名。

招生的具体做法是：

（1）招收具有两年以上实践经验，政治历史清楚，年龄20岁左右、身体健康，一般未婚，并具有相当于初中及以上文化程度的本省交通企事业单位青年工人、上山下乡和回乡知识青年。

（2）严格实行“自愿报名，群众推荐，领导批准，学校复审”的原则，并由地、市委负责审定。

（3）学制根据不同专业划分学习时间，汽车制造与修理专业暂定为两年半，会计与统计专业暂定为两年。学员毕业后，一般回原地区、原单位工作。

根据上述招生办法，1973年10月，学校实际录取新生132名，其中：汽车制造与修理专业90人，会计与统计专业42人。11月底，学员报到。12月1日，正式上课。

二、恢复办学

1. 恢复成立学校领导班子

当时，工农兵学员招进学校，不仅仅是“上大学”，而且还肩负着“管大学、用毛泽东思想改造大学”的职责。因此，在恢复成立学校领导班子时，还注意吸收工农兵学员参加。1974年10月19日，中共江苏省交通局核心小组同意由陈展等九

汽车专业首届工农兵学员毕业留念

位同志组成中共江苏省南京交通学校支部委员会。陈展任书记，于秀娥、秦退之、于德才任副书记。陈展、于秀娥、秦退之、于德才、蔡致中、刘传成、吴兆生、林峰、刘淑兰任委员（其中：吴兆生、林峰、刘淑兰为工农兵学员）。1974 年 11 月 12 日，江苏省革命委员会交通局（交政发［1974］029 号）文件同意由陈展等同志组成江苏省南京交通学校革命委员会。陈展任主任，于秀娥、秦退之、于德才、蔡致中任副主任。陈展、于秀娥、秦退之、于德才、蔡致中、刘传成、陈彤鏊、陆汉章、高延贵、俞阿芬、吴伦春、王世淮（其中：俞阿芬、吴伦春、王世淮为工农兵学员）任委员。1976 年 4 月 19 日，由于陈展调出，中共江苏省革命委员会交通局核心小组（交党［1976］7 号）文件决定，任命刘其义为中共江苏省南京交通学校支部委员会书记，秦退之为江苏省南京交通学校革命委员会主任、党支部副书记。

2. 恢复设置中层机构

设置四个科室：党政办公室、教务处、总务处、校办工厂。任命刘传成为党政办公室负责人，陈彤鏊为教务处负责人，高延贵为总务处负责人，黄荣枝为校办工厂负责人。教务处下设三个教研组：汽车专业教研组，组长：钱根林；财会专业教研组，组长：周信孚；基础课教研组，组长：黄荣枝，副组长：张宗祥。学校制订部门执掌，明确了各中层科室职能。各部门也恢复性地制订了相应的管理制度。如教务处制订了学籍管理规定、教室管理规定、实习管理规定等，总务处制订了总务管理规定、膳食管理规定等。这些制度的制订和执行，使学校工作恢复性地逐步走上正轨。

3. 推行开门办学

“无产阶级文化大革命”中所推行的“无产阶级教育革命”，突出的“新生事物”就是开门办学。为了搞好开门办学，学校研究采取了三个方面措施：第一，重新修订汽车制造与修理专业、会计与统计专业教学计划，减少两个专业的普通课、专业基础课教学课时数，增加专业课教学课时数；减少两个专业的理论教学课时数，增加了实践教学课时数。第二，坚持实物教学、现场教学，把课堂搬到工厂、车间，聘请工厂（或公司）专业技术人员现场讲课与指导。第三，学校和相关的交通企事业单位实行专业对口的“厂校挂钩”，安排学生实习。如汽车制造与修理专业，“汽车构造”认识实习安排在省汽车公司修理厂，“毕业实习”安排在扬州、淮阴、南通等地区的汽车公司修理厂。实习期间，学员与工人师傅同吃、同住、同劳动，实习单位负责学生的业务指导和食宿安排，学校负责学生的思想政治工作。通过“开门办学”，加强了学校与社会、理论与实践的联系，丰富了学生的感性认识，提高了学生的操作技能。但也存在“以干代学”倾向，理论教学偏少，造成学生基础理论知识薄弱，一定程度上影响中专教育质量的提高。

4. 毕业生分配

根据江苏省革命委员会交通局《关于一九七五年暑期江苏省南京交通学校毕业生分配的通知》、《关于一九七五年下半年江苏省南京交通学校毕业生分配的通知》精神，依据“原内招的在职职工一般回原单位工作；外招的毕业生根据今年生产建设事业发展情况，本着确保重点、就地就近、专业对口原则”，分别于 1975 年 9 月对会计与统计专业 42 人，1976 年 1 月对汽车制造与修理专业 90 人进行了毕业分配。为了加强学校师资队伍建设，学校从会计与统计专业毕业生中留校 5 人，汽车制造与修理专业毕业生中留校 13 人，充实到教职工队伍中去。通过后期的发展，在 18 名留校生中，有 2 人调江苏省交通厅任处长、副处长，有 3 人走上了学校校级领导岗位，有 3 人成为学校中层干部，有 7 人具有副教授及其以上专业技术职称。

三、举办交通企业财会人员训练班

为了加强全省交通系统水、陆集体所有制企业的财务管理和会计工作，提高现有财会人员的工作水平，以适应交通运输事业发展的需要，经江苏省革命委员会交通局决定，在江苏省南京交通学校举办集体所有制交通企业财会人员训练班。1976 年初第一期招收在职职工 100 名，学习时间半年，学习结束后返回原单位工作。学校本着“积极开展教育革命，坚持理论与实际相结合，把学生培养成政治思想好，懂得财务管理，熟悉会计业务，能坚持原则，执行制度的财会人员”的指导思想，基于学员“具有初中以上文化水平，年龄在 30 岁以下，并有一年以上财务会计实际工作经验”的选调条件，编制了详细的教学计划，教师编写了相关的教材讲义，从理论与实践的结合上教会学员财务会计、财务管理基础知识、基本技能，提高了学员财务工作水平。1976 年 7 月第一期交通财会人员训练班结业后，省交通局又决定在下半年举办了第二期财会人员训练班，于 1977 年 6 月结业。这两期训练班的成功举办，对于提高当时全省集体所有制交通企业财会人员水平，改善集体所有制交通企业财务管理状况起到了积极作用。

四、校址纠纷使学校重陷困境

1970 年南京农机校撤销后，江苏省革委会生产指挥组分别于 1970 年 6 月、1970 年 10 月先后作出“原农机学校一百多名教职工交省交通局安排”、“农机分院

第二期财会培训班结业合影

生产实习工厂所属职工、机具设备、资产材料划交省交通局管理”的决定，这标志着原南京农业机械化学校的人、财、物，即整个校园划归省交通局所有，有管理、使用权限。1973 年初江苏省南京交通学校复办时，在江苏省金陵汽车配件厂占用其校舍无法退让的情况下，省交通局决定将江苏省南京交通学校复办在原南京农业机械化学校旧址上。1974 年初，省革委会又批准复办南京农业机械化学校，这就造成了两校争抢校舍的矛盾。1974 年 7 月，两校为争得 4 号楼、篮球场地以及一些教学器具发生打斗，同年 8 月从江苏省金陵汽车配件厂调入我校的原南京农业机械化学校教职工又纷纷擅自离校去南京农业机械化学校工作，严重干扰了学校的教学秩序。1974 年 9 月 14 日，中共江苏省委常委会议在彭冲书记主持下召开，会议决定：关于交通学校和农机校的地区划分按照“乔嵇方案”（即省交通局负责人乔凯亭和省机械局负责人嵇康商定的方案）执行。即以 4 号楼为界，4 号楼以南的房屋归江苏省南京交通学校使用，4 号楼以北的房屋为南京农业机械化学校使用。江苏省委这一决定暂时平息了交通学校与农机学校场地使用的矛盾。但是，在 4 号楼以南地区的大厂房、实验室、24 号平房、31 号平房等八幢房屋仍被解放军 2459 部队占用，运动场全被部队种上了菜。学校多次派员联系，部队仍迟迟不予归还，师生意见较大。1975 年 4 月 12 日上午，学校一名体育教师拿了皮尺在大操场跑道测量，准备让学生练习长跑时，0973 部队警卫排战士前来阻挡和指责，这时互相争吵，惊动了学校正在上课的学生，也跑到现场参加辩论，辩论由争吵发展到推推拉拉，进而打起架来。接着靠近大操场工作的 0973 部队修械所人员也跑来参与扭打，结果部队有多人被打、三人受伤。学校的学生也有多人被打、两人受伤，被打的学生还跑到 2459 部队司令部要求解决问题，并拔掉了部队在操场上种的蔬菜。此次学校学生与部队人员发生打架事件，后果严重，影响极坏，学校领导还为此向江苏省委写出检讨报告。1973 年初，江苏省南京交通学校在南京农业机械化学校旧址复办以来，一直与南京农业机械化学校存在校舍使用的矛盾，制约了学校的生存和发展的空间，致使学校 1974~1977 年连续四年都未能像其他中专学校那样正常招收学生，造成 1975 年 9 月会计与统计专业学生毕业、1976 年 1 月汽车修理与运用专业学生毕业后，学校无一名学历教育的学生，加之“四人帮”加快了篡夺党和国家最高领导权的阴谋活动，大肆开展“反击右倾翻案风”，使学校办学再次陷入困境。

第四章

改革开放初期，恢复重建学校

（1976.10~1982）

1976 年 10 月 6 日，华国锋、叶剑英代表中共中央政治局，执行党和人民意志一举粉碎王洪文、张春桥、江青、姚文元“四人帮”反革命集团，结束了“文化大革命”十年内乱。根据中央和省委部署，学校深入开展揭批“四人帮”罪行，推倒“两个估计”，开展实践是检验真理的唯一标准大讨论，落实党的知识分子政策。1977 年开始，学校以恢复高考制度和招生为契机，重整校政，全面恢复教育教学秩序，加强教学过程管理和教师队伍建设。学校师生重新选址，建设学校新家园，到 1982 年学校开始步入健康发展轨道。

第一节　拨乱反正，深入揭批“四人帮”

一、开展批判“四人帮”活动

1976 年 10 月党中央一举粉碎了“四人帮”，喜讯传来，全校师生欢欣鼓舞，校园一片欢腾，热烈欢呼我党取得了历史性的伟大胜利。学校为此举行了庆祝活动。在党中央的统一部署下，举国上下掀起了揭发批判“四人帮”的群众运动。学校党支部根据江苏省委和省交通局揭批“四人帮”反革命面目及其罪恶历史的要求，组织全校师生认真学习《人民日报》发表的关于《彻底揭发批判“四人帮”》的社论和党中央印发的《关于王洪文、张春桥、江青、姚文元反党集团罪证》材料等文件，开展批判“四人帮”在教育战线散布的一系列反动谬论的活动，从 10 月到 12 月先后举办小组形式的批判会 3 次，班级批判会 3 次，出批判专栏 10 期，通过批判会、板报、漫画、诗刊等多种方式，声讨“四人帮”的反革命罪行，清除其流毒。通过对“四人帮”的批判，学校上下呈现出崭新的局面，全校政治气氛清新，教师的精神面貌焕然一新，较好地推动了学校各项工作的开展。

1977 年 3 月，学校党支部认真贯彻省委三届九次全委（扩大）会议的决定，召开了党支部全体党员大会，会议的主题是：深入开展揭发批判“四人帮”的伟大群众运动，把这场政治大革命进行到底。根据会议精神，在学校内部深入开展揭批“四人帮”反革命罪行，澄清路线是非、思想是非，拨乱反正。党支部组织全校师生学习，引导大家掌握思想武器，联系学校实际，运用“三大讲”的形式，控诉、批判“四人帮”在教育战线上的反动谬论，从根本上明确与“四人帮”斗争的性质，全年召开大小批判“四人帮”会议20余次，组织专题学习班、每月出两期板报等形式批判“四人帮”的反革命罪行。

1977年7月十届三中全会恢复了邓小平的工作。邓小平主持教育、科技工作后，在8月的全国科技和教育工作座谈会上和9月对教育部主要领导的谈话中，对1971年《全国教育工作会议纪要》中“四人帮”炮制的“关于17年的两个估计”，即“‘文化大革命’前17年，毛主席的无产阶级教育路线基本上没有得到贯彻执行，是资产阶级专了无产阶级的政；知识分子的大多数世界观基本上是资产阶级的，是资产阶级的知识分子”进行了澄清，明确地否定了“两个估计”，并提出了对1971年的《全国教育工作会议纪要》应该进行批判的指示。10月5日中央政治局会议决定批判“两个估计”，11月《人民日报》发表《教育战线的一场大论战——批判“四人帮”炮制的“两个估计”》。11月23日，中共江苏省委在南京五台山体育馆召开万人大会，省委书记传达了中共中央主席华国锋关于教育工作的指示，号召批判“四人帮”炮制的“两个估计”，会后教育系统迅速掀起了批判“两个估计”的热潮。通过批判，重新肯定了17年教育工作的成绩，重新评价了广大知识分子在发展国民经济中的作用，树立了当人民教师的光荣感和政治责任感。

1978年批判林彪、“四人帮”运动是学校各项工作的纲。学校进一步开展批判林彪、“四人帮”的群众运动，先后召开了5次支委会，从政治上、思想上、理论上拨乱反正，正本清源，肃清流毒。这年组织教师认真学习邓小平讲话，针对“四人帮”炮制的“两个估计”和反动小说《我们这一代》开展批判。“两个估计”从根本上否定了中国共产党对教育的领导，否定了17年来教育事业所取得的成绩。通过对“两个估计”深入批判，推倒了压在广大教育工作者身上的两座大山，摘掉了强加于教育工作者头上的“资产阶级知识分子”的帽子，解除了知识分子的精神枷锁，使学校广大教职工深受鼓舞，那种被称为“臭老九”的时代一去不复返。

二、开展“实践是检验真理唯一标准”大讨论

粉碎“四人帮”后，一些文化大革命中发生的重大问题和历史遗留的问题没能及时解决，其中“两个凡是”成为当时解决问题的严重障碍。1978年5月10日中央党校《理论动态》上发表由南京大学老师胡福明起草，经胡耀邦审定的“实践是检验真理的唯一标准”文章，该文直接指出“两个凡是”的错误。5月11日《光明日报》以特约评论员的名义公开发表该文，12日全国各大报纸纷纷转载，很快在全国掀起开展真理标准问题的大讨论和学习。当年6月邓小平在全军政治工作会议上发表重要讲话，旗帜鲜明地支持这场讨论，尖锐批评了个人崇拜、教条主义和唯心论，号召要“打破精神枷锁，使我们的思想来个大解放”。至此教育系统迅速开展了真理标准的讨论，省南京交通学校也不例外，利用9~10月的时间专门组织全校教职工认真学习“实践是检验真理的唯一标准”，开展专题讨论等，通过学习和讨

论，进一步明确了理论与实践的关系，一切主观的东西，包括马列主义毛泽东思想都必须经过实践的反复检验，才能证明其是否是真理。

通过批判“四人帮”和开展实践真理标准大讨论，使广大知识分子、教育工作者要求落实党的干部政策，对冤假错案平反的呼声日益高涨。1978~1979年中共江苏省革命委员会交通局党组，先后给学校在文化大革命中被打倒的蔡致中、钟榕、李慨然、端木建国等十多名同志平反，推倒了强加于他们头上莫须有的罪名和冤假错案。学校对他们落实政策问题进行了认真细致的研究，恢复了他们应有的待遇，调动了他们工作的积极性。

第二节　学校招生与培训工作

1978年6月，国务院正式批转教育部《关于1978年高校和中等专业学校招生工作的意见》，考试实行全国统一命题，各省、市、自治区组织考试、评卷和录取。南京地区中专学校于1977年开始恢复普通中专学校统一招生考试，1978年全面实施普通中专的招生工作，招生对象大部分为高中生，少部分为初中生，学制两至三年。至此，招生工作彻底摒弃了“文革”期间从工、农、兵中选拔学员的招生办法，招生工作走上正常化轨道。

一、学校恢复普通中专招生

1. 专业设置规划

为恢复学校正常专业教学工作，1978年5月学校就专业设置、学校办学现状和今后专业招生计划等问题，向江苏省革命委员会交通局和教育局提交报告。报告在简要介绍了学校专业变动情况、简要回顾办学历史后，提出今后规划与设想是以面向省内陆上（汽车、公路）交通专业为主，首先办好三个专业，即汽车运用与维修专业，学制三年，每年招生100人，在校生300人；公路与桥梁专业，学制三年，每年招生60人，在校生200人；财务会计专业，学制两年，首期招生60人，在校生100人；培训班，在校生100人。

针对学校的报告，江苏省革命委员会交通局作出《关于江苏省南京交通学校性质、专业、学制及培养目标问题的批复》。主要内容为学校“1973年经省革委会67号文批准复办招生，学校性质中专，设三个专业，学制分为三年和两年。学校发展规模（包括举办短训班）暂定在校生700名，其中普通中专班600名，按1∶8比例配备教师编制，行政人员按600名学生1∶20的比例配备编制”。

2. 专业设置与招生

为满足江苏交通公路建设人才要求，1977年根据南京交通学校的招生计划，江苏省交通局委托山东省交通学校培养20名学生，学习公路工程专业，毕业证书由山东省交通学校发放，江苏省南京交通学校为学生的主管单位，负责学生的户口粮油关系办理、经费和毕业分配工作。该班级学生朱俊和樊琳娟毕业后分配到江苏省南京交通学校任教。

1978 年学校专业设置为汽车运用与修理专业、公路与桥梁专业和交通财务会计与管理专业三个专业。

为办好学校的专业，更好地服务于交通发展事业，学校组织骨干教师，由教务处负责人带队组成 5 人外出取经小组，用一个月的时间行程 5000 多 km，先后访问了五个省的 11 所省市交通学校，对这些学校的专业设置、课程体系、教师配置和教学设备配置等进行了专题调研。学校党支部根据调研结果，及时组织教师讨论，进一步明确了办学方向、培养目标、学制、课程设置。另外，学校又组织 10 名教师带着如何办好汽车运用与修理专业、公路与桥梁专业和交通财务会计与管理专业，以及如何更好地为全省交通事业服务的课题，分头深入到省内各市县交通局、交通企业进行人才需求和专业课程设置、教学设备建设等方面的调研，广泛听取企业意见和要求。通过调研了解交通行业、企业急需人才及应具备哪些知识和技能要求，为办好汽车运用与修理专业、公路与桥梁专业和交通财务会计与管理专业建设提供了第一手宝贵资料。

招生工作的开展。由于学校是隶属于江苏省交通局管理的一所行业的中专学校，其招生计划由江苏省交通局统一制定，纳入全省计划安排。1978 年，江苏省教育局根据学校和省交通局的报告分配给学校的招生专业及计划只有一个专业：汽车运用与维修专业，学制三年，招生人数为 80 名。当年汽车运用与维修专业实际招收 80 名新生，分两个班级，每个班级 40 名。由于是学校在全国恢复高考以来的第一次招生，加之是学校五年停止招生后的第一年招生，学校领导非常重视，配备了优秀的年轻教师孟祥林和王晓农分别担任两个班的班主任。新生于 1978 年 9 月报到，两个班新生的到来为学校注入了新的活力，学校从领导到全体教职工都以高度的热情投入到迎接新生工作中去，并为两个班级的教学做好了充分的准备。

1979 年，随着学校新校区建设报告获得批准和与农机校用房争端的妥善处理，学校实现了汽车运用与维修、公路与桥梁、交通财务会计与管理三个专业同时招生的愿望，当年三个专业各招一个班，共招新生 120 名。

1980 年江苏省革委会交通局对学校专业设置和学制安排做了进一步调整，分别设汽车运用与维修专业，学制三年；公路与桥梁专业，学制三年；将交通财务会计与管理专业改为汽车运输管理（财会）专业，学制两年。因受办学场地影响，当年学校只有汽车运用与维修专业招生 40 名学生。

1981 年 6 月 30 日江苏省教育局下达给学校三个专业招生计划 160 名，其中汽车运用与维修专业 80 名、公路与桥梁专业 40 名、汽车运输管理（财会）专业 40 名。

1982 年 9 月，学校新校区主体教学楼建成并投入使用，教学条件得到改善。10 月 5 日，江苏省教育局同意学校三个专业招生 123 名学生（学校设汽车 8210、路桥 8220、财会 8230 三个班级）。学校迁入新校区后，正式有了属于自己的校园，从此以后，学校招生、教学等工作步入正轨。1978~1982 年学校招生与实际报到人数情况见表 4-1。

1978~1982 年学校招生与实际报到人数情况　　表 4-1

年度	招生专业	计划招生人数	实际报到人数	备　注
1977	公路工程专业	20	20	南京交通学校负责招生，山东省交通学校负责培养
1978	汽车运用与维修	80	80	
1979	汽车运用与维修	40	40	另有 13 名委培人员
	公路与桥梁	40	40	另有 7 名委培人员
	交通财务会计	40	40	另有 10 名委培人员
1980	汽车运用与维修	40	40	
1981	汽车运用与维修	80	80	
	公路与桥梁	40	40	另有 3 名西藏委培人员
	交通财务会计	40	40	另有 12 名委培人员
1982	汽车运用与维修	40	41	另有 10 名公交公司委培人员，内蒙委培 1 名
	公路与桥梁	40	39	
	交通财务会计	40	40	
	总人数	520	540	

二、社会培训工作

1976 年学校在 73 级汽车运用与维修专业和财务会计专业学生毕业分配离校后，教学工作主要以招收在职职工短期培训班为主。在人手少，教学设备差的条件下，当年举办了机务管理、财务管理、公路测量等训练班，共培训学员 212 名。1976 年 11 月至 1977 年 6 月举办了第二期全省交通财会人员训练班；1977 年 3 月至 11 月举

公路测量训练班（1976 年）

第三期财会培训班（1978 年）

汽车修理训练班（1978 年）

办了第一期驾驶员训练班，为全省各交通局培训驾驶员 104 名；1977 年 3 至 6 月举办第一期黑色路面训练班；1977 年 11 月至 1978 年 5 月举办了第三期财会训练班，招生 47 名学员。1977 年共培训学员 243 名，为全省交通运输事业输送了一批人才。1978 年在做好汽车运用与维修专业两个普通班级招生的同时，又举办了汽修、财会、驾训三个短训班，共培训 150 名。

1980 年学校接受江苏交通系统其他单位委托培养 30 多名学员，采取跟班学习方式，分散在汽车、路桥、财会专业，学习三年（其中，财会专业学制两年），随同学生一起毕业。当年，为兄弟单位培训一期 40 人参加的路桥测量班。另外，西藏自治区山南地区交通局先后于 1980 年 8 月 27 日和 1980 年 9 月 19 日发电报到省交通厅，要求委托培养 2 名藏族青年学习公路与桥梁专业。省交通厅把任务安排给学校。1981 年 3 月 24 日，西藏山南地区交通局藏族青年达桑、米玛、马爱花 3 人，正式来学校公路与桥梁专业跟班学习三年。

1981 年 9 月，学校为河南省交通厅代培 6 名高中毕业生，学习交通财务会计专业。同年 10 月，学校为南京新华造船厂代培财会专业人员 6 名，采取跟班学习形式，学制两年，与正规班学生同时毕业（结业）。1982 年为南京公交公司委托代培 10 名、内蒙古交通局委托代培 1 名汽车运用与修理专业学生，采用跟班学习方式，学习三年，与统招班学生同时毕业。

第三节　重建校政，规范学校管理

从 1979 开始，党中央把工作重点转移到社会主义四个现代化建设上来，学校围绕工作重点的转移，组织师生学习有关教育教学管理条例，把全校师生的注意点逐步转移到教学工作上来。学校党总支重点抓制度建设、教学管理、教师队伍建设和教学基础建设，使教学工作进一步规范，教学工作的中心地位逐步显现出来。

一、学校领导班子及组织机构设置

1. 学校领导班子任命及调整

1979 年江苏省交通局党组根据学校发展和现状，对学校领导班子进行了调整，经中共江苏省委组织部批准：秦退之、许怡善、姜浩、陈彤鏊任江苏省南京交通学校副校长。1981 年 4 月，经中共江苏省委组织部批准，姜浩任江苏省南京交通学校党总支书记；秦退之任学校顾问。同年 8 月，经中共江苏省委组织部批复，陈彤鏊任江苏省南京交通学校校长、黄荣枝任副校长。由于秦退之年事已高，1982 年中共江苏省交通厅党组批准免去秦退之江苏省南京交通学校顾问职务，同意离休。

2. 组织机构设置

1976 年学校的行政组织机构设置为：政工组、教务、总务三个部门，一个校办工厂，其中三个部门的领导当时称为部门负责人。

1979 年学校先后成立了党总支、工会、团委和学生会。同年，江苏省交通厅同意学校成立办公室、教务处、总务处和教学工厂四个职能部门。其中罗家琚任办公室副主任，陈彤鏊任教务处主任（任职至 10 月份），黄荣枝任教务处副主任、教务处主任（自 10 月份起任职），程万仞任教务处副主任，范祥明任总务处副主任，俞正福任教学工厂副厂长。

1980 年 1 月，学校党总支根据学校发展的需要，进一步加强组织建设，先后对学校工会、共青团、学生会等群众性组织人员进行调配，并对学校内部组织机构及中层干部进行了增设。其中工会主席为姜浩，副主席为顾唯一，工会委员另有宣传委员张道明，文体委员杨烈儒，学习委员周建、端木建国，福利委员周以强。江苏省南京交通学校发文同意成立共青团南京交通学校委员会，由黄荣枝任团委书记，刘传成任团委副书记，朱菊英任组织委员，朱金桥任宣传委员，熊寿文任学生委员，樊新海、潘庆长任文体委员。1980 年 5 月成立校学生会，熊寿文任主席，张英龙任副主席。

1981 年 9 月 9 日江苏省交通厅发文同意建立江苏省南京交通学校学生科，所需人员在本校编制内调整解决，薛承范为学生科科长，并同意虞寿林为教务处副主任，赵振环为实习工厂副厂长。1982 年中共江苏省交通厅党组发文同意罗家琚为办公室主任，王宏元为总务处副主任。为加强专业建设和教学管理，提高教学质量，1982 年 9 月学校对教研组进行了调整，设置 9 个教研组。教研组的设置，进一步充实了基层教学组织，加强了教学管理和教学研究，为提高教学质量打下了基础。学校教研组设置情况见表 4-2。

学校教研组设置情况（1982 年） 表 4-2

序　号	教研组名称	教研组组长	备　注
1	路桥教研组	朱爱娟、黄祥富	第二人为副组长
2	汽车教研组	金德虎	
3	财会教研组	龚育申、郦时藏	
4	政治教研组	张友恒	
5	数理化教研组	张宗祥	
6	体育教研组	杨烈儒	
7	机械设计教研组	周以强、孟祥林	
8	金工制图教研组	王挺度	
9	语外教研组	熊树苏	

二、规章制度建设与教学管理

由于“文化大革命”时期学校办学处于停办或半停办状态，基本上没有系统的学校管理、教学过程管理等方面的制度。到 1976 年宣告文化大革命结束，学校领导开始重视制度建设，从 1976 年到 1982 年学校逐步建立起相应的管理制度，为规范学校的教育教学行为打下了基础。

1. 规章制度建设

随着全国教育形势的好转，1976 年出台了南京交通学校规章制度（试行）办法，该办法的主要内容有：请假制度、教室规范、学生宿舍公约、家具房屋管理制度、关于福利和领取用品制度、财务制度、安全保卫制度等。1977 年学校虽然仍然处于停招状态，但恢复高考制度和中专统一招生制度后，教育发展形势越来越好。为此，学校为适应来年新生入学管理和教学管理的需要，在制度建设方面做了大量工作，初步形成了学校教学管理制度，明确了部门工作职责，出台了《交通车使用管理规定》、《财务制度》、《考勤制度》、《办公室工作职责》、《团总支工作职责》、《政工科工作职责》、《班主任工作职责》、《教师岗位责任制》、《实验员岗位责任制》、《教务员岗位责任制》、《图书管理员岗位责任制》、《教学行政管理制度》、《评教评学施行办法》、《调课规定》、《图书借阅办法》、《阅览室条例》约二十项管理制度，这些制度的出台，为规范化办学打下了基础。

1979 年出台了关于《干部考核评比条件》、学校《公费医疗、职工子女统筹医疗意见和办法》、《学校车辆统一管理规定》等制度。

1982 年 5 月形成了学校管理制度汇编，该汇编包括：《行政管理制度》、《教学管理制度》、《后勤管理制度》、《学校领导工作职责》、《学校 9 个部门职掌范围》等内容。出台了《加强实践的若干规定》、《关于培养提高学生自学能力的办法》、有关《考试的若干规定》、《学校考核奖励办法》、《学生手册》、《关于计划生育若干问题的暂时规定》、《关于职工福利的若干规定》、《关于食堂管理规则》等。这些制度的制定，进一步规范了学校管理、教学、后勤服务行为。

2. 常规教学管理

1976 年根据学校教学工作的质量要求，在教学管理上主要采取：

（1）坚持教育革命的方向，积极走开门办学的道路，努力在三大革命实践中培养又红又专的无产阶级革命事业的接班人。当时为在学校深入开展教育革命，彻底清除林彪、“四人帮”的反革命修正主义路线的流毒，将毛主席有关教育革命的指示印成小册子，组织学习，大胆探索教育革命的新途径，对学校的办学思想、教学组织、教学内容、教学方法进行了必要的改进。将汽修专业教研组调整为专业组和基础组，进一步明确了各自的工作责任；各教研组不断改进教学方法，教师主动利用废弃材料自制教具、实验设备等，千方百计提高教学质量。重视学生的实践能力培养，把课堂教学与实践结合起来，组织学生到工厂学习，实现开门办学，要求教师积极改进教学方法，认真辅导，做到学生有问必答；鼓励学生多学社会主义文化知识，要求教师对学生从德、智、体三方面进行教学。例如，周信孚老师利用业余时间编写了《集体所有制交通企业会计》教材，他平时认真教学，积极辅导，不仅关心学生的学习，而且关心学生的思想、生活，并热情帮助青年教师，进行传、帮、带，受到了全校教师的一致好评。1976 年组织了三次短期训练班开门办学，使学生得到了较好的实践锻炼。

（2）坚持老带青、青促老，努力造就合格的师资队伍。1976 年学校从 73 届毕业生中留校 18 名学生充实师资队伍，校党支部很重视对这批新教师的培养工作，开会专门研究制订培养计划，采取多种形式帮助他们提高教学能力和业务能力，如送到高校进修、到工厂实践、安排老教师一对一指导等。例如，财会组青年教师杨锦棣、徐爱萍工作热情高，教学方法上主动向老教师请教，起早带晚做学生的思想工作和业务辅导，教学效果好，得到了培训班学员的好评，对老教师本身也有很大的促进。

（3）支持企业单位建设“七·二一工大”（“文化大革命”中产生的社会主义新生事物，是培养工人阶级技术队伍的一种厂内办学形式），学校先后给徐州、南通、扬州、镇江、南京等地的交通企业“工大”寄发教材，周以强老师在学校工作任务重的情况下，积极支持省汽车配件厂“七·二一工大”教学工作，利用业余时间给他们上课，经常晚上辅导学员很晚才回家，得到了该厂“七·二一工大”学生的一

致好评。另外，张树森、陆汉章等教师也积极到有关企业“七·二一工大”参加教学工作，得到了企业的好评。

1977年12月交通部教育局召开了全国22所交通系统学校教学工作会议，会上制订了“汽车运用与修理专业”教学计划（草案），为该专业的教学起到了积极的指导作用。1978年7月交通部“全国交通系统全日制中等专业学校工作若干规定”（试行草案）的颁发，为学校认真贯彻落实党的教育方针，有计划地组织教学工作，稳定教学秩序提供了依据。学校根据这两个文件精神，结合学校实际情况和专业教学特点，制订了具体实施教学计划和若干课程（如金工、力学等）教学大纲，并对“若干规定”中提出的培养目标和提高教学质量等问题进行了认真讨论，进一步明确了培养一名合格的中专生应该掌握的基础理论、专业知识和专业技能。学校党支部结合批判“四人帮知识无用论”和针对办学方向不明、专业培养目标不明确、学制长短不确定、课程设置不清楚等问题，以及部分教师在教学中存在不敢抓、不敢管的思想包袱，重新评价了教师的作用，树立了当人民教师光荣感、使命感、政治责任感，使教师在思想上有了很大的转变。

1978年全国教育工作会议的胜利召开，为教育事业的拨乱反正、正本清源指明了方向。学校组织教职工反复学习全国教育工作会议精神，使大家对教育工作的重要性，教育与四个现代化的关系有了初步认识，明确了学校中心工作是教学。通过学习教职工精神振奋，对搞好教育教学工作信心倍增，在连续五年停招后，当年招收汽车运用与修理专业80名新生。学校坚持以教学为中心，努力提高教学质量，增开了语文、英语、物理、化学四门基础课程，并加强教学过程管理，逐步建立正常的教学秩序。无论是短训班还是正规班都有教学计划、教学进程、教学日志，调课有通知单。教务处分别召开了学生座谈会、教师座谈会，规范教学行为，倡导教师教学改革。为逐步实现教学手段现代化，学校建立了电化教学小组，在制图、英语等教学中试用幻灯片、录音磁带、唱片等，增强了教学效果。

1979年是我党把工作重点转移到社会主义四个现代化建设上来并取得伟大胜利的一年。学校党总支的建立，使学校工作重心转移得到了保障。2月28日做出了“迅速把我校工作的重点转到教学上来”的决议，通过专栏、墙报、黑板报、广播等形式，大力宣传工作重心转移的意义，并动员广大师生献计献策，及时表扬工作表现出色的同志，通过这些宣传在学校迅速掀起了一个团结一致向前看，齐心协力干四化的热潮。学校主要领导带头深入教学一线，姜浩、陈彤鏊除党政工作外，每周承担8节课的教学任务，教务处主任黄荣枝同样也承担路桥专业的工程制图课程，由于领导深入教学第一线，极大地鼓舞了教师教学工作的积极性，教师教学普遍都很认真，特别是有实验要求的课程，教师在没有实验设备的情况下，自己想方设法制作一些土教具或因陋就简地做实验，以满足教学的需要。

1981年10月13日交通部教育局制定了面向交通系统中等专业学校教学工作的《交通系统中等专业学校教学管理办法（草案）》，对中等专业学校教学管理提出了三十条管理意见（以下简称《三十条》）。该文件对中等专业学校教学管理提供了从原则、方法、步骤到途径等较系统的管理办法和具体措施，学校先后多次组织教师学习，要求教务处、教研组在开展教研活动时把《三十条》作为重要教学活动内容，通过学习使教师进一步认识到教学管理的重要性，领会其意义并贯彻落实到具体教学工作中。为此，教务处主要采取了如下几方面的措施：

（1）抓教学文件建设管理。在《三十条》之前，学校虽然也重视教学工作，但对教学文件的规范性认识不到位，教学文件建设比较随便，主要解决有无的问题，没有从内涵质量上去要求，因此，通过《三十条》的学习，教务处重点抓了专业教学计划的修订、课程教学大纲的制订与修改、教师授课计划和教案的规范性等工作。

（2）注意教学过程管理。加强教学过程的检查，领导深入教学第一线听课，现场查看教师实验过程。教务处组织期中教学检查，制订了考试管理办法等，召开学生代表座谈会等，进一步了解教师教学质量和学生学习效果。

（3）抓实验实习教学管理。由于学校实验、实习条件较差，一些实验、实习学校无法开出，教务处主动帮助任课教师联系其他学校或企业，解决实验实习问题，使实践教学有保障，提高了学生的实践技能。

1982 年学校为加强专业建设，培养针对性强、毕业后能尽快适应交通四化建设需要的人才，学校从教务处、有关部门和教研组等抽出 9 人，对毕业生进行跟踪调查，先后组织了两次，一次由副校长秦退之和教师张宗祥带队对苏中地区城市的调查，另一次由教师张宗祥和陈玉龙带队对苏北地区城市的调查，先后用二十几天时间走访了 147 个单位，调查了 177 名往届毕业生的工作学习情况，通过调查为专业课程设置，改进教学方法和教学改革提供了大量的第一手资料。学校根据调查的结果提出了改进基础理论课的教学内容和教学方法，加强学生实践操作能力培养等改革意见；解决教师知识老化问题，要求教师加强新知识、新技术的学习，公路桥梁专业应结合本省路面结构、桥梁、水文地质实际组织教学，汽车应用与修理专业要结合国产新型车和进口车型特点开展教学；改革教学内容，注重学生个性的发展，同时加强企业管理知识的传授。采取的措施有：修订教学大纲，选编教材，适当调整授课内容及方法；加强实践环节，开放实验室，延长阅览室开放时间，提高学生自学能力，改革考试方法；实现助学金与奖学金相结合的办法，促进学生努力学习专业知识和技能。在日常教学中认真贯彻执行交通中专《三十条》，健全了一套教学管理规章制度，有效促进了教学质量的提高。

1982 年 8 月 ~1983 年 1 月，学校为提高教学质量，开展了教学管理质量月活动。活动的主要内容包括：学习教育学、教学管理办法、实习管理办法以及优秀教员季卜枚的教学法；开展结构力学、理论力学公开课以及集体听课和参观活动；召开班级学习委员、学生代表座谈会等教学活动，开展评教评学。通过活动旨在激发教师进一步提高教学业务能力，加强教育理论学习，不断改进教学方法，提高教学质量。

三、加强教师队伍建设

从 1978 年恢复招生工作以来，学校师资队伍严重不足，由于学校处于偏远的浦口东门镇附近，当时进城交通极不方便，大桥以北只有一条 9m 宽的公路，车辆又少，要求调动的教师较多，教师工作积极性不高。针对上述实际问题，为稳定教

师队伍，学校领导积极想办法为教师学习、生活创造条件，采取送出去学习提高，改善教师生活待遇，帮助教师解决实际生活困难问题，在教师中开展评优活动等办法，有效遏制了教师的进一步流失。

1. 师资队伍建设

到 1979 年学校在校学生数 218 人，教职工 85 人，教师 33 人，其中普通课教师 8 人，基础技术课教师 7 人，专业课教师 18 人。

到 1981 年 9 月 28 日学校统计教师学历情况：教师总人数 81 人，具有大专及以上学历 35 人、中专学历 46 人，35 岁以下 55 人。1959 年前毕业 11 人（本科及以上学历 11 人），1960~1966 年毕业的 14 人（其中大专及以上学历 10 人，中专学历 4 人），1967 年以后毕业的 56 人（大专及以上学历 14 人，中专学历 42 人）。教师的知识结构，数量等都不能满足教学要求，为加快学校师资队伍建设的步伐，学校采取的措施主要有：

（1）选派教师到高校进修学习。1977 年选派 6 名教师到大学进修，2 名教师到师资训练班学习，2 名教师边上课边到南京工学院学习。1978 年学校重点加强对青年教师的培养力度，当年有 4 名青年教师选送交通部培训学习，5 名教师分别到南京大学、南京师范学院、南京工学院、南京市教师进修学院进修学习。1979 年学校选派 12 名教师到南京工学院、南京大学、厦门大学和镇江农机学院等地进修学习。1980 年有 4 名教师脱产进修学习。1982 年学校派出 7 名教师在外脱产进修学习，十几名教师参加电大、函授学习。

从 1978~1982 年除每年组织教师到大学听课已成为学校一项正常要求外，学校专门组织教师参加电视大学的电视教学学习。为给广大教师在职学习创造条件，学校专门购置了当时最好的彩色电视机共大家业余学习使用，学校十几名中青年教师参加电大学习长达三年，使得一批教师的业务能力得到了显著的提高。学校从 1979~1982 年每年用于教师的培训费达 5000 元。

（2）选送教师到企业进行生产实践。根据教师的专业特点，选派教师到有关对口企业学习。1976 年学校党支部两名主要领导分别带领教师到珠江路汽车保养厂、汉中门汽车修理厂和六合汽车修理厂实行“三同”，即同吃、同住、同劳动，结合教学进行实践，本着努力学一门手艺的思想，虚心向工人师傅学习。1979 年学校派出 16 名教师先后到汽车保养厂工作和学习，汽车构造课教师到汽车修理厂学习，财会教师到交通财务部门学习，汽车电工课程教师到汽车保养厂学习，通过实践不断提高他们的专业教学能力。1980~1982 年学校每年有十几名教师到生产第一线进行实践劳动锻炼，学生在企业实习全部有学校教师带队全程参与指导与教

数理化、语外教研组教研活动

学工作，使教师的实践能力得到了提高。

路桥教研组学习研讨

（3）鼓励青年教师到教学第一线。针对青年教师希望早上课、早得到锻炼的要求，以及要迅速提高青年教师的教学能力实际需求，只有让他们尽快走上讲台。在新教师正式走上讲台前，学校规定每名刚走上讲台的教师必须经过 2~3 次试讲，试讲通过的教师才能安排正式上课，做到不打无把握之战。例如，青年教师石明雄开始上“汽车构造”课时讲得过深过细，自己费了不少力，效果不是很理想，但他不灰心，自己深入学生中了解问题，每天晚上到教室辅导，不断改进教学方法，经过一段时间的努力，教学水平明显提高，得到了学生的好评。

（4）开展“老带新、传帮带、结对子”活动。学校所有任新课的青年教师都有老教师帮助，老教师带头做好“六认真”，在教学上精益求精，为青年教师做示范教学，起表率作用。例如，周以强与孟祥林结成一对，黄荣枝与王党生结成一对，他们共同制订进修学习计划、教学授课计划，修改讲稿，相互听课，研究解决教学中的重点、难点问题。通过一帮一活动开展，使青年教师教学进步很快，得到了学生的好评。

（5）鼓励教师动手制作教具。为满足教学的需要，除购置了一批教学设备仪器外，教务处和各教研组想办法动脑筋，从 1978 年到 1982 年，教师利用业余时间自己动手，土法上马，自制教具，因陋就简自制了一大批教具。教师利用业余时间主动到教学工厂或实习工厂自己动手加工实验教具，从不计报酬，这种积极向上、虚心好学、团结协作的精神，在当时成为了学校的一种良好校风。

2. 落实党的知识分子政策

学校是知识分子集中的地方，在历次政治运动中受到的冲击也大。随着教育形势的不断发展，知识分子的重要作用越来越得到党和国家高度重视。1978 年 11 月 3 日中共中央组织部发出《关于落实党的知识分子政策的几点意见》后，全国各地进一步落实了干部和知识分子政策。学校贯彻落实中央的知识分政策，对知识分子真正做到政治上关怀、工作上帮助、生活上照顾。1979 年进一步纠正了一些教师的冤、假、错案，公开平反；帮助下放人员尽快归队；将有一定教学经验的知识分子提拔到领导岗位。同时解决了 68 届中技毕业生分配工作问题。1982 年 9 月，按照上级部署，学校还开展了党的知识分子政策落实情况调查，进一步采取措施清理“文革”遗留问题。认真落实党的干部政策，1982 年 9~12 月，先后有童修元、高延贵，钟镕、李濉然，秦退之等五位同志经上级批准落实离休干部相关待遇。另外，由于学校地处江北，当时长江大桥以北仅有一条 9m 宽的公路，交通极不方便，

学校一些教师千方百计找关系调离，针对这样的情况，学校党总支主动关心教师的生活，从解决夫妻分居问题、改善住房问题、子女就业问题、积极吸收优秀知识分子入党等方面采取措施，使教职工人心稳定，以饱满热情投入到学校建设和教育教学工作中去。

3. 恢复教师职称评审

教育部1980年颁发《关于中等专业学校确定与提升教师职务名称的暂行规定》开始恢复教师职称评定工作。学校为钟镕等三位教师申报了职称，1980年12月16日江苏省汽车运输公司发文批准钟镕、王孜孜、姜浩为助理工程师职称。1981年教育部颁布了《关于中等专业学校评定教师职称工作的通知》(教专字［1981］001号)，正式恢复了在教师中评定职称的工作。学校于1981年成立了教师职称评定工作小组，并根据江苏省高教局、省交通厅的有关文件精神，开展了职称评审工作。1981年6月16日江苏省交通厅发文，同意秦退之、程万仞、陈裕良为工程师技术职称、俞正福助理工程师技术职称。1981年11月16日江苏省卫生厅发文，同意许榴宏同志定为医师职称。1982年学校专门成立以姜浩为组长，黄荣枝、张宗祥为副组长的专业职称评定领导小组，陈彤鏊、徐洁琦负责对职称申报者的外语能力进行考核，周一为职称评审秘书。当年，黄荣枝等12人被评为讲师，陈彤鏊晋升为副教授，有5名教师被评为“中专教员”职称。

4. 改善教师的生活待遇

1977~1981年，国家非常重视教师待遇的提高，先后四次调整教职工工资。1977年根据国务院教职工升级面为40%，增加工资时间从1977年10月1日计发的规定，学校党支部认真组织教职工学习讨论中央关于调整工资的89号文件，反复研究，最后党支部根据“政治表现，劳动态度、技术高低、贡献大小”的条件和工作年限长短、工资偏低的特点，发动群众充分讨论，根据民主集中制原则，通过“四上四下”的过程，最后为24名教职工调整了工资。1981年10月，按照国务院的通知规定教师普遍升一级工资。1982年占全校教职工总数75.7%人员晋升了工资。学校为解决教师后顾之忧，于1982年开始建设教工宿舍并逐步解决夫妻分居问题，使教师可安心教学工作。

5. 开展评选优秀教师活动

1977年学校开始在教师中评选优秀教师和先进教育工作者。为表彰教师的辛勤劳动，学校党支部对教学工作突出的进行了表彰，这一年学校评选了周信孚、黄荣枝、吴兆生、周建等13名先进教师和教育工作者。1978年学校评选了张道明、陈彤鏊等12名先进工作者。1982年学校涌现出19名先进工作者，占教职工总数的14%，评选了2名优秀班主任，1名计划生育先进分子，另评选了3个先进集体。通过评优，进一步调动了教师教学工作的积极性。

四、教学基础建设

为适应四化建设的需要，贯彻教育部“调整、改革、整顿、提高”八字方针，根据江苏省交通系统发展规划和各个中专学校实际建设与规划情况，1979年12月

4日江苏省革命委员会交通局发文，向交通部教育局、江苏省高教局报告“江苏省交通系统中等专业学校发展初步规划”。该初步规划提出重点抓好省局所属南京交通学校等三所中等专业学校的教学基础建设，到1985年力争培养4820名中等技术人员和专业、管理人员，计划1980年招生460人，1981年招生620人，以后根据发展需要和学校实际情况逐步增加招生名额。预计到1985年培训职工4820人。学校根据江苏省交通局要求制定学校发展规划，加强实验实习教学环境建设，为学生实验、实习提供基本保障。

1. 制定学校发展规划

1977年9月学校根据江苏省交通局要求制定了学校改革初期初步发展规划（1978~1985年），规划提出了到1985年学校发展的基本思路、发展方向和建设目标。规划的指导思想：高举毛主席的伟大旗帜，紧跟党中央的战略部署，以党的基本路线为纲，全面贯彻执行毛主席的教育路线方针政策，走《五·七指示》和《七·二一指示》道路，努力抓纲治校，以大庆精神办学，遵循毛主席《给江西共产主义劳动大学的一封信》的指示，勤俭办学。发展方向：坚决贯彻执行“教育必须为无产阶级政治服务，必须同生产劳动相结合”的方针，把转变学生思想放在一切工作的首位，面向生产、面向基层，实现两条腿走路方针。建设目标为：

（1）专业设置及规模：普通班级设置汽车运用与修理专业、公路与桥梁专业、财务会计专业，共三个专业，年招生量200人，学制两年，在校生保持在400人左右。其中：

汽车运用与修理专业：每年招收100名学生，到1985年毕业五期500人；

公路与桥梁专业：每年招收50名学生，到1985年毕业五期250人；

财务会计专业：每年招收50名学生，到1985年毕业五期250人。

（2）教师队伍：引进路桥、政治、计划统计、运务调度、机务技术等课程教师，充实驾训班。

（3）教育培训：办好3个月或5个月的各种短期培训班（汽车驾驶、运务调度、机务技术管理、财务会计、计划统计、测量道路、道路养护等），在校生保持在100~200人，到1985年培训人数达到1500人。

（4）机构设置与编制：建立党总支，设总支办公室、政工科（宣传组、人保组）、团总支、办公室、教务处、总务处、学生科，加强图书馆建设。按在校生5∶1编制需要120~150人的教职工队伍。

（5）校办工厂：切实办好学校校办工厂，能基本满足汽车运用与修理专业学生金工、钳工实习教学要求，固定经常的汽车保养修理，修旧任务，创立必要的技术后方，为教学科研提供条件，教职工轮流到工厂参加劳动，工人师傅上课堂讲课。

在建设校办工厂的发展思路中首次提出了为教学科研服务的思想，坚持开门办学，密切与有关厂队挂钩联系，教师到生产第一线实践和工厂能工巧匠上讲台为学生讲课相结合的教学思想。

2. 实验室建设和实习教学

由于当时学校基础薄弱，教学设备、教学图书资料很少，1977年汽车专业添

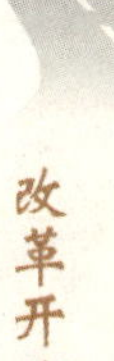

置了140型发动机两台、八缸发动机一台和一些电器设备，教师制作教学挂图40多张，图书馆添置了10000多册图书，为78级学生专业学习打下了基础。1979年学校想方设法从兄弟单位购买了与汽车应用与维修专业相关的教材35种，正式购买了一批教学设备，教师自己动手制作了一批教学仪器、绘制了一批挂图、制作了300张幻灯片。一些在学校无法实现的重要实验和实习依靠外单位解决，物理、电工等实验在农机校实验室进行，汽车运用与维修专业实习在定点单位实习，如南京汽车运输处珠江路汽车保养厂、南京农业机械化学校实习工厂、江苏省金陵汽车配件厂等单位都是定点实习单位。财会专业学生从79级开始，实习基本安排在全省交通系统内各市县交通局及交通类企业，并且得到了实习单位的大力支持。例如，1981年4月20日，财会专业7930班毕业前8周生产实习分别到镇江、苏州、南通地区交通局、汽车运输公司和轮船公司以及省汽车运输一处、汽车配件厂等8个单位实习。通过与这些单位建立实习关系，很好地解决了学生毕业实习问题，使课堂教学与生产实践相结合。

1982年学校搬迁后，实验室建设得到了加强，这一年学校建起了路桥实验室、汽车修理实验室、电工实验室、金工实验室等专业实验室，全校的实验开出率达到60%~80%，较好地解决了专业教学实验问题。学校图书馆全年购置图书5000册，使得图书藏量达到36000册，丰富了学生的课外阅读资料。

学校校办工厂是汽车运用与修理专业学生实习的重要基地，学校领导非常重视校办工厂的建设，将校办工厂设置为一个独立的中层单位。1979年校办工厂第一次承担了78级两班级的金工实习任务，实习内容涉及车、铣、刨、磨焊、钳工等工艺。工厂为迎接这次实习，做了大量的准备工作，加班加点，自己动手，制作了一批工具，并对实习流程、工艺要求等进行了周密安排，使这次实习达到了预期成效。通过这次学生实习，教学实习工厂经受了考验，积累了经验，也给校办工厂今后的发展打下了基础。从此以后，校办工厂每年承担学校汽车运用与维修专业学生的金工、钳工实习任务，1982年底实习工厂搬迁到新校址以后，教学设备不断充实，实习环境有了较大的改善。

3. 后勤管理与服务

1978年学校恢复招生后，在南京农业机械化学校办学期间，后勤管理当时由总务科高延贵负责，学校设有学生食堂、教工食堂，教工食堂主要为住校十几位年轻教师的一日三餐服务，同时为住市区的教师提供中餐服务。后勤管理的同志为做好服务工作，积极想办法，主动征求教师对伙食的改进意见，当时的伙食供应很好，物美价廉。为解决师生看病问题，学校专门配备了医务室，从大学毕业生中分配了两名医生许榴宏、孟庆云负责学校师生的常见病的防治。师生的住宿条件较差，师生全住在一栋两层楼（5号楼），楼上一分为二，女教师和女学生住楼上的西头，男教师住楼上的东头，楼下东头有6个教研组，其他为男生宿舍。学校为改善住校教师的生活条件，丰富娱乐活动，专门购买了一台彩色电视机和一些羽毛球拍供教师学习和锻炼之用。虽然住宿条件比较差，但大家没有怨言，住校的青年教师和学生住在一起，学习交流很方便，也增进了师生之间的感情。学校为解决一些青年教师结婚无房问题，积极想办法，搭建临时过渡房，得到了教师的理解。

1982 年学校搬迁至浦口区泰山镇东门后河沿 90 号新校区后，生活条件得到了极大的改善，学校成立了总务处，王宏元任主任。在此期间，学校为师生提供了相对齐全的后勤服务实施，并积极为师生解决生活中的困难和问题。在学校南侧专门建了一排小平房，解决已结婚无住房的青年教师安家问题。

第四节　党建与政治思想教育

1976~1982 年学校思想政治工作的重点是把受“文化大革命”冲击的教育体系重新恢复过来，解决师生的思想问题。1979 年学校党总支的成立，进一步加强了学校思想政治工作。通过加强党的组织建设、学习中共中央有关文件、开展学雷锋活动、五讲四美活动和社会主义精神文明建设等多种形式活动的开展，极大地提高了全体师生的政治思想觉悟，为学校的进一步发展打下了良好的思想基础。

一、加强党员思想教育

1976 年，学校党支部领导坚持“三要三不要”即“要搞马克思主义，不要搞修正主义；要团结，不要分裂；要光明正大，不要搞阴谋诡计”的基本原则，不断加强支部建设。针对学校存在的问题，联系自身思想实际展开了讨论，进一步明确了发挥党支部战斗堡垒作用的重要性，要求在支委会上能发扬民主，重视批评与自我批评，热情欢迎师生帮助支部领导端正思想和政治路线，在生活上不搞特殊化，自觉地加强世界观改造。当时支持农村农忙劳动是一项政治任务，学校党支部领导带头以身作则，党员干部积极参加，不怕吃苦，很好地发挥了党支部战斗堡垒作用和党员的先锋模范作用。

1977 年党员教育的一项重要任务是学习《毛泽东选集》第五卷。学校党支部组织党员、教职工认真开展学习毛选第五卷的活动，举行了隆重的接书仪式，组织读书小组，制订了通读计划，大多数教师通读了毛泽东选集第五卷。1977 年全国上下深入开展学大庆活动，全面落实“十一大”会议精神。学校党支部决定乘“工业学大庆”的东风，发动群众制订学校发展规划，建立各项规章制度，结合大庆精神找差距，制订整改措施，整顿学校各项工作。党支部对学习落实“十一大”精神做了认真部署，举办学习班，通过学习进一步认清形势，明确方向，鼓舞斗志，增强了广大党员完成学校各项教学工作任务的信心。

1978 年是抓纲治国三年大见成效的重要一年，是深入开展揭批林彪、“四人帮”取得伟大胜利的一年，也是学校抓纲治校初见成效的重要一年。学校在省交通局党组的正确领导下，胜利结束了揭批“四人帮”运动，招收了恢复高考以来的第一届新生。学校党支部把开展以教学为中心工作作为首要任务来抓，从建立正常的教学秩序入手，加强了师资培训，添置了一批教学设备，举办了三期短训班。对后勤工作要求体现在为教学服务、为师生服务的思想，这一年取得了较好的办学成效。同时，对党、团组织的整顿、建设工作取得了一定成绩。如：各支部按时过党小组生

活、上党课和学习党中央一系列文件，学习“十一大”通过的新党章等，增强了全体党员的组织观念、党性原则和做一名合格共产党员的政治意识。团总支和各团支部认真组织学习共青团十大精神，进行团课教育和整顿团总支，并补选了团总支委员。组织团员外出参观、参加支农等活动，较好地发挥了团组织的重要作用。1978年12月，党中央召开了具有深远历史意义的十一届三中全会，会议重新确立了马克思主义的思想路线、政治路线和组织路线，确立了“解放思想，开动脑筋，实事求是，团结一致向前看”的指导方针，果断停止使用“以阶级斗争为纲”这种不适用于社会主义建设的口号，制定了把工作重点转移到社会主义现代化建设上来的战略决策。学校党支部组织党员干部和师生认真学习会议文件精神，党支部重视教学工作，抓制度建设和教学秩序整顿，引导师生员工从思想上、政治上提高对社会主义现代化建设的认识和教学工作的重要性认识。

1979年学校党总支的成立，为进一步加强党的领导，加强社会主义民主与法制建设，加强党的基层组织建设起到了推动作用。

1980年党总支根据上级指示，组织全校师生认真学习邓小平《关于目前的形势和任务的报告》，进一步明确了只有坚持并改善党的领导，党才能领导全体党员和全国人民实现社会主义现代化建设的伟大任务。同年11月江苏省交通厅专门召开了宣传教育工作会议。学校党总支认真贯彻落实会议精神，召开总支成员和支部书记参加的民主生活会，并加强党员的党性教育，建立一支以党员、教研组长以上干部为核心的思想工作骨干队伍。在学校新校区建设中组织党员、干部、共青团员多次义务参加新校区建设的土地平整、植树等劳动，充分发挥党组织的战斗堡垒作用和党员的先锋模范作用，进一步确立了党组织在学校教育教学中的领导地位。

1982年学校把社会主义精神文明建设作为思想政治工作的重点，组织学习政府工作报告、新宪法、陈云同志文献等，特别是9月党的“十二大”召开，学校认真制订学习计划，迅速掀起学习十二大精神的热潮。学校党总支认真组织全校党员和教职工利用每周三、五日下午时间学习“十二大”文件，采用轮训、宣讲和讨论方式进行，先后举办政工人员学习班、党员学习班，宣讲辅导会9次，参加人次达到5000人次，教务处、学生科、团委、校办联系师生思想实际，两次组织青年教职工学习讨论，并与政治课教学结合起来，主动对照学校教学工作实际，积极开展教育教学工作。通过学习使师生加深了对党的路线、方针政策的理解，进一步明确了教育工作目标、任务，提高了思想认识，推进了各项工作的开展。

二、加强党的基层组织建设

自1976年4月刘其义任江苏省南京交通学校党支部书记，秦退之任南京交通学校革命委员会主任兼支部副书记后，学校各项工作的开展都以党支部为核心。1979年3月14日根据学校党员发展规模（1979年学校教职工78人，党员23人），向江苏省交通局党组提出了建立学校党总支的建议，并得到及时批准。4月12日中共江苏省革命委员会交通局党组发文，同意建立中共江苏省南京交通学校总支部委员会。同年9月7日中共江苏省革命委员会交通局党组决定由秦退之、姜浩、许怡善、罗家琚、黄荣枝五人组成中共江苏省南京交通学校总支部委员会，秦退之、姜浩任党总支副书记。同时根据江苏省革委会交通局政治部对学校建立基层党支部的意见，经学校党总支委员会研究决定：建立教工、职工、校办工厂三个党支部。教工党支部书记为黄荣枝，职工党支部书记为范祥明，校办工厂党支部书记为俞正福。三个党支部的成立为基层党组织建设和加强党员教育提供了保障，对发挥党组织的战斗堡垒作用和党员的先锋作用起到了积极作用。

1981 年江苏省交通厅根据学校的发展需要，对学校领导进行了调整，4 月 31 日中共江苏省交通厅党组发文同意姜浩任江苏省南京交通学校党总支书记，免去南京交通学校副校长职务。秦退之任南京交通学校顾问，免去南京交通学校党总支副书记、副校长职务。

1982 年江苏省交通厅同意增补虞寿林为学校党总支委员。1982 年 12 月，根据学校第四次党员大会选举结果，经江苏省交通厅党组批复，同意姜浩、罗家琚、虞寿林、黄荣枝、许怡善 5 人组成中共江苏省南京交通学校总支部委员会，姜浩任党总支书记。学校党的组织机构基本建成，当年在校党员共 29 名。

三、重视师生政治思想工作

党的十一届三中全会召开后，为了把学校工作中心及时转移到教学上来，学校党总支一班人认真学习十一届三中全会精神，高度重视全校师生的政治思想工作，促进了安定团结的政治局面。

在政治思想教育方面，学校党总支针对学校实际，采取了一些切实有效的方法，主要有以下五点：

一是抓理论学习，提高思想认识。主要学习内容包括政府工作报告，以及叶剑英在庆祝国庆三十周年大会上的讲话、邓小平在理论务虚会议上的讲话等中央文件，组织开展“实践是检验真理的唯一标准”的大讨论，组织了一次面向全体教职工的社会主义民主与法制教育等。

二是开展谈心活动，调动教师工作积极性。针对学校地处偏远郊区，交通不便，教师的思想波动较大经常要求调动，学校党总支成员分别通过座谈会、小组会和个人谈话等形式做教师的思想工作。

三是努力帮助解决教师后顾之忧，如教师分居问题、住房问题、子女入学问题、交通不便问题等，使教师能正确对待个人问题

学校第一届运动会

与学校利益的矛盾。

四是在教师中开展忠诚党的教育事业的教育，树立当教师光荣感和责任感，树立教师全心全意为学生服务的思想，学校党组织从政治上、生活上关心教师成长，许多青年教师写了入党申请书，积极参加党课学习。学校党组织经常以“五条要求、六个认真”检查他们的思想、对他们的工作和学习进行讲评等，通过不断加强教师思想政治教育，有效促进了教师刻苦钻研业务、努力学习新知识，积极参与企业生产实践锻炼等良好教风的形成。

五是在学生中开展“学雷锋、创三好”的活动。在教学工作中党总支始终关心学生的思想教育工作，在学生中开展“学雷锋、创三好”活动，并掀起了向中国对越南自卫反击战中涌现出来的英雄人物学习的热潮。新生入学教育中增加参观雨花台、梅园新村等革命传统教育，通过参观、学习、讨论等形式的教育，进一步增强了学生爱国热情，激发了学生认真学习，积极争创“三好学生”的信心。学生普遍能刻苦学习，积极参加文体活动，积极参加学校新校区建设劳动和公益劳动，主动帮助他人，做好人好事不留名，涌现出了一批德、智、体全面发展的好学生。

四、开展社会主义精神文明建设

1982 年 2 月，中共中央办公厅转发中宣部《关于深入开展“五讲四美”活动的报告》中规定：每年三月为“文明礼貌月”。学校深入开展“五讲四美三热爱”、“学雷锋、树新风”活动，提出了“让雷锋精神扎根我们心中”的号召，宣传介绍雷锋事迹，发动党团员积极带头，掀起了学雷锋活动热潮，师生中好人好事层出不穷。在学生中成立了 23 个学雷锋小组，做好人好事不留名，利用业余时间大搞清洁卫生，清除垃圾二十余吨，仅在礼貌月活动一个月内就义务植树 3000 多株；团委组织全校团员青年到东门小学慰问小学生、担任小学生校外辅导员。学校各党支部积极开展主题活动。如教务党支部开展“教书育人、为人师表”活动，机关党支部开展“文明办公”活动等。发挥宣传舆论导向作用。举办“社会主义精神文明建设”讲座、“近代史”讲座等。学校先后创办了《校园通讯》、《实习通讯》、《益友》等刊物，广播来搞数百件、出墙报、板报一百多期，较好地宣

1982 年三好学生合影

传了社会主义精神文明建设和物质文明建设。大力开展文体活动。通过在师生中开展健康活泼的文体活动，丰富师生的精神文化建设。例如，举办音乐知识讲座、赛诗会、书法展、象棋、球类比赛、联欢会等形式，1982 年一年就组织各种大中型文体活动 36 次，参观游览 10 次，学校当年参加南京市中等专业学校教工田径中取得了团体总分第一，篮球联赛第三名的好成绩。开展比一比、赛一赛的评优活动。开展争当“优秀团员”、“三好学生”、“先进团支部”和“文明宿舍”等活动，当年有 18 名学生评为“三好学生”，有 7 名学生被评选为优秀团员。通过上述文明礼貌活动的开展，进一步提高了广大师生的政治思想觉悟，使“五讲四美”活动的开展经常化、制度化，同时有效促进了学校社会主义精神文明建设。学校被省交通厅授予“全民文明礼貌月”优胜单位、“环境美”优胜单位，学校图书馆获先进集体。

第五节　重新选址，建设学校新家园

一、新校区建设背景

1973 年初学校复办时，在江苏省金陵汽车配件厂占用校舍无法退让的情况下，江苏省交通局决定将学校复办在原南京农业机械化学校旧址上。1974 年初，江苏省革命委员会又批准复办南京农业机械化学校，这就产生了两校争抢校舍的矛盾，导致学校 1974 年停止招生。作为培养江苏公路运输交通技术和管理人才的唯一一所中专学校，停招直接阻断了江苏交通技术人才的培养途径，制约了江苏交通事业的发展。重新选址，建设学校新家园成为学校生存和发展的当务之急。

为此，学校于 1976 年向江苏省交通局报告，建议将江苏省南京交通学校迁建于泰山新村以北的刘家洼，当时的刘家洼地区没有耕地，荒山一片。在这份报告中学校提出建设的规模按汽车运用与修理、公路与桥梁和财务会计三个专业建设规模要求，学制 3~4 年。按每年招生 200 人计算，在校学生 800 人，教职工 200 人，每年培训学员 200 人设计，总的办学规模控制在 1000~1200 人，建筑面积在 15544m^2，需建设资金 150 万元。工程建设预计 1978 年完成征地及平整土地，1979 年全面施工，到 1980 年底完成主体工程。

江苏省革命委员会交通局根据学校的报告，于 1977 年 2 月积极向省委反映学校存在的问题，呈报了“关于南京交通学校存在问题的请示报告”，希望省委解决学校矛盾问题。1978 年省交通局根据学校 8 月 14 日提交的报告及提出的设计任务书要求，结合交通建设急需建设的技术人才现状，于 1978 年 8 月 21 日向省计委和省委提交“关于报送迁建交通学校设计任务书的报告”，报告送省计委并报省委周泽、汪冰石、柳林同志。报告列举学校当前存在的问题及交通建设和农业机械化建设都需要培养技术人才的客观事实，建议交通学校拟选址迁建并需要建设资金 149 万元，在未建成前对校舍等使用仍维持现状，并在当年内恢复招生。报告还提出另拟建一个援外培训基地，为便于管理与交通学校建在一起，需建设资金 40 万元的申请。

二、新校区建设正式立项

1978年9月29日，江苏省革命委员会交通局转发江苏省计委“关于建设省交通学校设计任务书的批复”（苏革计［1978］384号），江苏省计委同意学校迁址新建，并要求学校迅速组织力量，抓紧进行扩初设计报批。1979年12月13日，江苏省革命委员会交通局转发“关于建设省交通学校扩设计文件的批复”。同意学校一期工程建设教学楼、办公、图书室、学生、教职工集体宿舍、食堂、实习工厂总计约13000m²的建筑，总费用140万元，其中22.02万元用于征地、拆迁、青苗及劳力安排补偿等费用。1982年3月15日江苏省交通厅“关于学生宿舍、食堂、配电间等技术文件的批复”，同意学校建设1564m²的学生宿舍、760.3m²的食堂和44m²的配电间，总投资29.653万元。同年8月13日江苏省交通厅“关于修理车间技术文件的批复”，同意学校修理车间提前至1982年实施，建筑面积565m²，1983年3月底前完成。

三、组织专门队伍负责新校区征地与建设

1978年10月学校领导亲自挂帅成立基建办，在选择学校新校址上费了很长时间。开始校址选择在泰山新村宁六公路北侧山丘地区，南京市规划局考虑学校建在宁六公路旁边不安全，离居民点较远不妥，要求重新选择地址。于是学校先后选择了十几个点，由于种种原因，均无法达成协议。直到1979年1月，南京市规划局才发文同意学校征用位于浦口东门镇西北角的“浦口区三河公社桃园大队农场生产队”山丘85.2亩土地建设新学校。1979年3月16日学校与被征地方就征地庄稼损失达成了协议，签署了“关于征用三河公社桃园大队农场生产队土地青苗赔偿协议”。在征地过程中为解决该生产队40名劳动力城镇户口问题，先后多次报告，但总是留下不能解决户口问题的尾巴，生产队不满意，使得征地问题始终得不到解决，一直到1980年5月江苏省人民政府《关于南京交通学校、省第一汽车运输处征地、安排劳力问题的批复》（苏政复［1980］56号）同意将这批人员转为城镇户

学校领导浦口校区选址实地考察

口。至此，学校新校区建设征地、拆迁才正式开始。1980 年 3 月 27 日接到市建委转发省委第三次下达征地通知，4 月 14 日开始产权测量，6 月中旬施工部队进场，正式拉开了新校区建设的序幕。

四、新校区建设与搬迁

1980~1981 年新校区建设过程中，学校先后多次组织师生参与新校区建设活动，全校师生为建设自己的家园，怀着满腔热情投入到新校区的建设之中，师生积极参与新校区土地平整，冬天不怕天气寒冷参与学校大规模的植树活动，各部门、各个学生班级都超额完成分配的植树任务。到 1981 年底学校已建成教学楼、办公楼、学生宿舍等 5212m^2 的建筑面积，初步具备了学校教学搬迁的条件。1982 年基建竣工面积 4579m^2，主要包括食堂、学生宿舍、家属宿舍、配电间等。到 1982 年 9 月学校已建成校舍面积 9791m^2。与此同时，学校打报告给省交通厅要求加快建设校办工厂，江苏省交通厅根据学校教学工作的需要，结合当时实际情况于 1982 年 8 月 13 日发文，同意学校校办工厂修理车间提前到当年建设。因此，1982 年学校正在施工和将要施工的还有工厂、锅炉房、另外二栋学生楼、家属宿舍楼等配套设施。

学校于 1982 年 1 月 3 日开始启动具有历史意义的搬迁仪式，但搬迁过程中由于家具归属问题与南京农业机械化学校未能达成一致意见，搬迁车队受南京农业机械化学校的阻挡不能出门，使得搬迁计划被迫中断。为此，在 1982 年 1 月 9 日学校向江苏省交通厅报告学校搬迁的事项，呈报了“关于我校搬迁至新校址的报告”，指出“1978 年省革委会［1978］384 号文件批复，我校开始移地新建。在省厅的领导下，经过多方的努力到 1981 年 12 月份，已完成 5000 余 m^2 的建筑面积，水、电、路基本接通。虽然还有许多困难，但南京农业机械化学校多次提出要房子。为逐步解决两校矛盾，不干扰正常的教学秩序，决定利用今年寒假把教学、办公、食堂及大部分学生宿舍用房让出来搬迁到新校址。为此，我们已于 1982 年 1 月 3 日开始搬迁，但在搬迁过程中南京农业机械化学校又出面阻挡，希望交通厅出面帮助解决问题”。江苏省交通厅接到报告于 4 月 7 日向省经济委员会呈报“关于处理南京农业机械化学校校舍问题的请示报告”，建议由省经委主持召开交通、农机两厅局的负责人和有关人员会议解决问题。1982 年 8 月 5 日江苏省人民政府发出第 50 号文“情况通报”，对两校有关家具问题作出了明确要求。根据省政府文件精神，学校指派王宏元和南京农业机械化学校指派的卫中国两人代表双方学校达成了搬迁协议和搬家的交接工作。学校于 1982 年 6 月 4 日向省交通厅呈报“关于学校搬迁和归还农机校家具、仪器等的报告”，到 1982 年 9 月学校完成教学、办公、食堂和学生宿舍搬迁，年底教学工厂、教职工宿舍全部搬迁结束。从此，学校正式迁入了自己的家园，翻开学校发展新的一页。

第五章

积极进取，学校事业稳步发展

（1983~1990）

党的十一届三中全会开辟了改革开放和社会主义现代化建设新时期，党的十二大报告第一次把教育提高到现代化建设战略重点之一的地位，开启了我国教育事业发展新阶段。学校认真学习党的十二大精神，坚持“三个面向”办学方向，深入贯彻《中共中央关于教育体制改革的决定》和党对教育发展的一系列方针、政策，不断理清办学思路，规范管理，深化改革，保障学校稳步发展。

1982 年底，江苏省南京交通学校全面完成从南京农业机械化学校整体搬迁至浦口校区的各项工作，从此学校进入了全面振兴的历史时期。在江苏省委省政府、省交通厅的高度重视和大力支持下，坚持边建校、边办学、边发展的方针，不断深化学校教育教学改革，走普通中专教育为主、交通系统在职职工学历教育和岗位培训并举的多层次、多形式、多渠道办学的路子；进一步健全管理体制，实行校长负责制，建立和完善内部管理机制，推动学校规范化建设；加强师资队伍建设，加强教职工思想政治工作，积极落实党的知识分子政策，调动了教职工的办学积极性、主动性；加大教学设施建设和基建工作，稳步扩大办学规模，学校各项工作全面发展。

第一节　逐步理顺体制，保障学校稳步发展

一、党政领导班子建设

1983 年学校党政领导班子成员：党总支书记姜浩，校长陈彤鳌，副校长许怡善、黄荣枝。1985 年 2 月 13 日，根据干部“四化”要求，为调整并加强学校领导班子建设，江苏省交通厅党组作出《关于南京交通学校领导班子调整的通知》，决定由姜浩任学校党总支书记、陈玉龙任副书记，黄荣枝任校长，孟祥林、张道明任副校长，同时免去陈彤鳌的校长、许怡善的副校长职务。

为适应教育改革发展形势，学校以党的十二大为指导，贯彻落实第一次全国教育工作会议和《中共中央关于教育体制改革的决定》精神，根据学校实际，转变办学思想，加强党组织建设，提出将学校党总支升格为党委并得到厅党组支持，1985

年7月8日江苏省交通厅党组批准成立中国共产党江苏省南京交通学校委员会。经过前期认真地筹备，1985年7月10日，学校成功召开了第五次党员大会，选举产生了第一届学校党委委员，并报江苏省交通厅党组批复同意。学校第一届党委由姜浩、陈玉龙、黄荣枝、张道明、罗家琚5人组成，姜浩任党委书记，陈玉龙任党委副书记。11月，江苏省交通厅党组任命魏明为学校副校长，并于12月批准增补魏明为党委委员。至此，学校党政领导班子进一步充实健全，组织机构、管理体制、内部运行机制逐步理顺，办学条件进一步改善，各项工作步入正轨，为学校的进一步发展奠定了坚实的基础。

1986年9月，根据工作需要，江苏省交通厅党组决定姜浩调任江苏省交通厅政治部副主任，免去学校党委书记职务。此后，党委副书记陈玉龙负责党委日常工作。

1989年7月16日，为加强党对学校的领导，江苏省交通厅党组任命王家勋为学校党委书记。随后，学校开展了党委换届的筹备工作，由于此前学校党的纪检工作一直由一名党总支（党委）委员兼任（1984年，中共江苏省交通厅政治部同意罗家琚任党总支纪检委员），校党委结合换届，提出建立学校纪委并得到厅党组同意。1989年12月27日学校召开第六次党员大会，顺利进行了校党委换届选举及第一届学校纪委的选举。

1990年1月，江苏省交通厅党组批复同意：学校新一届党委由王家勋、陈玉龙、黄荣枝、孟祥林、张道明、魏明、罗家琚7人组成，王家勋任党委书记，陈玉龙任党委副书记；同意成立“中共江苏省南京交通学校纪律检查委员会”，第一届纪委由薛承范、罗家琚、温演岁3人组成，薛承范任纪委副书记。

二、健全充实中层机构

学校在办学过程中，根据发展实际，不断调整完善内部机构设置，加强干部培养和使用，为学校发展提供了较好的组织保证。

1983年学校中层机构设有办公室、教务处、学生科、总务处、教育研究室、实习工厂、图书馆，以及工会、团委。

1983年，江苏省交通厅政治部先后批准孟祥林任学校教务处副主任，王晓农任学生科副科长，胡维忠任总务处副主任。同时，根据工作需要，学校先后以交政发［1983］20号、交

学校领导陪同江苏省交通厅厅长丁子纲、副厅长李厚祉视察学校

党发［1983］2号文件作出决定，张道明任校办副主任，袁平任校团委副书记，赵振环任教务处副主任，顾唯一任总务处副主任，范祥明任工会副主席，陈玉龙任图书馆负责人，刘淑兰任会计室组长兼总账会计，马桂兰任食堂司务长。

1984年4月，江苏省交通厅同意学校设立政工科，所需编制在学校现有编制人员中调整解决。经省交通厅政治部同意，学校党总支决定薛承范任政工科科长。根据学校交党发［1984］9号文件决定：张道明任学校办公室主任，罗家琚任党总支办公室主任，孟祥林任教务处主任，芮建平任总务处主任，胡维忠任膳食科科长，王晓农任学生科科长，俞振福任实习工厂厂长，戴兴康任厂长助理，陈玉龙任图书馆主任。

1985年3月，学校先后发文决定：胡维忠任学校办公室主任，卞汉文任教务处主任，林光郎任学生科科长，王晓农任图书馆馆长，周一任教育研究室主任兼基建办公室负责人，虞寿林任教工党支部书记兼成人教育办公室负责人，范祥明任工会副主席兼服务公司经理，武可俊任教务处副主任，杨锦棣任膳食科副科长，许盘林任实习工厂副厂长。

1985年7月，学校对党支部进行了改选，校党委决定：胡维忠任机关党支部书记，杨烈儒任教工党支部书记，刘瑛任学生工作党支部书记，王宏元任后勤党支部副书记，许盘林任工厂党支部副书记。

1986年，学校对部分中层干部进行调整：林光郎任教务处主任（兼管学生科工作），卞汉文任成人教育办公室主任，周一任基建办主任，张宗祥任教育研究室副主任，彭民军任团委书记（代理），魏代群、吴开胜任食堂司务长。

1987年，经江苏省交通厅同意，学校政工科改设为组宣科。学校党委发文决定罗家琚任组宣科科长，杨锦棣任保卫科副科长，王宏元任后勤党支部专职书记，许盘林任实习工厂厂长，魏代群任总务处主任，高进军任教务处副主任，范从来任膳食科副科长（兼食堂司务长）。

1989年，为适应学校发展需要，学校成立财务科、路桥专业科、汽车专业科、运管专业科，并对部分机构进行调整，总务处更名为总务科，撤销基建办，成立基建组，由总务科领导；保卫科改设为行政科室。同时教务处更名为教务科，将教务科和教育研究室合一办公，学生科和团委合一办公，实习工厂和汽车修理厂合一办公，均实行一套班子、两块牌子的管理形式；服务经营部、驾训队、卫生所直属学校管理。

1990年初，结合机构调整，学校实行中层干部聘任制。学校发文聘任：胡维忠为学校办公室主任，林光郎为教务科科长兼学生科科长，张宗祥为教育研究室主任兼教务科副科长，武可俊为路桥专业科科长，高进军为汽车专业科科长，徐爱萍为运管专业科副科长，卞汉文为成人教育办公室主任，马桂兰为成人教育办公室副主任，王建平为财务科副科长，王晓农为图书馆馆长，杨锦棣为保卫科科长，魏代群为总务科科长，彭民军为学生科副科长（兼），范从来为膳食科副科长兼学生科副科长。

1990年江苏省交通厅政治部同意建立中共江苏省南京交通学校委员会政治处，撤销组宣科，业务工作划归政治处。学校党委发文决定罗家琚任政治处主任。

在不断完善机构、深化内部管理改革的过程中，学校党政重视加强干部培养考核，1985 年出台了《江苏省南京交通学校干部考核制度》，从德、能、勤、绩等方面抓好干部考核工作，并逐步扩大科室权力，修订部门职责及中层以上领导岗位职责，实行中层干部聘任制和考核管理。同时不断建立健全行政指挥体系，探索实行目标管理、分级管理，学校管理和干部工作规范化迈出新步伐。

三、实行校长负责制

根据《中共中央关于教育体制改革的决定》和省教委《关于加快和深化中等专业教育改革的意见》精神，为进一步深化学校内部管理和教育教学改革，提高管理水平和办学效益，江苏省交通厅决定在厅属学校实行校长负责制，1989 年颁发了《江苏省交通厅所属学校实行校长负责制暂行办法》。1989 年 6 月，批准学校实行校长负责制，学校校长实行聘任制，聘任黄荣枝为校长，聘期四年，副校长由校长提名，按照程序考核聘任。根据有关规定和程序，经校长提名，江苏省交通厅聘任孟祥林、张道明、魏明为学校副校长。

为贯彻执行和落实好校长负责制新的管理体制，经江苏省交通厅批准，学校印发了《江苏省南京交通学校校长负责制校长工作条例》、《中共江苏省南京交通学校委员会工作条例》、《江苏省南京交通学校教代会民主管理条例》、《江苏省南京交通学校校长负责制校长任期目标》四个关于落实校长负责制的配套文件，进行全面部署，认真组织学习和宣传动员，统一全校师生的思想认识。根据规定，1989 年 7 月，学校成立了由学校党政工团负责人、中层干部代表、教职工代表组成的“校务委员会”，具体组成人员是校党政工团负责人：黄荣枝、陈玉龙、孟祥林、张道明、魏明、范祥明、彭民军；中层干部代表：罗家琚、胡维忠、林光郎、魏代群；教职工代表：周以强、许榴宏、温演岁、奚晓东。

校长负责制的顺利实施，较好地落实了办学自主权，强化了教育教学的中心地位，也充分发挥了党组织保证监督和教代会民主管理的积极作用，调动了教职工的积极性，为深化教育教学改革，不断提高教学质量和办学水平，促进学校建设和发展起到了积极作用。

四、加强群团组织建设

学校重视民主办学和民主管理，充分发挥教职工主人翁作用。为规范工会组织建设，促进工会工作健康开展，根据有关规定，经上级批准，1984 年 12 月学校工会更名为中国教育工会江苏省南京交通学校委员会，接受南京市教卫工会领导。1984 年 12 月 28~29 日，召开首届工会会员代表大会，经会员直接提名，学校党委集体讨论，确定工会委员候选人，由大会采取差额选举的办法，民主选举第一届工会委员会，共由姜浩、范祥明、邬建强、刘静予、许榴宏、张道明、杨锦棣 7 位同志组成，姜浩兼任工会主席，范祥明任工会专职副主席。建立健全学校教职工代表大会制度，坚持每年召开 1~2 次教职工代表大会，听取和审议学校行政工作报告和财务预决算报告，讨论通过关系教职工切身利益的重大事项等。1985 年 11 月

27~29 日，召开了首届教职工代表大会，审议通过了学校行政工作报告、学校财务预决算报告等。因姜浩同志调任省交通厅政治部副主任，1988 年学校党委决定由党委副书记陈玉龙代行工会主席一职。1990 年 6 月 4~5 日，召开学校第二届工会会员代表大会，进行工会换届选举，民主选举第二届工会委员会，其由魏明、许榴宏、刘静予、杨锦棣、邬建强、许盘林、张丽君七位同志组成，魏明任工会主席。学校工会重视加强思想和组织建设，通过完善教代会、工代会制度，不断丰富教职工文体活动，深入开展职工之家建设等，在推进民主管理、凝聚人心等方面发挥了积极作用。

学校充分发挥团学组织自我管理、自我教育、自我服务的功能和团员青年先锋模范作用，支持学生参与学校管理，提高学生“三自”能力。为加强学生党建和思想政治工作，指导团学工作的开展，学校于 1984 年专门成立了学生工作党支部，支部委员会由刘瑛、张伯英、潘天琪 3 人组成，刘瑛任党支部副书记。学生工作党支部与学生科、团委协调配合，不断加强共青团、学生会组织建设，规范团学工作，培养了一大批团学骨干力量，为促进学校人才培养作出了贡献。

第二节　加强教学管理，着力提高教育质量

为进一步加强交通系统中专校的教学管理，1982 年，交通部教育局正式颁布《交通系统中等专业学校教学管理办法》(即前文所述《三十条》)。学校认真组织学习宣传，全面贯彻落实《三十条》文件精神，着重抓好调整、改革、整顿和提高工作，强化教学管理，推动了学校教育教学改革各项工作。

一、加强教学研究，转变教育思想

学校重视教学研究和教育教学改革，1982 年即成立教学研究组，1983 年改设为教育研究室，是全国交通中专校开展教育研究较早的学校之一。1987 年 9 月，学校创办《交校教育》校刊，为推动教职工教育教学理论研究搭建了平台。全校大力开展教育教学管理与改革、师资队伍管理、学生能力培养的研究，形成以教学为中心，学用并重的思想，促进学校教育思想转变、教育教学改革和人才培养。

1985 年，全国教育工作会议召开和《中共中央关于教育体制改革的决定》颁布后，学校迅速掀起学习热潮，进一步转变观念，推进教育教学改革。学校提出“抓好建设、搞活学校、改进管理、开拓创新”的指导思想，以教育“三个面向”为要求，进一步改革教学内容、改革教学方法、改革考试办法，加强实践性教学环节，增强学生实际动手能力，培养“四有”人才。学校办学和教育教学改革思路进一步明确，在教学方面，压缩课堂理论教学课时数，坚持教学内容少而活；加强实践教学环节，加大学生技能训练，增加教学仪器设备，提高实验课开出率，组织好学生的生产、毕业实习，增强学生实际动手能力；改革课堂教学方法和考试考核办法，调动学生的学习积极性，强化新技术应用，加强外语教学，广泛开辟第二课堂，开放校内实验室、阅览室等基地，指导学生自学。在学生素质能力培养

方面，推行奖助结合，实行学生操行等级评定、劳动卫生教育及考核等，着力培养学生的自学能力、组织管理能力、社交与社会活动能力、表达能力、思维能力等。同时，实行教师工作量制和教学评估制，把教师的教学科研工作纳入科学量化的轨道，调动教师积极性，促进教师重视开展教育研究和参与学术活动，加强对学生的学习和实践指导。学校还重视加强对毕业生进行跟踪调查，进行毕业生质量分析和社会需求调研，及时总结和改进办学中的经验和不足，推动了教育教学改革。

二、加强专业建设，提高教学质量

“六五”期间，学校认真贯彻“调整、改革、整顿、提高”八字方针，各项工作基本走上正轨。1986 年 7 月，建国以来第一次召开的全国职业技术教育工作会议，确定了“七五”期间全国职业技术教育的发展目标，中专校呈现出加快发展的势头。1987 年国家教委召开全国中专校教改座谈会，强调把加强实践性教学作为教改的突破口，推动整个教学计划、教学内容和教学方法的全面改革。同年，江苏省交通厅出台《关于发展交通职业技术教育的意见》，明确南京交通学校等三所厅属中专校为全省交通系统的培训基地，在教学改革、学术研究、提高教育质量上起骨干作用。学校深入贯彻落实全国职业技术教育工作会议和全国中专校教改座谈会精神，加大实践性教学改革力度，不断推进各专业教育改革，加强专业建设，全面提高各专业教学水平和人才培养质量。

1. 汽车运用与维修专业建设与教学改革

突出加强实践教学环节，积极创建稳定的校内外实习基地，建立完善教学实验、教学实习、毕业实习与毕业设计等一整套实践性教学体系。将汽车专业的金工实习、汽车拆装实习、汽车驾驶实习分别安排在校内实习工厂、驾训队进行，汽车保养、汽车修理，以及毕业实习、毕业设计安排在金陵汽运公司修理二厂、扬州客运分公司等校外基地进行，不仅增强生产性实习成效，也提高了专业教师教学研究和技术服务能力。如 1986 年汽车运用与维修专业带队到江苏省金陵汽运公司修理二厂实习的青年教师游心仁，指导学生协助该厂从事东风 8 吨半挂车部分改装的设计、测绘、工艺卡的编制工作，受到厂方的一致好评。汽车专业教师张志伟、徐福祥、尹永年、高进军、屠卫星等组成的《人才规格与培养规范》课题组成果《汽车运用工程专业人才规格与培养规范的探讨》，获得交通部交通中专教育科研成果一等奖。

汽车专业教学

随着教育形势发展，学校提出要办好校办工厂，在完成教学实习基础上搞点生产，促进教学、生产、科研相结合。1988 年，学校在原

实习工厂汽修车间和汽修实验室基础上，申请成立了学校汽车修理厂，主要任务是承担教学实习、生产实践，同时积极开展社会技术服务。1988年8月学校汽车修理厂取得经营许可证，并经南京市汽车维修行业整顿办公室验收，确认汽车修理厂为一类大修企业，1988年9月正式对外营业，金加工厂也开展了来料加工业务。1990年，学校调整校办工厂组织机构，将汽车修理厂与金加工厂合并为一个校办工厂，成立学校校办工厂领导小组，下设办公室、修理车间、金工车间。高进军任领导小组组长，许盘林、陈长林任副组长，王永圣（兼修理车间主任）、曹冬生（兼金工车间主任）、顾国祥任成员。校办工厂不仅成为汽车专业教学实习的重要基地，也成为学校对外技术服务的重要组成部分。

2. 路桥专业建设与教学改革

路桥专业教学始终坚持走产教结合道路，加强实验室建设，依托专业开展产学研和社会技术服务等，不仅培养学生动手能力，也促进专业发展和师资队伍建设。1989年，经江苏省编制委员会和江苏省交通厅政治部批准，学校成立了“江苏省南京交通学校路桥勘测设计室”。1990年4月，省交通厅投资建设的4000多平方米实验大楼投入使用，主要用于路桥专业的教学和实验场所，极大地促进了路桥专业实验实习条件改善和教学设备建设，实验课开出率大大提高，推动了专业发展。依托专业实验室加强科研工作。1990年由学校路桥专业教师何卫平等主要负责承担的、淮安市公路站协作开展的“阳离子乳化沥青添加剂的研究”课题获得省交通厅立项，经过三年的研究，于1994年5月通过江苏省交通厅组织的专家鉴定，实现了学校科研零的突破。该项成果填补了省内空白，具有国内领先水平，专家建议在全省范围推广使用。

1989年10月，交通部教育司发出《关于开展中专学校路桥专业教育质量评估检查工作的通知》，作为一次专业教育质量评估，这也成为学校发展过程中开启迎评促建的首次评估工作。学校高度重视，认真部署开展公路与桥梁专业教育质量自评工作，抓住机遇促进路桥专业建设和发展。根据文件要求，公路与桥梁专业教育质量评估要在学校自评、主管部门初评的基础上，进行申报，接受交通部评估。江苏省交通厅政治部对此十分重视，不断加强指导，保证评估取得成效。学校通过组织自评，形成了公路与桥梁专业教育质量评估自评报告上报江苏省交通厅，省交通厅随后组织专家进行了初评工作，对学校路桥专业教育质量给予高度肯定，并向交通部积极推荐学校申报的项目，之后该项目在交通部组织的评估检查中顺利通过。

3. 财会专业建设与教学改革

由于财会专业对教学设备的投入要求相对较低，在专业建设中，重点以专业课程教学改革为切入点，改革专业课教学方法，努力拓宽学生知识面，贯彻“加强实践、两个结合”的教育思想，推进教学改革，即突出财会工作实践环节，做到教材与现行会计制度相结合，课堂教学与课外实践相结合。从85级开始，在教学中除布置教学大纲要求的正常作业外，自编的章节辅以综合练习，以突出实践知识，注重练习的真实性；自编“财会综合作业”（大作业），结合企业会计核算全过程，摹拟企业一个月完整的会计核算资料，集中三周时间让学生完成大作业的练习，这种学用结合的教学方法得到了学生的肯定，取得明显效果。通过对毕业生的调研，学生认为“在学校的财会综合作业练习，收益不少，为我们尽快适应岗位工作起了很大作用，在上岗前心理上没有任何畏难情绪”。为加强学生职业道德教育，培养称职的财会人员，财会专业经常聘请实践经验丰富的会计师和专业课教师开展会计条规专题讲座；组织学生走出校门，利用假期走访当地乡镇企业，实地感受财会工作在企业中的地位和作用，通过实践巩固专业知识。同时加大校内外实习时间，1987 年起，将原教学计划两个月的实习时间增加到八个月，采用校内外相结合的实习方式，即校内建立财会模拟实习室，校外建立稳定实习基地。1988 年在校内 160m² 的实习场地建成的财会模拟实习室（综合实习室 1 个、分岗位实习室 4 个、实习教学资料室 1 个）投入使用，均配备会计工作岗位所需的实习设备和用品，保证了学生实习的需要；与省内相关企业如南通汽运集团、盐城汽运公司等签订协议，建立稳定的校外实习基地，学生在校内模拟实习基础上，再安排到实习基地进行毕业生产实习，提高了毕业生的实践动手能力，促进毕业生尽快地适应会计岗位工作。

三、完善制度建设，深化教学改革

重视和加强调查研究，建立教育教学各项规章制度。学校贯彻执行交通部教学管理《三十条》，1983 年起先后制定了教育教学各项规章制度文件 22 种，促进了教学管理规范化。为进一步加强专业建设，学校经常组织开展毕业生调查，不断推进专业改革。1987 年 3 月组织相关教职工分四个组赴 11 个市进行 2 周的毕业生情况调查，广泛听取用人单位对学校教育教学和人才培养的评价、意见和建议，以及毕业生对学校教学的建议，学校认真研究，理清汽车、路桥、财会三个专业建设与改革设想，明确了中专校的人才培养目标。在 1987 年 3 月份召开的学校第二次教务工作会议上，提出大力开展以加强实践性教学环节为中心的教改活动，全面修订教学管理制度，修订了加强实践性教学的有关文件规定，增补教师工作量考核办法，制定了专业实践技能标准、专业课程实践技能标准及考核办法。

1. 调整专业发展方向，适应社会需求。

学校以积极服务交通和社会发展为办学宗旨，加强专业改造，满足行业和社会对人才的需要。1985 年，因我省交通监理人才缺乏，根据省交通厅的要求，学校在 82 级（8210 班）汽车运用与修理专业教学计划中增加交通监理课程，强化技术技能，扩大了毕业生就业岗位范围。1988 年修订了汽车、路桥、财会、运管四个专业的教学计划和教学大纲，拓宽专业面，加强实践环节。在汽车运用与维修专业增加筑路机械和汽车检测方面的内容；公路与桥梁专业增加工程监理和工民建方面的内容；财会、运管专业增加工程财会、统计、水运、物资管理方面的内容。加强实验条件建设，扩大电教设施，发展电化教育，探索现代化教学手段的应用。

2. 设置专业科，增强专业活力。

随着学校办学规模和办学质量不断提高，为适应教育教学改革需要，进一步加强专业与社会的联系，促进学校专业建设的质量提升，1987 年 12 月，学校成立路桥教研室、汽车教研室、运管教研室，并调整各专业教研组，为成立专业科打下基础。1989 年 3 月，学校召开了教学质量考核领导小组全体会议，讨论“教务管理体制改革”的有关问题，决定进一步调整学校教学机构。经学校研究成立了路桥专业科、汽车专业科、运管专业科，并将教务科与教育研究室合一办公，实习工厂和汽车修理厂合一办公，均实行一套班子、两块牌子的管理形式，保证教学改革的顺利推进。

3. 改革学生奖学金分配办法。

为发挥奖学金激励作用，促进学生综合素质提高，学校改革学生奖学金分配办法，从 87 级开始实施，87 级初中生班“以奖为主、以助为辅”，87 级高中生班全部实行奖学金，拉开各种奖学金差额，对学习基础比较差的学生，增设“向前跃进”奖励的条款，结合德智体表现，设学习奖、劳动奖、守纪奖、爱班爱社会工作奖等，实行班主任管理班级承包制，确定每周三下午为学生活动日，纳入评奖考核。通过奖学金分配办法的改革，极大地调动了学生学习的积极性。

第三节　招揽人才，切实加强师资队伍建设

提高师资质量是学校办学特别是保证教学质量的关键。学校领导充分认识到人才队伍建设的重要性，认真落实党的知识分子政策，采取多种措施，积极招揽人才；加强师资培养，切实提高教师学历水平；关心教职工生活，调动教职工积极性。

一、不断扩大师资队伍规模

在学校处于边建校、边办学、边发展的过程中，不仅面临着建校的艰苦和困难，更面临着扩大师资规模和提高师资水平的重要问题。学校积极争取分配大学毕业生到校任教，不断壮大师资队伍。根据学校 1982~1983 年度干部年报，当年学校教职工 96 人，其中专职教师 55 人，教职工中大学毕业 45 人、中专毕业 35 人，初中及以上人员 16 人。1984 年 10 月，交通部教育局在南通召开了交通中专师资管理工作座谈会，会议讨论了《交通系统中等专业学校师资管理办法（征求意见稿）》和《1985 年至 1990 年交通中专师资队伍建设规划（草案）》，学校认真学习贯彻座谈会精神，推进学校师资队伍建设。1986 年规划教职工队伍建设方案，在方案中提出学校教职工编制按在校生 1000 人规模、师生 1∶5 比例，确定教学和管理人员为 200 人，其中教师占 55%，为 110 人；学校附属单位按学生的 5% 计编，为 50 人（实习工厂 42 人、卫生所 8 人）；由于学校地处远郊，远离生活物品供应点，按照 10% 增加后勤经营服务人员编制计 20 人。这样，学校教职工编制定为 270 人。1985~1986 年度学校干部年报统计：学校引进教职工 34 人，其中教师 18 人，学校教师基本达到大专以上学历。到 1990 年年报时，学校教职工达到 232 人，其中专职教师达 86 人。

二、多举措提高师资队伍素质

1. 推进职称评定工作，完善师资职称结构

1987 年 6 月，学校交办发［1987］9 号文件决定成立“江苏省南京交通学校职

改领导小组”，黄荣枝任组长、陈玉龙任副组长，孟祥林、罗家琚、林光郎及扬州汽校代表、镇江汽校代表为成员，并成立学校职评办公室，开展职称评审。当年评审了中级职称 13 人，1988 年职称评审工作进入正常化。1990 年学校评审高级职称 3 人，中级 4 人，初级 33 人，学校教职工中具有高级职称近 20 人、中级职称近 50 人。

2. 加强在职教职工文化补习和进修培养

1982~1983 年，学校开展青工业余文化补习、考核，先后有 20 人通过了上级考试；在各科室工作人员中组织开展机关应用文写作等学习培训，提高工作水平。1983 年，学校有 6 人脱产进修，在职在外旁听学习 12 人次，投入经费 2250.57 元。1985 年 4 月，学校制订《关于到鼓励在职进修的奖励办法》，对教师在职进修给以一定的经费支持，调动了教职工学习进修的积极性和主动性。当年还举办了新教师学习班，安排新老教师相互听课、老带新实习、实际操作；鼓励教师撰写论文，20 人次参加各类学术、专业会议；开展教师计算机学习班，推动新技术学习应用。1986 年，学校有 24 人参加中专以上学习进修，路桥专业佘若凡老师参加了研究生进修学习。

3. 着力提高教师实践能力

1987 年 5 月，交通部交通中专师资队伍建设检查组到校检查，并对学校的师资培养和教学管理工作给予了充分的肯定。1990 年，学校制订了《关于教师实践锻炼的有关规定》（交校办［1990］16 号），对加强教师实践能力培养作出规定：

（1）新教师必须参加 1 年及以上实践锻炼，不安排课堂教学任务。

（2）未参加过实践锻炼的 35 周岁以下青年教师，均有计划安排 1 年以上实践。

（3）对 36~49 周岁的教师，有计划地安排到所从事学科相近的生产部门参加半年以上实际工作。

规定将实践锻炼作为新教师转正和教师晋升高一级职称的条件之一。当年学校安排了 4 名专业教师参加生产实践，3 名教师脱产到企业实践。学校通过多种途径加强教师实践能力培养，如安排到学校实验室参加教具制作、实验指导和科研开发，到校办工厂从事技术管理、生产操作；安排到企事业单位参加实际岗位工作；承包工程项目或科研任务等。

三、大力营造尊师重教校园风尚

1985 年是我国第一个教师节，学校党政高度重视，为进一步提高教师社会地位，做到尊重知识、尊重人才，学校以庆祝首个教师节为契机，同年 3 月份就作出《关于开展尊师活动的决定》，大力营造尊师重教校园氛围。一是要求领导带头，规定每年做好接访、经常征求教师意见、慰问教师工作，切实关心教职工的工作和生活；二是认真落实党的知识分子政策，加大在教师中发展党员；三是做好学生尊重师长等言行教育，形成崇尚文明礼貌的优良风尚；四是把每年教师节前后开展庆祝活动形成制度化。6 月份制订了《关于开展第一个教师节活动的意见》，深入开展一系列庆祝活动，开展学校优秀教师和优秀教育工作者评选表彰活动，先后组织召开了学校复办初期老教师座谈会、干部职工座谈会、学生座谈会，组织节日走访慰问活动。9月10日，学校隆重举行第一个教师节庆祝大会，表彰了一批优秀教师和优秀教育工作者，并向具有25年教龄的老教师颁发了荣誉证书。

同时，根据中共江苏省委办公厅《关于首届教师节庆祝活动的通知》，为进一步提高人民教师的政治地位和社会地位，在交通系统进一步树立尊师重教、尊重知识、尊重人才的风气，大力宣传教育工作者的功绩和先进事迹，鼓励他们终生从事教育事业。江苏省交通厅在厅属学校中开展先进教育工作者评选和表彰活动。学校积极响应认真开展评选、推荐工作，在第一个教师节来临之际，全省交通系统共评选表彰14名先进教育工作者，学校周以强、杨烈儒、许榴宏三位同志受到表彰。

自第一个教师节起，学校党委每年教师节均开展优秀教师和优秀教育工作者评选活动，表彰了一大批先进分子，同时积极向上级推荐表彰。主要有：1986年9月，林光郎被交通部表彰为“全国交通系统先进教师”；1989年7月，温演岁、许榴宏分别被交通部表彰为“全国交通系统优秀教师”、“全国交通系统优秀教育工作者”，温演岁老师还于1989年9月被国家教委、人事部、全国教育工会授予“全国优秀教育工作者”称号。1989年12月，温演岁光荣当选江苏省第八次党代会代表。在江苏省交通厅评选表彰中，1987年9月陈锁庆被表彰为“全省交通系统优秀教师”；1988年9月，奚晓东、葛福祥被评为“全省交通系统优秀教师”；1989年9月，沙圣芳、毕朝晖、陈锁庆、温演岁、张荣夫被评为“全省交通系统优秀教师”，刘瑛、杨锦棣被评为“全省交通系统先进工作者”；1990年9月，沙圣芳、武可俊、吉志白、周以强被评为“全省交通系统先进工作者”。

学校切实关心教职工生活，充分调动教职工办学积极性、主动性。由于地处江北，为努力改善教职工的工作、生活条件，1985年学校积极实施“八项改善”工作：改善校门口桥面、更换自来水、配备煤油炉、改造活动室（舞厅）、安装纱门窗、改善幼儿园设施设备、建设自行车棚和小吃店、改造职工煤气包（因需协调有关部门当年未能完成，到1989年使70户教工家庭烧上了煤气包）等。通过以上措施的落实，使学校教职工思想稳定、工作安心。特别是广大教师心系学校建设发展，艰苦奋斗，一心扑在教育事业上，想方设法提高教学质量，积极投入教育教学改革，为学校持续建设和发展作出了贡献。

第四节　多渠道多形式办学，积极拓展办学功能

80年代初召开的全国中等专业教育工作会议指出，新时期中专教育必须与经济建设和科学技术的发展相适应，为我国的四化建设培养更多、更好的专业人才，以提高职工队伍中技术、管理人才的比重。学校充分挖掘潜力，拓宽办学路子，坚持多层次、多途径办学，形成了普通中专教育、干部培训、电视中专、函授教育并举的格局，发挥了在职业技术教育中的骨干作用，为经济社会发展和交通事业发展作出了贡献。

一、扩大普通中专招生

为适应国家“新时期中专教育的任务就是多办和办好中等专业学校，培养德智

体全面发展、又红又专的中等专业人才。”的形势和要求，学校积极探索中专教育的多种办学形式。

1. 开办职工中专班

1983年，根据国务院批转教育部《关于举办职工中等专业学校的试行办法》的通知和江苏省政府（苏政发［1982］225号）文件精神，为使我省交通系统有条件学习的在职职工受到系统的正规的中等专业教育，加速培养现代化建设人才，以适应交通运输事业发展的需要，经省政府批准，江苏省交通厅决定在所属江苏省南京交通学校等2个厅属中专校举办了职工中专班，招生计划由江苏省教育厅统一下达。职工中专班主要招收全省交通系统公路、航政管理处（站）、省交通工程公司及县属以上船厂（包括集体所有制）的在职正式职工。要求考生具有初中毕业的实际水平，五年以上工龄。学校1983年共招收在职职工120名，公路与桥梁、汽车运用与修理、财务会计三个专业各40名。从1983年起连续招生了四届职工班，共毕业职工班学生460人。学校还于1984年9月与南京军区司令部某工程兵部，合作开办了“部队路桥中专班”（8423班），共29人，为部队培养了军地两用人才。由于部队精简整编，该班学制进行了调整，于1986年12月毕业。

2. 开办校外班

为贯彻落实江苏省委省政府关于加快发展苏北的指示，学校发挥办学功能，积极与地方联合办学，培养急需的交通人才，先后在盐城、扬州、徐州开办了三个校外班，分别开设财务会计专业、公路与桥梁专业、汽车运用与维修专业，校外班办学规模300人，纳入学校统一招生计划，招生对象以所在市范围为主，面向苏北各市县。1985年先后建立了南京交通学校盐城校外班、扬州校外班，分别开设财务会计专业、公路与桥梁专业，当年盐城校外班招收财务会计专业40人。1987年初建立南京交通学校徐州校外班，开设汽车运用与维修专业。学校各校外班每年招生数保持在45人左右，成为学校办学的重要组成部分。

校外班实行市交通局与南京交通学校双重领导，以市局为主的领导体制，师生和管理队伍、办学经费由市交通局统筹安排，学校重视加强校外班的教学管理和业务领导，确保教学质量。学校每年都召开校外班工作会议，通报校本部建设发展情况、交流校外班办学经验和教学工作情况，解决校外班办学中的实际问题。特别是1987年4月召开的校外班工作会议，讨论制订了《南京交通学校校外班教学管理办法》，完善和签订办学协议，保证办学质量，促进校外班办学健康持续发展。1988年在扬州召开的校外班工作会议，全面总结和交流办学情况，并邀请三个市交通运输单位的领导举办了“人才培养座谈会”，听取对苏北交通和社会人才培养要求，加强横向联系，促进学校及校外班办学，形成稳定的办学格局，支持了地方建设和发展。

3. 招生对象与学制转变

1984年4月，国家教育部发出通知，规定中等专业学校的招生对象，要逐步过渡到招收初中毕业生为主，招收初中毕业生学制为三年、四年，招收高中毕业生学制为两年。1985年，江苏省交通厅以（苏交科［1985］49号）文件同意学校学

制调整，自 1985 年起，招收高中毕业生为学制两年，在校生中 84 级学制由三年改为两年、83 级学制仍为三年。为适应中专校招生对象和学制转变的要求，1987 年，学校对招生计划安排进行调整并经省教委批准，其中，汽车运用与修理和财务会计两专业招收高中毕业生各 125 人，同时招收初中毕业生各 125 人（其中徐州汽修班、盐城财会班各 45 人）；当年新开设的“汽车运输管理”专业以及公路与桥梁专业均改招初中毕业生，学制为四年，其中，汽车运输管理专业招生 80 人、公路与桥梁专业招收 125 人（含扬州路桥班 45 人）。1988 年起学校四个专业全部招收初中毕业生，当年招生 495 人。

随着学校的发展，1988 年 10 月，江苏省人民政府同意南京交通学校在校生规模扩大为 1500 人。根据学校当时的办学条件，江苏省交通厅明确学校在校生规模暂定为 1280 人，另可挖掘学校潜力进行在职培训。到 1990 年，学校在校生达到 1441 人（含校外班 342 人）。

二、设立交通部电视中专江苏分校

根据《中共中央批转〈关于加强干部培训工作的报告〉的通知》要求，为尽快落实对各级 45 周岁以下，未达到中专文化程度的干部的教育培训工作，交通部于 1985 年开办了交通部电视中等专业学校（简称电视中专），在各省（自治区、直辖市）设立交通部电视中专分校，以满足交通系统干部职工学历教育需求。1985 年 7 月，江苏省交通厅向交通部电视中专（总校）提交了《关于建立交通部电视中等专业学校江苏分校的报告》，1985 年 8 月，根据交通部电中（85）交电中字 30 号文件批复精神，江苏省交通厅在南京交通学校建立了“交通部电视中等专业学校江苏分校”（简称电中江苏分校），校长由学校黄荣枝校长兼任，学校负责分校日常工作，并相继在南京、镇江、徐州、无锡、苏州五市建立了电中江苏分校工作站，形成了交通部总校——省交通厅分校——市交通局工作站——市工作站各教学班的交通电视中专教育领导和运行体系。

电中江苏分校 1985 年由南京、无锡两市交通局设工作站并组织招生，1986 年开设了汽车运输管理、汽车运输财会、水运管理、水运财会、路桥工程等专业并全面招生。学习年限为脱产二年、业余三年，招收 45 岁以下，具有初中毕业文化程度、二年以上工龄的在职干部和在干部岗位的人员，统一入学考试录取，学员学完规定的全部课程，成绩合格，经所在单位对其政治思想表现鉴定后，由交通部电中总校审核通过，发给毕业证书，承认其中专毕业学历。

到 1990 年电中江苏分校成立五周年时，分校已在全省建立了 11 个工作站、16 个教学班，开设 6 个专业，在校生近 1000 人，取得了显著办学成效。

三、与高校联合举办本专科函授班

随着江苏交通事业的蓬勃发展，交通系统对高层次专门人才的需求愈来愈迫切。学校在稳步发展中专教育的同时，积极与高等学校开展联合办学，以满足江苏交通对高层次专门人才的需求。

学校在20世纪80年代初起，就先后与同济大学联合开办了“公路与桥梁专业”本科函授班，与南京建筑工程学院联合开办了“工业与民用建筑专业”本科函授班。1985年2月，为提高在职经济管理人员的专业水平，加速培养实现公路运输事业现代化所需要的高级管理人才，西安公路学院、江苏省汽车运输公司商定，采用函授形式由双方联合举办“交通运输管理工程专业”大学专科函授班，学制三年，实行学分制，发西安公路学院函授大学专科毕业文凭，函授工作站设在学校，江苏省汽车运输公司主管领导兼任函授工作站站长、学校校长任副站长。1985年秋招生100人，第一期招生照顾企业中层以上业务骨干。1987年，学校又与西安公路学院联合开办了“交通运输管理”和“财务会计”两个专业的干训班（一年制），先后培养学生150人。

四、大力开展岗位培训

开展岗位培训为交通运输事业及社会培养技术人才，以提高在职干部职工的素质为学校的重要任务。为响应中央加强对在职干部培训的要求，在江苏省交通厅和全省交通系统的支持下，学校从1982年起，先后承担了“经理训练班”、“交通局长训练班”、“现代化管理培训班”、“财会人员培训班”、“汽运管理干部培训班”、“车队长训练班”，以及“军转干部上岗前培训班”等干部培训。学校加强社会联系，先后开办了“汽车机务管理”、“汽车修理工”、“机动车定损员”、“公路测量”、“黑色路面”等职工培训。另外，学校驾训队每年开展驾驶培训业务，积极为企业培训驾驶员，如1985年省旅游局、物资局委托培训驾驶员59人，江苏省外事旅游汽车公司委培驾驶员50名（货车34名、客车16名）。1985年，在省、市车管部门的关心支持下，建立了江苏省南京交通学校驾培中心，是当时南京市最早的驾驶培训学校之一。

学校在办学中不断积累了组织大规模培训的教学和管理经验，不仅提高了服务经济社会的能力，也促进了教师的能力提高和知识技术更新，成人教育与培训也成为学校长期坚持的发展方向。

到1985年，学校已挂有“江苏省南京交通学校”、“江苏省交通厅干部训练班”、“交通部电视中专江苏分校”三块牌子，校中有校，校外有班，形成了多功能培养人才的格局。学校实施一套班子运行，统一领导，采取相应措施，加强管理。首先是校领导明确分工，各司其职，各负其责；其次是健全机构，明确职责，由教务处牵头、各专业科配合抓好校外班教学管理，专门设立“成人教育办公室”、“电视中专办公室”二个中层科室，分别具体负责函授教育和各类培训、电视中专的教学管理和协调工作，从而较好地稳定了教学秩序，保证了学校办学的健康开展。

第五节　加大投入，不断改善办学条件

“七五”末期至“八五”期间，国家教育主管部门及相关部门重视开展中专校专业教育质量、办学条件和办学水平评估工作，促进了中专学校进一步深化改革，

提高教育质量，不断改善办学条件，增强办学效益，使中专教育事业更加健康地发展。学校紧紧抓住评估机遇，视评估为动力和重要契机，坚持以评促建，办学条件也不断改善，保障了学校发展需要。

一、校园基本建设

1983年5月，江苏省交通厅工程管理局同意拨款4.9万元，支持学校建设临时宿舍（小平房）700m^2。同时四层的家属楼落成，并建设江北住宅，校舍面积达16000m^2。1985年建成城区职工宿舍2000m^2、学生宿舍2450m^2以及运动场挡土墙，基建量达68万元。

随着学校发展，原有校园无法达到国家规定办学要求。为了改善办学条件，1986年4月24日，省交通厅召开厅长现场办公会，决定在校园西侧征地47亩。在征地过程中，由于南京市决定建设南京工学院（浦口）工业园，将此地块纳入了红线范围，学校征地未能实现。经过协调并得到省厅和浦口区支持，1990年5月省交通厅批复同意在学校校园东侧新征地64.89亩，按1500人规模规划，建设图书馆、教学楼、新行政办公楼、运动场、汽车教练场等。

到1990年，学校建成教学楼、办公楼、实验大楼、学生食堂及大礼堂、教工食堂、三幢工厂厂房、三幢学生宿舍和三幢教职工住宅，以及300m跑道的运动场、2.5亩小游园等，校舍建筑面积20000多m^2。同时，新征地手续办理加紧进行，校园占地面积将扩大到近160亩，完成学校总体规划和“八五”基建计划，促进学校建设有序开展。

二、教学设备及实验室建设

随着浦口校区建设速度的加快，实验室建设提到重要日程。为改善实验实习条件，提高实习效果，学校于1984年建成了电工电子实验室，购置了江苏省中专校第一台PC-1500计算机作为教学演示设备，在82级路桥专业中开设BASIC程序设计语言课程，是江苏省开设计算机语言课程的第一家中专校。到1987年，在经费、场地紧张的情况下，完成物理实验室、化学实验室建设，建成了以laser-310和南

运动场、宿舍楼

京紫金 II 为主的两个计算机实验室，并购置当时最先进的 PC 计算机，为在教师中普及计算机知识奠定了基础。购置了一批用于专业教学的设备仪器，如路桥测量设备、汽车发动机设备等，进一步改善了各专业的实验实习教学条件。

1990 年 4 月，江苏省交通厅投资 45 万元建设的 4000 多 m^2 的学校实验大楼投入使用，建有 16 个实验室及一个报告厅。为加强实验室建设与管理，学校成立了实验室管理中心，制订和完善管理制度，使实验室管理有章可依。同时，加强校外基地建设，建立了南京、扬州、淮阴等汽车修理实习基地，南通、盐城等财会实习基地等稳定的校外实习基地。

三、图书馆建设

学校重视图书馆建设，发挥图书馆在教育教学中的作用，推进图书馆建设与管理规范化、科学化。图书馆积极实施管理服务改革，建立健全管理制度，使学校图书馆建设和工作面貌发生了很大变化。

1988 年学校图书馆积极引入计算机管理技术，以王晓农为首的几名教师自己钻研计算机程序设计技术，并用 DEASEIII 数据库，开始自主开发编写“图书馆计算机管理程序”，以图书采购、查询、验收、著录、打印各种报表和图书卡片等图书馆内部科学管理为主要对象，共编制了六个子程序系统。经过上机调试，全部达到预期目的，于 1988 年下半年全面投入使用，取得了令人满意的效果。当年学校图书达 74862 册，图书馆计算机管理和应用程序可以在机上查找 1986~1988 年除水运以外的全国交通中文文献资料，极大地提高了图书馆服务效率。由于在江苏省中专校中是第一家推行图书馆计算机管理的学校，之后有很多中专校来校学习考察。为此，南京市中等专业学校图书馆学会在学校召开了现场会，积极推介学校图书馆计算机管理经验。

学校每年均安排专项经费，用于图书馆建设和图书购置，图书馆藏书量逐年增加。到 1990 年，馆藏图书达 80575 册，在江苏省中专校图书馆协会评估中获得南京市中专校第一名的好成绩。

四、后勤服务与改革

加强“四项常规管理”。1990 年 2 月，江苏省教委制定并印发了《江苏省中等专业学校校园环境管理规则（试行稿）》等四个管理规则文件，着力规范中专校教室、宿舍、食堂、校园环境等四项常规管理。当年 8 月，又印发《江苏省中等专业学校四项管理检查评分标准细则》。学校认真贯彻落实，以抓好“四项常规管理”为载体，全面推进学校各项工作规范化，通过迎接上级评估，形成规范化、制度化长效机制。学校成立了常设的四项常规管理组，结合实际，分别制订了教室、宿舍、食堂、校园环境管理办法，加强检查监督和考核，持续开展评比活动，使校园面貌一新，教育教学、工作和学习秩序优良，校园美化和环境卫生水平有了很大改善。1990 年 10 月学校以优异成绩通过江苏省教育委员会组织的“四项常规管理”检查评估，受到专家好评。

尝试学校后勤工作社会化。鉴于学校地处江北，职工待业子女不断增加，学校离市区商业网点比较远等诸多不便等因素，学校积极向省交通厅申办成立南京交通学校服务公司。1984 年 12 月，根据江苏省交通厅《关于同意成立南京交通学校服务公司的批复》精神，学校服务公司成立。经学校党总支研究，由工会副主席范祥明兼任服务公司经理。服务公司作为新办集体经济组织，遵循独立核算、自负盈亏，按劳分配、民主管理等原则运行，为解决教职工子女就业、促进校内经营活动起到了积极作用。

1987 年，服务公司改办为服务经营部，仍实行独立核算、自负盈亏，并实行经理聘任制和经营承包制，增强竞争意识，为学校后勤工作社会化做了尝试。

第六节　加强党建和思想政治工作，创建文明学校

学校党建和思想政治工作是推动两个文明建设的重要保证。学校认真学习贯彻党的十二大精神，把精神文明创建工作作为学校党建和思想政治工作的重要抓手，不断推进两个文明建设。

一、加强理论学习

1983 年，学校以十二大精神统领各项工作，进一步加强十二大报告等文件学习，又组织开展了学习《邓小平文选》活动，党总支中心组集中学习 2 次，组织党员 4 次集中学习，组织教职工大会听辅导报告录音 3 次，年底进行了学习十二大精神的测验，推进理论学习活动。

1987 年 10 月，党的十三大确定了“一个中心、两个基本点”的基本路线，即以经济建设为中心，坚持四项基本原则，坚持改革开改。学校以十三大精神为指导，加强宣传和思想政治工作，抓好校风校纪教育。组织学习了《坚持四项基本原则，反对资产阶级自由化》、《建设有中国特色社会主义》两本书，举办了 5 次辅导讲座、观看辅导录像 2 次、召开师生座谈会 2 次。组织学习人民日报有关加强校风校纪等文章，加强劳动纪律教育和处理。积极开展普法宣传教育，获浦口区普法教育组织奖、区治保工作先进单位。

二、开展整党工作

根据中央和省委的整党部署，1985 年初，江苏省交通厅党组把学校等三个在南京的厅直属单位列为第二批整党单位，要求在 1985 年上半年完成。学校党总支（党委）贯彻落实《中共中央关于整党的决定》和厅党组《关于第二批整党的安排意见》精神，认真制订方案，从 1985 年 1 月 30 日至 7 月 10 日，按照学习文件、对照检查、党员登记、检查总结四个阶段，全面部署和开展整党工作，取得了明显成效。

全校党员干部主要学习中央的整党决定和邓小平《目前的形势和任务》第三部分“坚持党的领导，改善党的领导”，提高党员干部积极投入整党的自觉性，为搞好整党打好思想基础。学习党的十二届三中全会关于经济体制改革的决定和邓小平《建设有中国特色社会主义》的有关文章，推动学校改革顺利进行。学习《建国以来

党的若干历史问题的决议》的有关条款和《红旗》杂志中《增强党性，克服派性》等文章，达到增强党性，增强团结的目的。学习《中国共产党章程》、《关于党内政治生活的若干规定》和陈云有关党风党纪方面的文章，增强党的纪律观念，自觉克服不正之风，发挥模范带头作用。

在抓好学习文件的基础上，认真做好思想动员工作，党员干部广泛征求意见，找准问题。对照思想认识和问题撰写书面材料。开展批评与自我批评。认真进行党员登记，切实保证党组织的纯洁性和先进性，进一步提高广大党员的思想政治素质和组织纪律性。

全校 47 名正式党员全部进行登记和参加整党活动，8 名预备党员积极参加学习和教育活动。1985 年 8 月，学校《关于整党工作的总结报告》得到江苏省交通厅党组批准，同意学校整党工作结束。特别是学校党委在整党中根据《党章》、《准则》对领导干部的要求，为把领导班子和领导干部建设成为团结、奋进的领导核心，制订的《校级党政领导干部八不准》受到厅党组高度肯定，被省交通厅整党办公室转发，要求全系统学习参考。

三、精神文明建设

学校深入开展“五讲四美”活动和每年三月的“文明礼貌月”活动，加强精神文明建设。1984 年，学校提出“创建文明学校”的决定，制订了《关于建设文明学校的规划》，明确“全面贯彻党的教育方针，以提高教育质量为中心建设两个文明，开创学校工作的新局面”的指导思想，推进各项创建活动经常性、制度化，形成“以旬促月、以月促年”的创建活动规划，如每年的三月份为“文明礼貌月”、五月份为“尊师爱生月”、十月份为“爱校守纪月”、十二月份为“爱国卫生月”等等。学校团委充分发挥团员青年主体作用，推进“青年工程”，按照学校统一部署，结合共青团工作和青年特点，开展系列活动，全校形成了全员参与文明创建的生动局面。

1985 年 3 月学校提出“建设一支好的师资队伍，改革教学、行政管理，全面提高教学质量，绿化、净化、美化校园，创建文明卫生学校”的号召。经过全校的努力，新校区初步达到“春有花、夏有荫、秋有果、冬有青（绿）”的校园优美环境。

1986 年，《中共中央关于社会主义精神文明建设指导方针的决议》（简称《决议》）发表后，学校党委认真组织学习，把师生员工的思想统一到《决议》精神上来，激发全校文明创建热情，推动学校精神文明建设不断取得好成绩。学校先后被评为南京市文明卫生先进单位、绿化先进单位，以及浦口区消防治安先进单位、浦口区食堂卫生工作先进单位等称号。1987 年 6 月，学校团委被省级机关总团委表彰为先进集体。1988 年，学校荣获“全省交通系统两个文明建设先进单位”称号。1989 年 5 月，学校图书馆被江苏省交通厅、省海员工会评为全省交通系统两个文明建设先进集体。同时，学校有一大批师生员工获得各类表彰。

学校还加强军民共建活动，1985 年，学校与舟桥旅成为军民共建单位，部队官兵和学校师生经常开展文体、联谊活动。1987 年学校与舟桥旅签订军训协议，部队官兵每年负责学校新生军训工作，增强学生国防意识，培养学生良好素质和作风。1990 年，学校被南京市人民政府授予“南京市军民共建先进集体”称号。

四、加强德育工作

1985 年，学校响应邓小平“三个面向”（面向现代化，面向世界，面向未来）及“四有”（有理想、有道德、有文化、有纪律）的号召，重视加强德育和美育工作，把德育工作推向一个新的阶段。

学校为加强学生理想信念教育、道德品质和艺术教育，帮助学生树立正确的人生观、世界观、价值观，培养“四有”新人，1988 年 3 月，学校创办了业余党校，党委副书记陈玉龙任党校校长、组宣科科长罗家琚任党校副校长，由学生工作党支部负责党校的具体工作，每期学制一年，招生规模均在 120 人左右。1989 年初，又创办了业余艺校，教学副校长孟祥林任艺校校长、教务处主任林光郎任艺校副校长，由校团委负责艺校具体工作，设立书法、摄影、舞蹈、音乐等四个班，每期规模在 120 人左右。为办好“两校”，学校校长办公会先后进行专题研究，每年从行政拨款近 3000 元作为两校的办学资金，保证了两校的顺利办学。

业余党校和业余艺校的创办，成为学校德育工作的有效抓手，使学校德育、美育工作相互促进、相互渗透、相得益彰，取得了积极成效。两校从创办起即始终坚持管理规范化、教学正常化，使业余的学校办得有声有色，在学校两个文明建设发挥了重要作用。

五、维护稳定促发展

1989 年春夏之交发生了政治动乱，学校党委自始至终积极做好学生思想政治工作，维护学校师生稳定工作。1989 年 4 月 28 日，在全校范围内归口组织学习《人民日报》社论——必须旗帜鲜明地反对动乱。针对当前的社会状况和形势，以及近期的学生事件展开热烈讨论，提高了认识，统一了思想。但随着动乱的发展，特别是部分学生受“美国之音”的煽动，昔日宁静的校园也掀起了风波。5 月 18 日，少数学生在宿舍楼、食堂前贴出了大小字报，并制作了小旗帜、挂出口号横幅，准备上街游行“声援北京”。面对这一情况，学校党委迅速召开紧急会议，积极采取措施，全面展开思想政治工作，要求学校师生做到不停课、不参加游行、不说不利于稳定形势的话、不做不利于安定团结的事。但终因大气候的影响，还是有少部分学生执意上街参与游行。在劝阻、引导无效的情况下，考虑到学生年龄较小，学校立即选派学生科、有关班主任、医务、后勤服务人员跟随游行队伍，确保学校学生的人身安全和吃饭问题，并派出车辆接送学生，使学生真正体会到学校的关心爱护。由于学校工作到位，在 5 月 20 日国务院颁布戒严令后，学校再也没有出现张贴大字报、参与游行的现象，教学生活秩序趋于稳定。

6 月下旬，党的十三届四中全会召开，全会要求特别注意抓好思想政治工作，努力开展爱国主义、社会主义、独立自主、艰苦奋斗的教育，切实反对资产阶级自由化；大力加强党的建设，大力加强民主和法制建设，坚决惩治腐败，切实做好几件人民普遍关心的事情，绝不辜负人民对党的期望等四项工作。全国政治局面迅速趋向稳定，经济形势逐步好转，思想战线出现了新的转机。学校认真学习贯彻四中全会精神，采取一系列深入细致的做法，巩固党建和思想政治工作成绩。

一是迅速组织师生学习四中全会公报，开展学习讨论活动，广大师生畅谈十三届四中全会召开的深远意义和现实意义，纷纷表示坚决团结在以江泽民同志为核心的党中央周围，坚决拥护党中央的英明决策。

二是精心组织好纪念“七一”活动，安排全体业余党校学员与党员一道参加学校庆祝建党68周年大会，组织师生高唱《没有共产党就没有新中国》、《社会主义好》等革命歌曲；对在反对动乱的斗争中旗帜鲜明、立场坚定的2名业余党校学员，及时吸收加入中国共产党。

三是大力开展校风校纪建设，对学生中违纪现象及时批评教育，对个别旷课、考试作弊的学生给予严肃处理。通过正面引导、学习讨论、自我反思，进一步统一了全校师生思想认识，确保了学校教学、工作、生活秩序的稳定，也为学校做好新时期学生思想政治工作积累了经验。

1990年12月14日，江苏电视台来学校拍摄反映交通教育发展的新闻片，积极宣传学校办学成绩和精神文明建设成绩。为更好地展示学校办学成果，传承交校人艰苦创业、不懈奋斗精神，凝聚师生智慧和力量，1990年学校组织开展校歌征稿活动。同年12月24日，《南京交通学校校歌》确定。学校校歌由著名音乐家沈亚威先生作曲、本校职工陈胜利作词。沈亚威先生应邀来校为师生作了生动的音乐欣赏专题报告，受到师生热烈欢迎。从此，全校师生在传唱《南京交通学校校歌》中奋斗不息，勇于争先，推动学校不断上新的台阶。

第六章

开拓创新，学校事业进入蓬勃发展快车道

（1991~2001.6）

20世纪90年代，我国交通事业进入快速发展时期，建设速度明显加快，基础设施总量迅速扩大，交通结构得到改善，运输生产持续增长。江苏交通事业也取得了较大成就。截至2000年，江苏高速公路通车里程突破1000km，县乡村公路通达工程18344km。在此背景下，交通人才需求旺盛，也推动了学校事业的快速发展。

20世纪90年代是南京交通学校在中专学校期间发展最好的时期。学校以评促建，积极参与办学条件、办学水平、交通部规范化学校、国家级重点中专四次较大规模的教学工作评估，相继获得江苏省（部）级重点中专、交通部规范化学校和国家级重点中专称号。学校扩大与高校合作开办本、专科层次学历教育。经批准于1996年开始独立举办高职教育班，为学校提升办学层次积累了经验。学校坚持走产教结合的道路，努力提高服务社会能力；深化教育教学改革和内部管理改革，提高办学效益和质量。2001年6月，学校独立升格为高等职业技术学院，实现了办学层次的提升，揭开了学校发展的新篇章。

第一节　以评促建，争创国家级重点中专

开展教育评估是促进学校改善办学条件、提高办学质量和办学水平的有效手段，也是推动学校事业发展、提升学校社会影响力的良好契机。1991年，学校迎来了自恢复办学以来的首次教育评估工作，即中专校办学条件合格评估；1992年至1993年学校先后接受了江苏省教委组织的办学水平评估、交通部组织的全国交通系统规范化学校评估。1994年学校通过了国家重点中专学校的评估。学校紧紧抓住历次评估机遇，视评估为动力，坚持以评促建，使学校各项建设取得了明显的成效。

一、办学条件合格评估

办学条件合格评估是国家教育行政部门对中等专业学校的办学基本条件、教育教学管理水平的一种鉴定性评估。学校办学条件评估工作，大体经过了组织发动、学习文件、组织自评、迎接复评、反馈整改等阶段。

1. 组织发动阶段

1990年6月，学校成立了以黄荣枝校长为组长的自评工作领导小组。领导小组的职责是领导和部署学校整个评估工作的开展，包括思想动员，组织领导、指导测评工作，提交自评报告等。领导小组下设评估办公室和三个评估组，分工负责办学条件合格评估相关条目的测评和资料收集、整理工作，并对自评结果进行分析，提出整改建议。

1990年7月16日，学校召开了全体教职工动员大会，传达上级相关文件，宣传评估工作对改善办学条件，加速学校规范化建设的重要意义，部署迎评工作，发动教职工最广泛地参与评估。学校提出“以评估工作为动力，抓管理，上台阶”的要求，明确把评估作为当前和今后一个时期的中心工作来抓，并以迎评工作促进和推动学校工作的全面开展。

2. 自评阶段

学校评估办公室及三个评估组通过学习文件、领会评估指标体系及其测评方法后，对照规定的《评估标准与办法》，对学校规模、领导班子、教职工队伍、教学文件及教材、实验实习条件及电教设施、图书资料、阅览条件、学校面积及其他生活设备、办学经费等8大类、62个测评指标进行了分工测评。

1991年7月，评估办完成了初步测评工作，并对存在的问题进一步梳理。9月，评估办按照指标要求进行了第二次测评，并对存在的教职工队伍、实习指导教师、专职教师不足提出了整改意见。9月15日，学校自评结束，并向江苏省教委、江苏省交通厅提交了自评报告。

3. 迎接复评阶段

1991年9月后，评估工作重点转移到复评上。学校对复评工作提出了基本要求:“进一步提高思想认识，精心组织，细致安排，实事求是地谈情况，谈问题，力争取得好成绩”。

10月13~17日，江苏省教委复评专家组来校对合格评估进行复评。复评专家组通过走访调查、查看材料、实地考察等对学校办学的软硬件建设情况进行了全面的评估，认为“学校全体领导、师生思想一致，行动一致，材料准备、劳动纪律良好，四项管理又前进了一步”，并指出存在的问题主要有：专业教师、实习指导教师、政工队伍人数不足，专业教师的职称、学历水平有待提高等。

经过江苏省教委专家组复评，学校办学条件评估取得总分91.2分的好成绩，被定为A级（较佳级），处于中专学校的领先地位，受到上级有关部门和兄弟学校的赞誉。1993年6月23日，江苏省教委、计划经济委员会《关于公布江苏省普通中等专业学校合格评估结果的通知》中，江苏省南京交通学校成为这批最早通过合格评估的学校之一。

二、办学水平评估

1992年，江苏省教委决定对办学条件评估获得较佳级的学校进行办学水平评估。办学水平评估设置学校设施、队伍状况、教学工作、德育与学生工作、行政

工作、质量与效益 6 个一级指标，又细分为 18 个二级指标、54 个三级指标，采用定性、定量相结合的方法进行测评。

1. 组织发动阶段

1991 年 11 月，学校根据江苏省教委对办学水平评估的要求，成立了办学水平评估工作领导小组和办公室。领导小组的职责是根据自评结果，提出整改措施，检查整改情况，撰写自评报告。评估办以原有办学条件评估办公室人员为主，进一步充实了人员，成员共 18 人。办公室在评估领导小组的领导下开展工作，主要职责是组织专业科室对所评估的条目进行初评，并对初评结果进行分析，找出存在问题，落实整改措施。

2. 自评阶段

1992 年 3 月至 6 月，学校办学水平评估进入到实施阶段。这是整个自评工作的中心环节，工作量大，牵涉面广。在此期间，学校以宿舍为重点狠抓“四项常规管理”，以教学过程、专业建设为重点狠抓教学质量。学校利用 1992 年暑假专门召开了全校教职工大会，分析自评情况，提出评建要求，落实整改措施。进一步提高了教职工对办学水平评估的意义及其对学校发展利害关系的认识。大会号召全校教职工树立主人翁意识，以高昂的热情、良好的风尚，认真细致地做好与评估相关的各项教学与管理工作。暑期，广大教师主动放弃假期休息时间，积极参与评估工作。8 月 20 日，学校向江苏省交通厅政治部提交了《关于申报参加普通中等专业学校办学水平评估复评的报告》，汇报了学校的自评情况，请示参加办学水平评估复评，以期实现“确保江苏省（部）级重点，力争国家级重点中专”的目标。

3. 迎接专家复评阶段

1992 年 10 月 26 日，学校召开教职工大会，布置迎接江苏省教委组织的专家组来校评估的相关工作。11 月 7 日，江苏省教委中专学校办学水平评估专家组进驻学校，对学校办学水平进行了为期 5 天的复评。评估组专家通过查看材料、听课、现场考察、召开师生座谈会等形式，深入细致地开展办学水平的评估。最终经过专家的评审，学校办学水平评估总分 94.6 分，等级为“优秀”，评为 A 级。复评专家组认为:“学校有着可贵的奋发精神，优良的办学条件，积极稳妥的改革，有群众信赖的领导班子和上水平的管理，办学取得较大成绩，学校发展潜力很大”。并指出了学校办学过程中存在的主要问题:设施、设备等硬件建设尚需不断完善，设备的先进性有待提高，教师能力的培养、科研成果尚显单薄，后勤承包、校办产业及规范化管理工作尚待进一步改革，要加强与用人单位的联系，建立良好的信息环境。

专家评估结束后，学校及时召开会议，要求各部门针对专家组提出的意见，认真整改，进一步规范管理，加强师资队伍建设，提高教师教学、科研能力，进一步加强与企业的沟通与联系，做好各项工作，为国家级重点中专评估做好充分准备。

三、交通部规范化学校评估

九十年代初，中专教育的规范化管理被提到了非常重要的地位上。交通部印发《交通职业技术教育规划纲要》等文件，提出“八五”期间要办好一批办学条件较好，管理水平、教育质量、办学效益较高，在教育教学改革等方面成绩显著的规范化学校。

学校被交通部确定为交通系统规范化普通中等专业学校

学校领导班子及时组织师生学习文件，对照标准，研究学校管理中的优势和不足，积极推进学校管理的规范化。学校以抓好“四项常规管理”为载体，认真贯彻落实教室、宿舍、食堂、校园环境管理办法。采取的主要措施有：强化学生的德育和劳动教育，重点抓好班级值周劳动和班主任值日工作；美化教室环境，严格值日制度，加强宿舍安全教育；改革食堂管理体制，推行食堂承包制或半承包制，成立了伙食管理委员会，加强过程监督和考核检查，开展多项评比活动，提升了后勤工作人员能力与素质。通过上述活动的开展，校园美化和环境卫生水平有了很大改善，教育教学、工作和学习秩序优良，校园面貌一新，形成了规范化、制度化的长效机制，四项常规管理水平再上新台阶。1991 年 11 月 28 日，江苏省交通厅四项常规管理检查组来学校进行检查评比，学校获得校园管理第一名。

1991 年 12 月，学校向江苏省交通厅提出了申报交通部规范化学校的请示。江苏省交通厅经研究同意将南京交通学校列为部级规范化中专学校，并请交通部派专家组到江苏复查验收。

1993 年 4 月 5~7 日，交通部规范化学校评检调查组对学校规范化管理工作进行评估。专家组先后听取了学校汇报，考察了实验室、校办工厂、图书馆、档案室、学生公寓等场地，召开了中层干部、学生干部和部分师生参加的座谈会。经过三天的工作，专家组认为学校管理规范化建设成绩突出：实行多层次、多形式、多渠道办学，形成了多功能的办学模式；有效地探索了“三一分段制”教学，在探索教学—技术服务—生产实践三结合的路子方面，办出了自己的特色；学校有完善的实验、实习设备，路桥实验室定为甲级实验室，还承担了生产单位的实验任务，为公路建设作出了贡献；学校有一支较稳定的教职工队伍，热爱教育，有奉献精神和责任意识，人员效益高；在江苏省交通厅的重视下，学校的基本建设和办学设施有较大发展和改善。调查组建议学校加强师资队伍建设，积极培养主干学科的学术带头人，建立一支数量充足、结构合理的教师队伍。1993 年 6 月 30 日，交通部发文批准学校为“全国交通系统规范化普通中等专业学校”，并要求进一步加强规范化建设，发挥骨干、示范作用。

四、省（部）级和国家级重点中专评建

1993 年 9 月 18 日，学校向江苏省交通厅正式提交了《关于申报江苏省（部）

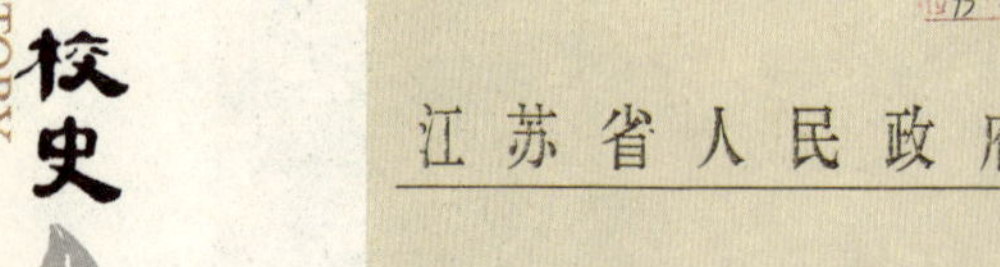

江苏省人民政府

苏政复[1993]49号

关于南京铁路运输学校
等38所中专校为省（部）级重点
中等专业学校的批复

省教委、计经委：

一九九三年九月二十七日请示悉。经研究，同意南京铁路运输学校等38所中专校为省（部）级重点中等专业学校。希两委会同各地各有关部门继续加强对中等专业学校的领导和指导，进一步明确办学指导思想，努力改善办学条件，全面贯彻党的教育方针，不断深化教育教学改革，努力提高教育质量和办学效益，充分发挥重点中等专业学校的骨干示范作用。

-1-

附件：　江苏省重点中等专业学校名单

南京铁路运输学校
南通纺织工业学校
南京机电学校
南京地质学校
徐州煤炭工业学校
南京无线电工业学校
南通航运学校
常州纺织工业学校
苏州工艺美术学校
无锡机械制造学校
苏州农业学校
徐州煤炭建筑工程学校
常州财经学校
苏州铁路机械学校
南京交通学校
江苏省邮电学校

-3-

江苏省（部）级重点中等专业学校的批文

级、国家级重点普通中专学校的报告》(简称《报告》)，认为学校已符合申报省(部)级和国家级重点中等专业学校的条件，决定申报接受评审。

《报告》总结了学校近几年来的办学成果。学校主动适应交通发展对人才的需求，在校普通中专生、电视中专生、函授生、干部培训生已近2500人，占地近170亩，建筑面积4.69万 m^2，实验楼8000m^2，实习工厂3000多 m^2，图书资料12.48万册，教职工250人，办学规模和条件符合申报要求。在教学改革方面，实施“三一分段制”教学改革，着力培养学生的动手能力、自学能力。重视实践教学和现代化教学手段的运用，改革考试办法，为江苏交通系统培养出了一大批高质量的应用型人才。毕业生普遍受到社会的欢迎和好评，根据统计97.8%的毕业生能胜任岗位工作，很多毕业生已成为技术骨干或走上领导岗位。学校积极开展干部培训、岗位培训，培训各类学员总量达5000多人。积极探索教学—技术服务—生产实践三结合的路子，自1985年以来承担各类公路勘测设计任务累计达300多公里，多次承担公路建设材料试验、工程勘测等任务。积极发展校办产业，创造了较好的办学效益。

国家教委专家组来校评估

江苏省交通厅及时向江苏省教委、计经委报告了学校参评要求。经江苏省教委、江苏省计经委组织专家评审，报省政府批准。1993年

10 月，江苏省政府下发《关于南京铁路运输学校等 38 所学校为江苏省、部级重点中等专业学校的批复》，批准南京交通学校为江苏省部级重点中等专业学校。同时，报送国家有关部委。

1994 年，国家教委对各省部推荐的国家级重点中专备选学校进行了初审，成立了“国家级重点普通中专学校审议委员会”，组织专家组对各备选学校进行考察评估，逐个进行了审议。经专家评审，1994 年 8 月 22 日国家教委以“教职［1994］10 号”通知公布了国家级重点普通中专学校名单，全国共有 249 所，其中江苏省 17 所，江苏省南京交通学校名列其中。8 月 31 日，江苏省教委发文转发了国家教委《关于公布国家级重点普通中等专业学校名单的通知》。

1994 年 9 月 27 日，学校隆重召开了创建工作总结大会。江苏省交通厅徐华强厅长到校祝贺并做了重要讲话。会上，江苏省交通厅政治部吴浩良副主任宣读了国家教委文件和交通部的贺电。黄荣枝校长总结了学校多年来的创建工作，对加快学校发展提出了新要求。

1999 年 11 月 12 日，教育部组织专家对国家级重点中专学校进行了复评。经过三天的检查，学校顺利通过了复评，并以全省第四名的好成绩，再次被教育部确定为国家级重点普通中等职业学校。

第二节　试办高职专业，探索多层次办学模式

随着改革开放和现代化建设进程的加快，江苏经济和社会发展迫切要求大力发展职业教育，特别是发展高等职业教育，加速培养适应生产第一线急需的具有较强操作和实践能力的高层次技术人才。1996 年 6 月 20 日，江苏省教委、计经委、财政厅和人事厅联合下发了《关于在我省有条件的中专校试办高职班的意见》(简称《意见》)。《意见》提出，从 1996 年起选择少数有条件的中专校，选取能够充分体现高职特点的专业试办高职班，以弥补当时高等职业教育培养能力不足的问题，满足江苏现代化建设对高等职业技术人才的需求。学校紧紧抓住机遇，积极主动探索试办专科层次的高职教育，并采取灵活多样的合作办学模式，与本科院校合作开展高层次人才培养，极大地提升了学校的综合办学能力。

一、试办五年制高职班

学校经过 1991 年后的几次评估建设，办学条件得到了极大的改善，专业建设取得了较大突破，教育教学质量得到了较快的提升。1992 年 6 月，汽车专业试行“双证制”，要求毕业生在校取得毕业证书的同时，必须取得江苏省劳动局颁发的初级汽车修理工等级证书。1992 年 10 月，学校路桥实验室被江苏省交通厅确定为“甲级交通工程实验室”，为学生进行实习、实训等实践技能学习创造了良好的环境。1996~1997 年，学校公路与桥梁工程专业、汽车运用工程专业先后被交通部评为“部级重点专业点”。两个重点专业的建设为学校试办高等职业教育打下了坚实的基础。

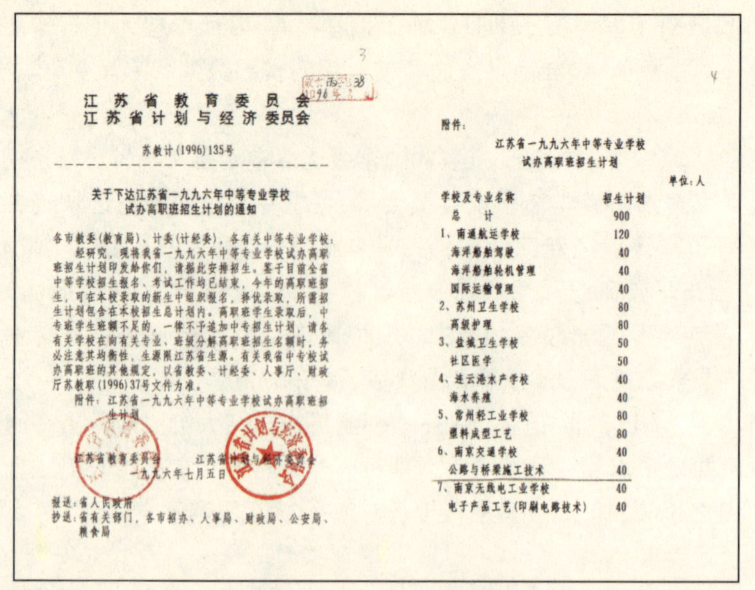

江苏省教育委员会
江苏省计划与经济委员会

苏教计(1996)135号

关于下达江苏省一九九六年中等专业学校试办高职班招生计划的通知

各市教委(教育局)、计委(计经委)，各有关中等专业学校：

经研究，现将我省一九九六年中等专业学校试办高职班招生计划印发给你们，请据此安排招生。鉴于目前全省中等学校招生报名、考试工作均已结束，今年的高职班招生，可在本校录取的新生中组织报名，择优录取，所需招生计划包含在本校招生总计划内。高职班学生录取后，中专班学生班额不足的，一律不予追加中专招生计划，请各有关学校在向有关专业、班级分解高职班招生名额时，务必注意其均衡性，生源限江苏省生源。有关我省中专校试办高职班的其他规定，以省教委、计经委、人事厅、财政厅苏教职(1996)37号文件为准。

附件：江苏省一九九六年中等专业学校试办高职班招生计划

江苏省教育委员会　江苏省计划与经济委员会

一九九六年七月五日

报送：省人民政府

抄送：省有关部门，各市招办、人事局、财政局、公安局、粮食局

附件：

江苏省一九九六年中等专业学校试办高职班招生计划

单位：人

学校及专业名称	招生计划
总　计	900
1、南通航运学校	120
海洋船舶驾驶	40
海洋船舶轮机管理	40
国际运输管理	40
2、苏州卫生学校	80
高级护理	80
3、盐城卫生学校	50
社区医学	50
4、连云港水产学校	40
海水养殖	40
5、常州轻工业学校	80
塑料成型工艺	80
6、南京交通学校	40
公路与桥梁施工技术	40
7、南京无线电工业学校	40
电子产品工艺(印刷电路技术)	40

学校试办路桥专业高职班批文

1. 试办“公路与桥梁施工技术”专业高职班

根据江苏省教委的文件精神，学校首先从优势专业、交通部重点专业点“路桥与桥梁施工技术”着手积极申办高职班，提出了“办好中专教育，以普通中专为主，高职、培训为两翼”的阶段性办学目标。1995 年下半年，学校组织人员分别对南京、镇江、扬州、苏州等地交通建设高技能人才需求进行论证调研。通过调研进一步深入了解到江苏公路建设高起点、高质量、高速度发展的前景和急需专科层次的高级技术人才的状况，学校向江苏省教委提交了开办“公路与桥梁施工技术”专业高等职业技术教育班的请示和可行性论证报告。

1996 年 7 月 5 日，江苏省教委、计经委下达了全省试办高职班招生计划，同意学校试办“公路与桥梁施工技术专业”高职班，招生计划为 40 人。

为了保证路桥专业高职班生源质量，实现高职班的培养目标，学校制订了《江苏省南京交通学校 96 级路桥专业高职班学生遴选办法》，并上报江苏省交通厅政治部。江苏省交通厅 1996 年 12 月 20 日发文同意实施，并要求在执行过程中，加强领导，坚持公开、公平、公正的原则做好遴选工作。为此，学校成立了以校长黄荣枝为组长，教务科科长林光郎、路桥专业科科长朱雅文、学生科科长高冬青为组员的遴选工作小组，负责遴选工作的组织领导。高职班学生的遴选范围定在 1996 年入学的一年级新生中的公路与桥梁工程、汽车运用工程、公路养护与管理、计算机应用四个工科类专业中进行。申报条件是本人自愿，家长同意，第一学年操行等级为优良，体育达标，身体健康。1997 年 6 月，学校组织了文化课考试，共有 357 名学生参加了考试。考试科目为数学、物理、语文、外语，每门课满分为 100 分。之后，按照考生成绩，分地区由高分到低分依次录取，共计录取了 40 人。1997 年 6 月下旬，学校确定了首届高职班学生名单，并报江苏省交通厅、人事厅审查备案。

这次高职班学生遴选工作是学校承办高职班的第一次探索和尝试。学校对该班级教学、管理等工作非常重视，选派优秀青年教师担任班主任，配备了优质的师资力量，学生学习的积极性非常高涨，通过两年的实践证明是成功的，这为其他专业开办高职班及学生的选录提供了宝贵的经验。

2. 高职专业的拓展与教学质量建设

学校在总结“公路与桥梁施工技术”专业高职班办班经验的基础上，决定进一步发挥专业优势、人才优势和设备优势，增加高职班招生专业。1996 年 10 月学校向江苏省教委提交了《关于申办“现代汽车运用技术”、“现代交通计算机管理”高职班的请示》。同年 12 月 20 日，学校向交通部教育司提交了《再次申请试办高等职业技术教育班的请示》，拟于 1997 年开办“公路与桥梁施工技术”、“现代汽车运用工程”、“现代交通工程机械”、“网络技术与电子商务”四个高等职业技术教育班。报告特别汇报了交通部重点专业公路与桥梁工程、汽车运用工程专业多年的办学成果，以及在交通系统学校中专业建设起到的示范作用和对学校其他专业建设的引领作用。1997 年 4 月，交通部教育司经研究后批示，同意学校试办公路与桥梁施工技术、现代汽车运用工程两个专业五年制高职班，共计招生 90 人。

为了保证五年制高职教育的办学质量，学校进行广泛调查研究，总结成功的经验，认真修订高职专业人才培养方案。学校成立专家顾问委员会，就开办专业需要什么样的知识和素质进行论证。1996 年和 1998 年先后两次召开专家论证会，对高职专业人才培养方案提出论证意见，从而进一步明确了培养目标和学生应具备的职业能力，制订了基于 DACUM 表为基础的专业任务分析表，确立了以能力培养为主线的课程体系，开发了各专业的教学计划，并根据交通行业发展的新要求进行滚动修改。在课程设置和开发方面，坚持德智体全面发展的原则、以岗位能力为本位的原则、整体优化原则和适度弹性原则等。

到 1998 年江苏省五年制高职教育改革试点工作已经取得了一定成绩。为总结成果，分析问题，交流经验，1998 年 3 月 24 日，江苏省教委职教办发布了《关于开展五年制高职班教学视导的通知》，通知要求各个开办高职试点的中等专业学校，认真做好五年制高职班级教育教学工作，并组织专家进行教学视导检查。1998 年 4 月，学校成立了高职教学工作自评领导小组，校长孟祥林任组长，副校长王晓农、高进军任副组长。12 月 13 日，江苏省教委教学视导专家组来校，专家组围绕“视、导、讨”工作方针，对学校高职专业进行了视导检查，通过听取学校汇报，观摩典型课程教学，考察实训中心，查阅专业建设材料，召开座谈会，对典型课程进行评议等，视导专家组对学校高职教学给予了较高评价。1998~1999 年，学校根据人才需求继续进行了“工程监理与质量检测”、“公路工程机械”、“高等级公路维护与管理”、“计算机网络技术”等专业高职班试点的申报工作。到 2001 年 6 月学校升格前，招生的五年制高职专业达到四个，分别是公路与桥梁施工技术、现代汽车运用工程、现代交通工程机械、网络技术与电了商务。五年制高职班招生情况见表 6-1。

五年制高职班招生情况一览表 表 6-1

年级＼专业	公路与桥梁施工技术	现代汽车运用工程	现代交通工程机械	网络技术与电子商务	合计
1996 级	40	—	—	—	40
1997 级	44	44	—	—	88
1998 级	46	90	—	—	136
1999 级	109	85	83	—	280
2000 级	172	109	53	92	426
总计	411	328	136	92	967

二、与本科院校合作开展高层次人才培养

随着交通事业的蓬勃发展，交通系统对高层次专门人才的需求愈来愈迫切。学校在办好中专学历教育和五年制高职教育的同时，积极探索与高等学校合作办学的新路子，先后与上海同济大学、南京建筑工程学院、西安公路学院、南京化工大学等合作举办本科学历函授班、专科单招班，培养高层次专门人才。

进入 20 世纪 90 年代，学校与同济大学继续联合开办了“公路与桥梁专业”本科函授班，与南京建筑工程学院联合开办了“工业与民用建筑专业”本科函授班，与南京工业大学联合开办交通土建专业本科函授班，与南京建筑工程学院联合开办了路桥专业大专班。

2000 年 8 月 8 日，学校建立同济大学网络教育学院南京教学点，副校长王晓农为教学点负责人，张荣夫为联系人。2000 年 10 月，教学点首次招收“交通工程与信息技术”专业本科生 49 人，开辟了合作办学的新形式。2001 年 4 月 20 日，江苏省教育厅下达了招生计划，同意教学点招收交通工程（交通工程与信息技术）专业本科生 100 名。

南京工业大学 01 届交通土建专业本科函授班毕业合影

1999 年，学校与南京化工大学联合举办三年制专科层次单招班。当年，共 6 个专业招生 275 人，纳入南京化工大学招生计划统一招生，学校负责专业教学计划制订与实施，以及学生教育管理工作，学生毕业发南京化工大学专科毕业证书。学校单招班专业与学生数见表 6-2。

江苏省南京交通学校（南京化工大学）单招班一览表 表 6-2

序号	专业	班级	人数	班主任
1	现代汽车运用工程	99103	42	黄开兴
		99104	33	于苏民
2	汽车营销与售后服务	99105	33	黄枫
3	公路与桥梁施工技术	99202	54	邬建强
4	高等级公路维护与管理	99203	42	洪春斌
5	会计电算化	99301	33	刘瑛
6	计算机应用与维护	99401	38	吕永壮
	合计		275	

三、交通部电视中专评估

1992 年 10 月 15 日，交通部电视中专评估组来校，对江苏分校的办学条件、专业设置、师资力量进行评估。因办学成绩突出，电视中专江苏分校 1993 年被交通部电中总校授予“先进分校”称号。1994 年 9 月，经批准，“交通部电视中专江苏分校南京交通学校教学班”建立，首次招收 95 人，开设专业是公路与桥梁工程和交通财务会计。

1997 年 9 月，经江苏省交通厅政治部批准，南京交通学校校长孟祥林兼任交通部电视中专江苏分校校长。10 月 27~31 日，交通部示范性成人中专评审组到校对电视中专江苏分校进行了示范性评估，给予了较高评价。在全国 64 个电视中专分校中，江苏分校名列全国第一，被命名为示范性成人中专学校。1998 年，学校开展了电视中专江苏分校下属示范性工作站（二级分校）的评估工作，涌现出一批先进工作站。

电视中专工作会议

到 2000 年底江苏分校停办时，在全省已建成 15 个工作站或二级分校，开设 14 个专业 56 个教学班，在校生 1900 多人，每年毕业生 600 多人。交通电视中等专业教育为全省交通系统干部职工的学历提高和教育培训发挥了积极作用。

校外班工作会议

四、扩大校外班办学规模

随着学校办学条件和办学水平的提高，1992 年 5 月 12~13 日，学校在盐城召开了第六次校外班工作会议，江苏省交通厅政治部领导，盐城、扬州、徐州三个校外班管理人员及学校有关负责同志参加了会议。会议结合学校办学条件和办学水平评估工作，对规范校外班办学提出新要求。1993 年 11 月 5 日，学校开展了校外班教学评估工作，分别对盐城、扬州、徐州三个校外教学点进行评估复查，促进了校外班教学与管理工作的有序开展，确保了校外班的教学质量和毕业生质量。

为更好地服务地方交通发展，增强学校辐射作用，学校决定扩大校外班办学。1995 年 1 月，学校向江苏省交通厅提交了《关于学校与仪征市工业学校、金坛市直溪职业中学联合办学的报告》。1995 年 2 月 18 日，学校向江苏省教委呈报了《关于调整校外班办班点的报告》，原设在徐州交通职工中专的校外班暂停招生，1995 年开始拟在扬州招生。同年 5 月，学校与仪征市工业学校签订了联办“汽车制造与维修”专业的协议。同年 11 月 20 日，学校向江苏省交通厅呈报《关于学校与宜兴市交通职工学校联合办学的报告》，计划在 1996 年招收“汽车拖拉机运用与修理”和“现代办公”专业各 40 人。经批准，同年 12 月 20 日，学校与宜兴市交通职工学校签订协议，开办“汽车拖拉机运用与修理”专业，学制四年。同时，学校与金坛市交通局、金坛市直溪职业中学签订了“公路养护与管理”专业的联合办学协议。

根据江苏省 1996 年的招生计划，学校校外班办学格局发生较大变化。其中扬州班招收公路与桥梁工程专业 45 人，盐城班招收交通财会电算化专业 45 人，仪征班招收汽车制造与维修专业 45 人，宜兴班招收汽车与拖拉机应用工程专业 45 人，金坛班招收公路养护与管理专业 40 人。校外班举办情况见表 6-3。

校外班举办情况一览表　　表 6-3

办　班　点	办班时间	专　　业	在校生数
盐城交通技工学校	1985.9	财会	81
扬州交通技工学校	1985.9	路桥	122
仪征工业学校	1995.9	汽车制造与维修	40
宜兴市交通职工学校	1995.12	汽车与拖拉机应用	45
金坛市直溪职业中学	1995.12	公路养护与管理	40

第三节　走产教结合道路，提高社会服务能力

学校积极探索产教结合的新路子，大力兴办校办产业，举办多种类型的培训班，广泛开展科技服务，不断提高社会服务能力。

一、大力兴办校办产业

在政策的鼓励下，学校发展校办产业的思路进一步拓展，改革的步子进一步加大。1992 年成立了学校产业开发办公室，以加强对外联系，探索发展第三产业。1993 年任命高进军为金加工厂厂长，游心仁和桑永福为汽车修理厂负责人，芮建平为驾驶培训部主任，进一步充实力量，推进产教结合。学校重视校办厂发展规划问题，在管理模式和分配办法上探索实行企业管理的办法。学校专门制订了面向校办工厂的奖惩制度，对修理厂等校办企业进行积极的扶持，做到“主业精、副业兴”。1995 年后，学校对校办企业实行目标管理，赋予企业领导对人、财、物和生产经营一定的权限，努力促进企业实现自收自支，同时，加强了企业管理制度建设，特别是财务核算与监督工作。为了整合资源、提高效益，1998 年学校将驾训队、修理厂、金加工厂三个产业实体整合为一个校办企业，聘任游心仁担任厂长。这一时期，学校加快校办企业的建设步伐，大力兴办校外产业。

1. 筹备建立江苏育通经济发展公司

1992 年 10 月，经校长办公会讨论和市场调研，学校决定兴办“交校科贸发展公司”。经过进一步论证，10 月 30 日，学校向江苏省交通厅政治部提交了《关于成立江苏省南京交通科贸发展公司的报告》。报告对公司性质、经营方式、经营范围等作了说明，公司主要经

江苏育通经济发展公司揭牌

营方式是制造、加工和贸易，主要经营范围是机电产品、机械加工、化工、五金、建材、运输、技术培训、技术转让、技术服务，注册资金 150 万元，实行全民所有制的独立核算。公司从业人员是校内固定工 50 人，聘用合同工 30 人，共计 80 人。

经批准，学校开始筹建“江苏育通经济发展公司”。1992 年 12 月 3 日，学校向江苏省交通厅提交了筹建情况报告。12 月 31 日，江苏省交通厅下发了《关于同意成立“江苏育通发展有限公司”的批复》，同意成立“江苏育通经济发展公司”，隶属于江苏省南京交通学校。公司为全民性质、独立核算的校办产业，其用工人员由学校自行解决，不占用学校现有编制。

1993 年 5 月 28 日，江苏育通经济发展公司成立大会召开。公司设置科技咨询服务部、驾驶培训部、机电部、经营服务部。学校决定黄荣枝为总经理，任命芮建平、武可俊为总经理助理，邬建强负责办公室工作。

1997 年 11 月 12 日，因黄荣枝校长退休，学校决定孟祥林校长为公司总经理兼法人代表，高进军副校长任公司副总经理。

2000 年 11 月 2 日，经江苏省交通厅政治部同意，“江苏育通经济发展公司”更名为“江苏育通交通工程咨询监理公司”。学校任命孟祥林为经理，武可俊、陆春其、何卫平为副经理，朱雅文为总工程师。

2001 年 5 月 16 日，江苏育通交通工程咨询监理公司获得江苏省交通厅颁发的“江苏省交通建设工程监理资信登记证明”，从而为公司进入交通建设市场创造了有利条件。

2. 成立南京交校工程勘测设计所

多年来，学校积极探索专业教学、社会服务、生产实践三结合的路子。学校路桥专业有着良好的专业基础、人才和设备优势。1992 年 10 月 30 日，学校路桥试验室被江苏省交通厅定为甲级交通工程试验室（苏交质［1992］6 号）。1993 年 2

汽车驾驶员培训

月，江苏省交通厅监理总公司筹备处与学校达成协议，确定学校路桥试验室为监理总公司测试中心。1995 年，学校通过工商部门注册，江苏省南京交通学校路桥勘测设计室更名为南京交校工程勘测设计所，成为法人单位，法人代表武可俊。1998 年 10 月，江苏省高速公路指挥部检测中心成立，挂靠在南京交校工程勘测设计所。学校为此配备了专职检测队伍和必备的设施设备，严格工程质量检测。检测中心自成立以来，承担了大量高等级公路的质量检测工作，包含公路工程所用原材料、构件、工程制品、工程实体的质量检测，参与公路工程建设的科研工作，为江苏省高等级公路建设作出了积极贡献。

江苏省交通干部培训中心成立

3. 组建江苏省汽车驾驶员培训中心

学校是全省第一家开展汽车驾驶员培训的学校，也是第一家面向全省招收学员的学校。到 1990 年学校有着 30 多年的驾驶培训历史，每年均举办多期培训班，积累了丰富的培训经验。20 世纪 90 年代，学校驾训队发挥设备优势和人才优势，培训范围不断扩大，培训质量高，信誉好，广受社会好评。

1992 年学校建成了新的汽车教练场，1993 年初建成了倒桩场等配套设施，改善了驾驶员培训的条件。1993 年 5 月 10 日，江苏省公安厅交管局批准学校在全省范围招收汽车驾驶员进行大货和小客培训。1995 年，驾训部通过了南京市市级一类驾训培训中心评估，完成了第 17、18 期大货车 384 人、小客车三期 96 人的培训任务。1997 年，学校组建了江苏省汽车驾驶员培训中心。到 2000 年，学校已为社会培养汽车驾驶员 3000 多人。

学校校办产业的发展，为探索产教结合的路子，改善办学条件和提高教职工的福利待遇，提供了较好的经济支撑。经过数十年的建设，学校校办产业形成了汽车修理、驾驶员培训、公路工程检测、交通工程监理、机械零部件加工等多种业态并举的格局，有力地支持了学校的改革和发展。

二、职业培训工作

为提高交通干部职工的政治理论水平和业务素质，学校积极承担了全省交通系统干部培训和职工岗位培训工作。学校开办的技术培训班有：汽车机务员管理班、汽车修理工班、汽车电工班、机动车定损员班、汽车驾驶培训班、公路测量班、黑色路面班、财会人员班、施工员班、材料实验员班、工程质检员培训班等。学校开办的干部培训班主要有：经理厂长培训班、县交通局长班、国防交通干部

班、施工企业项目经理班、交通运管所长班、车队长班、军队转业干部岗前培训班等。1992~2000年平均每年非学历培训人数在500人左右，仅“八五”期间累计培训2404人。

1995年，学校成为江苏省计算机应用能力培训与考核点之一，开办了江苏省交通厅机关干部、直属企事业单位管理人员计算机应用能力培训班，考核合格率达96%以上。1996年初，学校被批准为江苏省财政厅会计电算化培训考核点，当年培训并考核通过交通系统财会人员500多名。

为加强全省交通系统干部培训和社会主义精神文明建设，提高党员和干部队伍的政治素质和业务素质，江苏省交通厅决定成立“江苏省交通干部培训中心”。1996年9月28日，培训中心宿舍楼竣工验收，达到市优良工程。1997年1月14日，中共江苏省交通厅党校、江苏省交通干部培训中心揭牌仪式在学校隆重举行。江苏省政协副主席胡福明，江苏省交通厅党组书记、厅长徐华强，江苏省委党校有关领导及其他领导出席。培训中心的成立，为学校在交通行业开展培训打开了新局面。

1995年1月，学校向江苏省交通厅提交了《关于设立省交通学校国家技能鉴定所的报告》，主要开展汽车修理工、高级汽车驾驶员等5个工种的鉴定工作。1997年12月20日，学校申报“国家职业技能鉴定所”评审会在干训中心举行。经江苏省劳动厅、江苏省交通厅领导和专家评审，同意在学校设立“国家职业技能鉴定所”。1998年初，学校成立了国家职业技能鉴定所考核领导小组，校长孟祥林任组长，副校长王晓农、高进军任副组长，成员有林光郎、陈桂奇、陆春其、屠卫星、吴兆生、游心仁。鉴定所面向学生开展专业技能培训与鉴定，为学生毕业时取得双证书打下了基础。

1999年学校干部培训、职业培训工作再上台阶。全年共举办江苏省交通厅处级干部党风廉政建设、法制教育学习班、县（市）交通局长岗位培训班、军队转业干部岗前培训班、99交通质量年交通工程质量培训班及交通行政执法人员岗前培训班等各类培训班23期，参加培训人数1449人，取证率99.8%；承办江苏省交通厅人才规划座谈会、全省交通系统宣传通联工作会议、江苏京沪高速公路有限公司人员选配会议等14个，参加会议人数549人次。2000年，学校举办培训班23期，参加培训人数达到1520人；举办会议15次，参加会议人数达到1491人次。从1996年10月至2000年12月，学校共举办各类培训班85期，培训人数达5807人。

三、科技开发和技术服务

学校充分发挥专业优势，广泛开展科技服务。其中路桥专业师生先后承担江苏省测绘局、江苏省交通规划设计院、江浦县交通局、江苏省交通工程监理公司等单位的测量、道路材料试验、勘测设计、监理等工作任务，受到好评。1985~1993年，学校承担各类公路勘测设计任务，累计达300多km。

1991年，学校承担的宜兴市宜城外5.1km的开发区地形图测绘（比例1：1000），提前完成任务。1992年，学校参加了镇江、丹阳、常州等地公路勘测、设计，测设里程达 54km；两次承担沪宁高速公路材料试验并提交了试验报告。1993 年进行了江苏省测绘局苏州某地区地形测量、常州武进城区道路 6km 的勘测设计任务。1994 年承担了宁通公路泰兴段、沪宁高速公路 F4 标段监理工作。

1994 年 5 月 20 日，学校与淮安市公路站合作的《阳离子乳化沥青添加剂的研究》通过了江苏省级鉴定，受到了专家的好评。该项目填补了江苏省内空白，专家认为具有一定的推广价值。

1996 年，全部由学校教师研制的“水平圆振动干燥机”通过江苏省级鉴定，“液压行星无级变速器”获得国家专利。1997 年，学校又积极承担了“公路工程概预算编制的研究”和“现代汽车新技术应用的研究”等研究课题。1999 年，学校对产业结构进行整体优化配置，分别成立了工程部和机械部。工程部承担了苏北多条高速公路的检测任务以及宁靖盐高速公路的工程监理任务。

第四节　深化内部管理改革，提高办学效益

一、学校领导班子建设

1997 年 9 月，中共江苏省交通厅党组任命孟祥林为校长，王晓农、高进军、魏明为副校长，陈玉龙为党委副书记，成立了学校新的领导班子。

学校新的领导班子提出“四讲四必须”的要求进行自律。

“四讲”是：一讲大局，要时时、处处、事事考虑创名牌，保名牌，各项工作必须服从和服务于这个大局；二讲正气，要弘扬社会主义正气，抵制歪风邪气，敢抓敢管，不做老好人；三讲纪律，要奉公守法，清正廉洁，一级服从一级，一级对一级负责，工作不推诿，严守组织机密；四讲奉献，要尽职尽责，一心扑在工作上，自加压力，拼搏进取，做好勤务员，当好教职工的公仆。

“四必须”是：一必须勤奋，要有高度的事业心、责任感，务实求实、刻苦勤奋；二必须高效，要善于抓机遇、抓进度、抓效率，快事快办，急事急办，反对拖拖拉拉；三必须团结，要围绕学校的改革发展目标，同心协力，党政之间、正职与副职之间保持团结一致，相互支持，通力合作；四必须争先，要继续发扬“自加压力、团结奋进”的交校精神，争创“江苏省文明单位”三连冠，争创“行业领先，全国闻名，国际知名”的窗口学校。

在此期间，学校不断自加压力，抓住机遇，加快发展步伐。新的领导班子坚持“质量立校、特色兴校、科技强校”，提出了“在办学层次上调高，在办学规模上调大，在办学质量上调优，在办学机制上调活”的办学思路。

二、人事分配制度改革

1997 年 9 月，学校以人事制度改革为切入点，积极进行制度创新，以保证实现“三个一切”（即一切为了学生，为了一切学生，为了学生一切）和“四个育人”（即教书育人、管理育人、服务育人、环境育人）的教育目标。

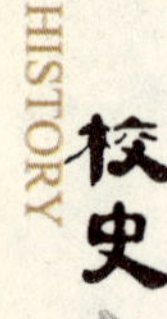

根据教育部《关于当前深化高等学校人事分配制度改革的若干意见》和中组部、人事部、教育部《关于深化高等学校人事制度改革的实施意见》文件精神，结合实际，学校以富民强校为目标，开展了以机制转换、制度建设为核心的人事分配制度改革。为此，学校专门成立了深化改革领导小组，下设了四个工作小组，分别就人事分配制度改革、管理制度建设、后勤改革和校办产业改制等开展调查研究。

1. 精简中层机构

1997 年 11 月，本着促进中层干部队伍建设与管理的规范化，选拔推荐德才兼备中青年干部的原则，学校开展中层干部换届工作，对时任中层干部的各项工作进行综合测评、量化考核的改革。考核内容包括德、能、勤、绩四个方面，重点考察思想品德、工作态度、工作绩效。评议小组通过群众座谈会、民意测评、个别谈话等方法，广泛走群众路线。对政绩平平，发生重大责任事故，违法乱纪，或者群众意见较大者，学校责令辞职或就地免职。12 月 31 日，学校完成了新一轮中层干部聘任。

1999 年，学校本着“精简、效能、统一”的原则，精简中层科室和干部职数，引进末位淘汰的机制，择优聘任中层干部。1999 年 8 月，学校进一步精简和调整行政机构，中层科室从 31 个减少到 21 个，中层干部职数由原来的 36 人减少到 23 人，中层职数减少 33%，改变了中层机构臃肿、中层干部人浮于事的现象，提高了行政工作效率。1999 年 8 月 6 日，学校就精简机构的情况向江苏省交通厅提交了《关于学校机构设置的请示》。同年 8 月 25 日，江苏省交通厅就调整学校内设机构问题作了批复。根据批复，学校设置学校办公室（保卫科）、政治处、财务科、教务科、学生科、教研室、汽车专业科、路桥专业科、管理专业科、基础科、毕业生就业指导办公室、成人教育办公室、产业管理办公室等 14 个科室，撤销政治教研室、体育教研室科级建制，并将总务科、膳食科、卫生所等科室从学校行政分离。

2. 行政管理人员竞聘上岗

学校在人事制度改革中，对教职工实行竞聘上岗制度。1997 年，学校在职职工 265 人，其中行政相关部门的一般管理人员达 80 人，工作效率低下，人浮于事。针对这一现状，1998 年 9 月 19 日，学校三届六次教代会一次性全票通过了《关于在学校有关部门实施竞岗工作的意见》和《关于待岗、转岗、内退、拒岗等规定》两个文件，决定在学校行政机关、党群部门、教辅部门、后勤和产业未承包部门实施定岗定编、竞争上岗。

通过竞争上岗，学校行政相关部门的原有 80 名同志中，有 60 人被继续录用在行政相关部门，有 16 人转岗分流到其他部门，有 2 人内退，2 人待岗，使行政机关部门一般管理人员减少了 25%。建立了低职高聘制度，对于为学校教学工作做出特殊贡献的教师进行低职高聘，青年教师张晓焱、范健因工作认真，表现突出，被学校低职高聘，享受“讲师”待遇，调动了青年教师积极性。本次竞聘比较好地优化了学校人才资源，做到适岗适人、适人适用，教职工工作状态和精神面貌有了明显改观。

3. 人事分配制度改革

1992 年下半年，学校首先在基础科实行教师课时津贴改革试点，取得了较好的效果。1993 年 2 月，学校提出，解决分配大锅饭问题必须提到议事日程来，要加强岗位责任制，加强考核，消除人浮于事、忙闲不均的现象，要完善教师聘任制度。1994 年 4 月，在总结了基础科教师课时津贴改革试点的经验基础上，学校全面推行教师课时津贴制和职工岗位津贴制，同时推行人员工资改革。以 1993 年 9 月底之前的 259 人编制为准，按照方案，人员分为三类，其中教学人员 93 人（含教师、实验员），管理人员 86 人（含专业科长），工人 68 人，新工作人员 12 人。按照就高不就低，遵循按劳取酬、科学合理、简便易行、拉开档次的分配原则。工资中 30% 是活工资，由单位掌握，同岗位挂钩。6 月，学校完成了第三次工资改革方案的制订。1995 年 3 月，学校制订了《学校奖金分配暂行规定》，对教师课酬、行政人员奖金以及驾训队、食堂、总务科收入分配作了详细说明，进一步落实了学校的分配制度改革的相关思路。

三、教育教学改革

1. 三一分段制

90 年代初，学校根据岗位对人才的技能要求，加强学生实践能力的培养，实行“三一分段制”教学模式。学生在四年制的中专教育中，前三年在校内学习基础理论，参加校内实验实习，第四年在校外交通企事业单位进行生产实习，主要学习生产技能。这样，增加了教学实践时间，为学生毕业后适应岗位要求作好了准备。实践证明，“三一分段制”教学改革提高了学生生产实践能力，提高了毕业生走上工作岗位的适应能力。

2. 双证书制度

学校始终把培养学生的动手能力作为教学改革的重要课题，使毕业生岗位的适应性更强。在加强实践性教学环节的基础上，从 1992 年起，学校试行毕业生“双证书”制，要求学生在取得毕业证的同时，取得相应的专业技术等级证书，并逐步使学生的专业技能学习规范化、制度化。汽车应用与维修专业学生毕业需获得汽车中级修理工证书或驾驶证，路桥专业毕业生需获得测量工、材料试验工证书，交通财会管理专业学生需获得珠算等级证书和财会电算化等级证书。1995 年 1 月，江苏省劳动局、交通厅联合发文要求从 1995 年起在全省交通厅所属学校应届毕业生实行双证制。学校按照文件要求，1996 年全面推行“双证制”，职业资格证书考核合格率达 100%。学校毕业生基本上达到“双证”要求，受到了用人单位的欢迎。

3. 借鉴 CBE 理论和 DACUM 方法的课程体系改革

自 1996 年开办高职专业以来，学校紧紧围绕行业发展的需求，以培养学生的综合职业能力为主线，以双证书制度为框架，借鉴国外先进职业教育 CBE 理论和 DACUM 方法，探索高职专业的现代化建设之路，建立起了新的职业教育课程体系，使人才的培养从学科型向技能型转变。

（1）CBE 理论，即能力为基础的教育（Competence-Based Education），这是一种职业教育思想，第二次世界大战以来这一教育思想在西方许多国家的职业技术教育与培训中得到相当广泛使用。其教学目标的基点是使受教育者具备从事某一种职业所必需的能力，因此目标很具体，针对性强。

（2）DACUM 方法，20 世纪 60 年代末由加、美两公司合作开发，本质上是一种分析和确定某种职业所需能力的方法，后来成为一种科学、高效、经济的分析确定职业岗位所需能力的职业分析方法。

学校借鉴 CBE 理论和 DACUM 方法，在专业咨询委员会的参与下，建立了培养一般能力的普通文化课程、培养专业能力的核心课程和培养综合素质能力的选修课程体系。在课程开发中，对专业课程进行综合化，将原分布在各门课程中的知识集中起来，大大提高了学生的综合应用能力。其中，公路与桥梁施工技术专业把原路基工程、路面工程、桥梁工程中的施工部分综合起来，吸收新施工工艺方法综合为"路桥施工技术"。现代汽车运用工程专业则把汽车构造、汽车使用、汽车检测、汽车诊断、汽车修理等课程综合为"汽车底盘结构与维修"、"发动机构造原理检测与维修"和"车身附属设备构造检测与维修"三个综合模块课程。在教学内容上，删去基础课中繁琐的公式推导和与专业职业能力关系不大的内容，增添新技术、新材料、新工艺、新规范等内容。

这些大胆的专业课程体系改革，当时走在了全国交通系统学校教学改革的前列。1999 年上半年，交通部汽车专业委员会在学校对现代汽车运用工程专业教学计划进行了审定，肯定了学校综合课程体系改革的框架。2000 年 10 月，这一改革思路以《高职专业现代化建设的实践与探索》为题，在全国五年制高职第五次例会上进行交流，获得了同行专家、教师的一致肯定。

四、师资队伍建设

学校高度重视师资队伍的建设。1995 年后，学校相继出台了一系列向教师倾斜优惠政策。教师完成规定的教学课时，奖金有了较大提高，超出课时同样发放奖金。1995 年，学校建房 48 套，用于解决教师的住房问题。

1997 年 5 月，学校提出了培养跨世纪的师资队伍的人才战略。通过多种途径提高师资队伍的整体素质。采取的具体措施有：

（1）加速青年教师的培养，实行导师制。

（2）加快教师知识更新，每年拨出 40000 元专款用于教师进修学习，实行教师进修责任制。

（3）组织教师参加生产实践和科研开发，为实行"双师制"创造条件。

（4）活化用人机制，实行专兼结合的聘用制度。

2000 年，学校开始全面实施教师教学质量奖惩办法，通过学生测评、同行测评、领导测评等方式，每学期对教师教学质量进行测评。测评结果按不同职称分别排序，排名前 15% 的给以教学质量奖励，排名在末尾的 5% 给以适当扣除绩效奖金的处罚。对教学中出现的诸如监考不严、上课迟到、没有教案上课等教学问题，一旦发现，按照相关规定严格处理。教学质量奖惩制度的严格执行，使教师普遍增强了危机意识，教学工作规范认真，教风、学风得到了明显的提升。

1996 年开始，学校开展了教学带头人和骨干教师选拔和培养工作，在教师中产生了较大影响。学校制订了《南京交通学校教学带头人和骨干教师评选办法》(简称《办法》)，1998 年作了进一步修订。《办法》规定，教学带头人和骨干教师采取任期制，任期二年，并采用滚动式评选。任期内定期考核，合格后可继续留任，不合格者取消其资格。骨干教师成绩突出者可申报教学带头人，教学带头人和骨干教师享受校内津贴。

为了做好这项工作，学校做了积极宣传和发动，设立校、科两级领导管理机构。在《办法》的指导下，学校在 1996 年、1998 年、2000 年分别进行了评选工作，产生了一批优秀教学带头人和骨干教师。《办法》的实施，有利于新教师的成长，有利于解决学校教师队伍“断层”的问题，学校在较短的时间内初步形成了合格教师、教学带头人和骨干教师的教师梯队，使师资队伍得到了整体优化。学校教学带头人和骨干教师见表 6-4。

学校教学带头人和骨干教师（前三届）　　表 6-4

届　次	公布时间 / 文号	教学带头人	骨 干 教 师
第一届	1996.9.10/ 交校办［1996］3 号	王晓农　朱雅文 张志伟　徐爱萍	屠卫星　张春阳　高进军　葛福祥 陆春其　毕朝晖　陈锁庆　陆　礼 王湘沅　郐建强　祁洪祥　胡维忠 蒋兰芝
第二届	1998.10.8/ 交校办［1998］11 号	张志伟　朱雅文 温演岁　陈锁庆 卢　昶	屠卫星　陆　礼　王海方　曹苏燕 刘静予　李玉珍　王党生　邢江勇 胡维忠　陆春其　郐建强　陈桂奇 樊琳娟　周传林　倪　芳　何玉宏 周明秀　朱国芬　杨益明　蒋兰芝
第三届	2000.11.29/ 交校办［2000］16 号	陆春其　屠卫星 王海方　陆　礼 毕朝晖	曹苏燕　王　平　邢江勇　何玉宏 卢　昶　倪　芳　周传林　樊琳娟 李玉珍　蒋　玲　李士涛　杨益明 刘静予　范　健　文爱民　王党生 胡维忠　蒋兰芝　吕亚君　祁洪祥 郐建强　朱国芬

从 1998 年上半年开始，学校对教师实行师德“一票否决制”，并有一名教师由于教学工作不认真，被学校除名。完善教师考核制度，对教师逐步实行评聘分开。重视教师的实践技能，提倡教师下企业锻炼，或者参与社会服务活动。扩大兼职教师比例，建立兼职教师人才库等。

五、教学和管理现代化

随着信息化时代的到来，学校积极建设多媒体、计算机实验室，在教学、管理中逐步推行计算机管理。1992 年 3 月，学校向江苏省交通厅提交了《关于申请世界银行贷款的报告》，其中申请配备 386 计算机 50 台，共计需要经费 48.5 万元。学校在 1992 年给图书、财务、人事、教务等部门配备了计算机。1994 年，学校成立了以计算机教研组为核心的“电子计算机中心”。1994 年 11 月 18 日，学校利用世界银行贷款 10 万美元，建成了当时江苏省中专校最先进的两个“HP486”计算机中心，配备计算机 50 台，建成了全省中专校第一个多媒体教学教室。

1995 年，学校向教师普及计算机应用，数学组已经开始用计算机组题出卷。基础科购入 486 计算机 12 台，另将 12 台 286 升级为 486。图书馆尝试图书借阅的计算机化管理，卫生所初步建立了职工医疗与健康信息的计算机管理。同年 12 月，学校建成了华东地区中专校第一个局域网，并在江苏省网络教学现场会议上作了交流。

1996 年，学校初步建成校内计算机管理系统网络。同年 3 月，新学期开学，学校图书馆实行计算机借阅图书，各食堂实行磁卡售饭。同年 6 月，在交通部重点中专学校校内微机联网现场会上，学校做了现场交流，受到会议代表的好评。

1997 年 10 月，江苏省交通厅发文，推动厅属学校逐步实现计算机管理。同年，江苏省教委要求国家级重点中专必须在 1998 年底前建立起校园计算机网络。学校 1997 年初步建成了校园网，1998 年进一步增加投入完善了校园网建设，建成了 1 个多媒体视听室、2 个多媒体投影室及专业教室，并使用了江苏省中专校教学管理信息系统、学生管理信息系统和后勤管理信息系统。1998 年 10 月，江苏省教委对学校的校园网建设进行了网上验收。学校校园网楼宇间采用光纤布线，楼内采用 AMP 超 5 类线，整个服务器采用 HP LC3。一期工程在办公楼、汽车实验楼、路桥实验楼进行了安装。1999 年 1 月，江苏省教委下达了验收结论。结论认为，学校校园网布线规范，功能完善，验收合格。当年，学校完成了电教中心的改造和建设，图书馆建成了电子图书阅览室。

六、后勤社会化改革

90 年代初，学校以食堂为重点，开始后勤社会化的初步尝试。学校审定了食堂承包方案，将食堂定位为校长指导下的独立核算单位，膳食科长为承包人，炊事员工资由承包人发放。此项举措旨在减轻学校负担，逐渐将后勤从学校行政分离。1994~1995 年，食堂管理从"服务型"逐步向"经营服务型"过渡。各食堂不断提高服务质量，积极拓展服务范围，增加饭菜花色品种，取得了较好的效益。1995 年学校获得贯彻学生管理规范和后勤管理规范"两个规范"先进单位称号。1998 年初，学校制订了新的《食堂承包方案》，食堂作为整体由膳食科承包，自负盈亏、独立核算。设备购置开始自己处理，粮油采购价格随行就市，上下联动，全面融入市场经济，全面摆脱学校资金扶持。

1999 年 9 月，学校全面推进后勤服务社会化。

（1）撤销原总务科、基建办、卫生所等科室建制，把行政车辆管理从学校办公室分离出来，组建学校物业管理中心。其所辖的房屋、家具、维修、绿化维护、卫生保洁等总务工作模拟物业管理公司的运作方法，医务工作模拟社区医院的运作方法，车辆管理模拟汽车出租公司的运作方法，为学校师生提供有偿服务。

（2）撤销原膳食科行政科室建制，与劳动服务公司组建学校生活服务中心。其下辖的餐饮、浴室、商店、洗衣房等部门转制为经济实体，引入社会人员参与竞争，规范服务，放开经营，实行市场化运作。

两个后勤服务实体按照企业化模式运作，负责人具有经营权、管理权和分配权，建立健全各项管理制度，独立核算，自主经营，按照服务协议内容实行有偿服务。学校取消了对后勤服务实体的行政拨款，改“拨”为“收”。后勤服务实体的财务采用二级管理方法，实行资产所有权和经营权分离，所有权属学校，经营权委托后勤服务实体管理和使用。

第五节　学校改制，独立升格为高职院校

一、改制背景

进入 20 世纪末，南京交通学校作为江苏省培养交通建设和管理人才的重要基地，随着交通事业的突飞猛进，尤其是交通基础设施技术含量、交通运载工具（汽车）的智能化程度，以及交通管理的现代化水平的极大提高，培养的中等专业毕业生已经不能适应现代交通岗位的需要。交通大发展强烈要求学校加快提升办学层次，为行业大发展提供人才与智力支撑。

在“八五”和“九五”期间，江苏交通运输事业得到了迅速发展，成果辉煌。“八五”期间，江苏交通基础设施建设共完成投资 229 亿元，1996 年平均每百平方公里拥有二级以上公路的排名跃居全国第二。“九五”期间，交通建设总投资 400 亿元，构筑了公路主骨架、水运主通道、港站主枢纽的海陆空立体大交通格局。公路建设从低等级公路建设和改造全面转向新建高速公路、汽车专用公路，江苏省委、省政府发出“奋战五年、决战苏北”的总动员，建设公路 1000km，形成了“四纵四横四联”的快速公路网。

在此背景下，交通职业教育必须与江苏省交通“高标准、高质量、高水平”的现代化要求相适应，面向基层，面向生产和服务第一线培养高层次的应用型人才。江苏交通的大发展需要高级专门人才，呼唤着高职教育，推进着高职教育的发展。

二、改制条件

1. 办学规模

学校具有与学校的专业门类、办学规模相适应的土地和校舍，能保证教学、实践环节和师生生活、体育锻炼与学校长远发展的需要。学校根据科技进步和产业结构调整升级的需要，积极增设新专业，改造老专业，形成了具有比较优势和特色的三大专业群共 18 个专业，即以现代汽车运用工程专业为主干专业的机械类专业群，以公路与桥梁工程专业为主干专业的土建类专业群，以现代交通计算机管理专业为主干专业的管理类专业群。其中，公路与桥梁施工技术、现代汽车运用工程、网络技术与电子商务等 8 个专业为高职专业。学校在校生 2580 人，其中普通中专生 1338 人，高职生 1242 人，高职在校生比例达 48%。1992 年 9 月 7 日，图书馆竣工验收，面积达到 2654m^2。学校建筑面积 61942.2m^2，建有教学楼、实训中心、计算机中心、电教中心、干部培训中心、实习工厂、综合礼堂等办公、生活用房，在校

生人均建筑面积 23.75m^2。

2. 师资

学校具有与专业设置、在校生人数相适应的、能胜任高等职业技术教育的管理队伍和师资队伍。1989 年，学校开始实行校长负责制，学校领导班子朝气蓬勃、爱岗敬业、勇于创新。学校拥有教职工 260 人，其中专任教师 112 人。专任教师中具有本科及以上学历的 110 人，本科率为 98.21%；高级职称 32 人，占专任教师总数的 28.6%；中级职称 54 人，占专任教师总数的 46.2%。学校有市级学科带头人 1 人，校内学科带头人 5 人，骨干教师 22 人。各个专业均能配备高级专业技术职务教师 2 人，中级以上的“双师型”教师 2 人。学校每年保证 10 万元基金用于教师进修学习和业务提高，已有 17 人获得研修班毕业证书或双证书，51 人获得监理工程师、注册会计师、微软工程师等技能证书，先后派出多名年轻教师到日本、德国、加拿大、澳大利亚等国进修学习，还聘请全省交通行业专家、工程技术人员等 39 人担任兼职教师。

3. 教育现代化手段

学校具有满足高等职业技术教育的实训场地、教学仪器设备和图书资料。1994 年学校被评为国家级重点中专后，积极组建多个校内外实习基地，校内实训场地建筑面积为 12922.5m^2。机械类专业群建立了汽车实训中心、汽车检测线、一类汽车修理厂、机械加工厂和汽车驾驶员培训部等，校外联系有江苏省快鹿客运集团、南京大众汽车特约维修中心、上元工程机械维修中心、南京长途客运总公司等实习基地。土建类专业群建立了路桥甲级试验室、路桥勘测设计所、交通工程咨询监理公司、高等级公路检测中心等，校外建有江苏省交通工程公司、江苏省路桥公司、江苏省交通工程监理公司等实习基地。管理类专业群建立了财会模拟实训室、计算机实训室和电子商务实训室等。学校实验自开率 100%，实习开出率 100%。教学仪器设备方面，学校每年投资 200 多万元使一大批现代化实验设备充实到各个专业。土建类购置了当时工程施工中最先进的全站仪、电脑马歇尔仪、核子密度仪、平整度检测仪、无损强度测定仪、四联直剪仪、固结仪等，机械类购置了克莱斯勒“彩虹”和桑塔纳、奥迪等小汽车以及 OTC 专家诊断系统、底盘测功仪等。学校实验设备固定资产达 2056 万元。学校投资 300 万元先后建成了 9 个多媒体教室、3 个计算机网络教室、2 个语音视听教室、1 个远程教育教室。图书馆面积 2654m^2，图书馆藏书 18.37 万册，学生人均图书资料 75 册以上。

4. 教学质量

学校注重实践技能培养，毕业生受到用人单位一致好评。学校坚持大力培养学生的综合职业能力，毕业生就业率均在 98% 以上。学校以能力为本位，以“双证”为框架，不断开发新的教学计划，优化课程设置，借鉴 CBE 理论，采用了 DACUM 办法，建立了由基础课程、专门课程、实践课程和课外活动课程等组成的新的课程体系。人才培养从学科型向职业教育型转变，实践课时占总课时的 40% 以上。在教学内容上，实现了课程的综合化，将原来分散在各门课程中的相关知识集中起来，避免了教学内容的交叉重复；删去与职业能力关系不大的内容，增添新技术、新材料、新工艺、新规范等内容。教学模式上，采用理论与实践一体化教学模式、三段式技能训练教学模式、产教结合教学模式等，学生实践能力明显加强，教学质量明显提高。

5. 办学机制

学校活化办学机制，增强专业辐射能力和社会服务能力。学校基本形成了五个中心，构成了多功能的办学格局具体情况如下：

（1）交通高层次人才培养中心：学校在办好中专教育基础上，自 1981 年起，先后与同济大学、西安公路交通大学、南京建筑工程学院等高校共同培养本、专科毕业生近 2000 人，同时组织学生参加自考，并独立举办高职班，为学校提高人才培养层次打下了坚实基础。

（2）全省交通系统干部培训中心：培训门类十多种，年均培训人次在 2000 人左右。1999 年干部培训大楼建成，进一步完善了集培训教学、生活服务、会议接待于一体的培训设施。

（3）全省交通电视中专教育管理中心：开设 14 个专业 56 个教学班，在校生 1900 多人，是全国示范性成人中专学校。

（4）国家职业技能鉴定中心：1998 年初建立后，主要在交通中专毕业生和交通行业职工中开展公路测量工、材料试验工、汽车修理工、汽车电工、汽车驾驶等五个工种的初、中级工技能鉴定工作，每年培训、考核、鉴定等级工 500 人以上。

（5）汽车驾驶员培训中心：学院汽车驾驶员培训中心是南京地区开办最早的驾驶培训学校之一，拥有较先进的专用封闭训练场和车辆，培训质量在南京地区历年都名列前茅，社会信誉好。

6. 学校管理

学校积极进行制度创新，增强办学活力。学校实施精简机构，考核上岗，完善中层干部聘任制度。积极稳妥地做好职工竞争上岗、转岗分流工作，普遍增强了广大教职工的危机感和忧患意识，工作状态和精神面貌有了明显改观。此外，学校排除干扰，坚定不移地推行后勤社会化改革。结合学校实际，分别成立了物业管理中心和生活服务中心，引入市场机制和竞争机制，提高了服务质量，使学校从沉重的后勤“包袱”中解放出来，使学校能够更好地集中精力搞好教学改革和教育现代化建设工作。学校自 1991 年起连续 8 年被江苏省委、省政府授予“江苏省文明单位”称号，2001 年 12 月 14 日，学院被中共江苏省委、省政府授予 1999~2000 年度“江苏省文明单位标兵”光荣称号。

三、改制过程

1996 年 9 月，学校提出在新形势下办好中专教育，以普通中专为主，高职、培训为两翼，努力争取创办高等职业技术学院的目标。

学校经过多年的发展，在办学条件、办学水平诸多方面，具备了改制的基本条件。1999 年上半年，学校向江苏省交通厅提交了《江苏省南京交通学校改制为江苏交通高等职业技术学院的可行性研究报告》和改制的请示。1999 年 8 月和 2001 年

2月，江苏省交通厅两次向江苏省人民政府提交了《江苏省南京交通学校改制为江苏交通职业技术学院的请示》，并多次指示学校要以申办职业技术学院为契机，努力发展学校、办好学校。

江苏省交通厅的领导和支持下，2001年3月，学校向江苏省教育厅提交了改制的《自评报告》和《资料过渡表》。在《自评报告》中，学校回顾了办学历史，并从办学条件、师资队伍、硬件配置、教学质量、办学机制、管理创新六个方面进行了自评。在《资料过渡表》中，学校对照要求，从领导班子、师资力量、办学条件、专业设置、教学质量、经费管理、招生就业方面进行了申办说明，并提交了论证材料目录。

2001年4月28日，江苏省教育厅组织以东南大学常务副校长吴介一教授为组长的专家组，对学校申办高职院工作进行评估考查。经过考查，专家组认为学校硬件和软件比较好，基本符合申办高职院的十项条件。

2001年6月19日，经江苏省人民政府“苏政复［2001］96号”文件批复，同意江苏省南京交通学校升格为专科层次的南京交通职业技术学院。

改制为高等职业院校，是学校对48年办学成果的总结和肯定，是全体交校人共同努力的成果，也是社会各界对于学校办学水平的高度肯定。学校独立升格为高职院校，实现了办学层次的提升，揭开了学校发展的新篇章。

第七章

调高调大，学院实现跨越式发展

（2001.6~2005.12）

2001~2005 年是全国高职教育高速发展和高职院校规模迅速扩张时期。2002 年 8 月，国务院召开全国职业教育工作会议，并颁发了《关于大力推进职业教育改革与发展的决定》，明确提出“扩大高等职业教育的规模”。2002 年 9 月，江苏省人民政府贯彻落实全国职业教育工作会议精神，下发了《关于加快推进职业教育改革与发展的意见》，指出要进一步加快江苏省职业教育改革与发展步伐，努力适应现代化建设对培养高素质劳动者和各类实用人才的需求。从此，高等职业教育步入加快发展的新时期。很多老牌中等专业学校纷纷独立或合并升格为高等职业技术学院，各个高职院校积极选择新的校址建设新校区，招生规模迅速扩大，是近年高职教育的典型特征。

2001 年 6 月，经江苏省人民政府批准，江苏省南京交通学校独立升格为南京交通职业技术学院，同时撤销江苏省南京交通学校建制。原学校的人员、资产由南京交通职业技术学院统一调配和使用，隶属关系、经费渠道等均不变。学院实施全日制高等职业教育，隶属于江苏省交通厅。2002 年 6 月，中共江苏省委决定组建南京交通职业技术学院党委。

从此，学院进入了快速发展期，积极应对升格带来的机遇与挑战，主动适应高职发展要求，更新教育观念和办学理念，建立和完善了党委领导下的院长负责制，实现中专校向高等学校体制机制的转变；深化教育教学改革和管理体制改革，加强学习，建章立制，科学规划学院的发展；积极筹措资金，征地扩容建设新校区，完成江宁新校区一期工程建设任务，实现办学主体整体搬迁；以评估为契机，以评促建，以评促改，积极开展迎评创优活动，实现了高职高专院校人才培养工作水平评估“优秀”等次的建设目标。

第一节　健全组织机构，加强队伍建设

一、学院领导班子建设

学校升格初期，学院党政工作由原南京交通学校党政领导班子主持。2002 年 6 月 23 日，中共江苏省委决定组建南京交通职业技术学院党委，任命史国君为党委书记，孟祥林为院长。根据省委决定，省委组织部任命孟祥林为党委副书记，高进

军、王晓农为党委委员、副院长，陈玉龙为副院级调研员。

2002 年 6 月 25 日，学院党委研究确定院领导分工，具体如下：

党委书记史国君：主持学院党委工作。分管党务、精神文明建设、组织、宣传、统战、纪检（监察审计）、离退休、群团和培训工作。

党委副书记、院长孟祥林：主持学院行政工作。分管人事劳资、财务、招生、就业、基建、产业工作。

党委委员、副院长高进军：分管学生、保卫、群众体育、驾驶培训工作，协助孟祥林管理就业办。

党委委员、副院长王晓农：分管教学、教研、科研工作，协助孟祥林管理招生办。

副院级调研员陈玉龙：分管物业管理中心、生活服务中心，协助史国君管理干部培训中心，协助孟祥林管理基建工作。

根据江宁新校区建设工作需要，2002 年 12 月 23 日，院党委决定副院长高进军专门负责江宁新校区建设工作。随着新校区建设任务的加重和评估工作需要，2003 年 12 月，学院党委明确史国君书记主抓江宁新校区建设，以确保新校区一期工程高质量完成，如期实现办学主体搬迁至江宁新校区；孟祥林院长主抓人才培养工作水平评估工作，以确保人才培养工作水平评估取得优秀等次。

2005 年 8 月 11 日，根据两校区办学及院领导班子实际情况，学院党委对院领导分工进行了调整。

党委书记史国君：主持学院党委工作。分管党务、精神文明建设、组织、宣传、统战、纪检（监审）、学生思想政治工作、外事、保密工作、干部培训工作、离退休和群团工作。

党委副书记、院长孟祥林：主持学院行政工作。分管人事、劳资、财务、产业工作、招生、就业工作、成教、培训、后勤工作。

党委委员、副院长高进军：分管学生工作、群众体育、保卫工作、基建工作，协助孟祥林管理招生、就业工作、后勤工作。

党委委员、副院长王晓农：分管教学工作，协助孟祥林管理成教工作。

副院级调研员陈玉龙：分管浦口校区工作。

这一时期，新校区建设过程中遇到了很多困难，一度被迫中断达一年之久。另外，高职院校人才培养工作水平评估是学校升格后的第一次评估，关系到学院的发展前途，在一些硬性指标上学校实际水平与优秀标准差距较大，如校园实际面积、师资队伍建设等，如果不采取果断措施和非常规手段，很难实现评估优秀目标。学院领导班子在事关学院建设改革与发展的重大问题面前，果断决策、凝心聚力，带领全院师生负重奋进、攻坚克难、争先创优，展现了较强的组织领导能力和资源整合能力。2005 年 8 月，学院顺利完成办学主体整体搬迁至江宁新校区的任务；2005 年 12 月，以优秀等次通过教育部高职高专院校人才培养工作水平评估。

二、组织机构设置与调整

学院紧紧围绕办学机制转变的新要求，在充分调查研究的基础上，根据科学、高效、精简的原则，按照“控制行政部门的机构和编制，加强教学相关部门的机构设置”思路和适应高校运行机制的要求，建立和完善了党群、行政、教学、后勤等内设机构。

2002 年 7 月，江苏省交通厅以苏交政［2002］151 号文件批复同意，学院内设机构设党政管理机构 10 个：党委办公室、组织宣传部、院长办公室、人事处、财务（审计）处、教务处、学生工作处（毕业生就业指导办公室、招生办公室）、保卫处、产业发展处、科研教研处；群团机构 2 个：工会、团委。学院组建三大专业系：公路建筑工程系，汽车机电工程系，管理信息工程系；设立基础学部、成教学院、图书馆等教辅单位。2002 年 9 月，学院党委决定，成立党委学生工作办公室，挂靠学生工作处。

2003 年 7 月 31 日，学院决定：产业发展处更名为后勤管理处，科研教研处更名为科研产业处。

2004 年 4 月 21 日，学院党委决定：将财务（审计）处改设为财务处，监察审计职能暂由学院纪委负责。2004 年 12 月 31 日，学院成立高等职业教育研究所。

2005 年 2 月 1 日，南京市浦口区人武部以浦武字［2005］3 号文件批复同意，成立南京交通职业技术学院武装部。

在办学过程中，学院党委高度重视党的基层组织建设，按照有利于党的工作开展，有利于发挥基层党组织作用，根据工作需要多次对基层党组织进行调整。

2002 年 10 月 21 日，学院党委决定设置 10 个党支部。第一党支部组成部门为党委办公室、组织宣传部、学生工作处（毕业生就业指导办公室、招生办公室）、工会、团委；第二党支部组成部门为院长办公室、人事处、财务处（审计处）、保卫处；第三党支部组成部门为教务处、科研教研处、基础学部、成教学院、图书馆；第四党支部组成部门为公路建筑工程系；第五党支部组成部门为汽车机电工程系；第六党支部组成部门为管理信息工程系；第七党支部组成部门为工程部、机械部、监理公司；第八党支部为后勤服务中心；第九党支部为中央门、迈皋桥等离退休同志；第十党支部为龙江小区离退休同志。

2003 年 10 月 13 日，为加强党的基础组织建设，学院党委决定设置党总支，成立了 7 个党总支部委员会：机关党总支（原第一、第二党支部）、教务党总支（原第三党支部）、公路建筑工程系党总支（原第四党支部）、汽车机电工程系党总支（原第五党支部）、管理信息工程系党总支（原第六党支部）、后勤产业党总支（原第七、第八党支部）、离退休党总支（原第九、第十党支部）。各党总支根据组成部门的实际和工作需要，分别下设 2~3 个党支部。

2005 年 7 月 20 日，学院成立浦口校区直属党支部和浦口校区团总支。

三、中层干部队伍建设

学院新的领导班子成立后，认真贯彻执行党委领导下的院长负责制，推进管理体制机制改革。院党委统揽学院改革发展稳定全局，把方向、管干部、抓大事、谋发展，高度重视中层干部队伍建设，科学选配干部队伍，深化干部人事制度改革，不断推进干部工作的科学化、民主化、制度化进程。

2002 年 9 月，学院结合机构设置改革，认真贯彻执行《党政领导干部选拔任用工作条例》，按照“平稳过渡、先进后出”的原则选拔任用中层干部，选拔过程中注意任用年轻干部。坚持“集体领导、民主集中、个别酝酿、会议决定”的原则，在对原中专学校时期的中层干部通过两次民主测评的基础上，经过民主推荐、末位淘汰、组织考核、任前公示、党委会讨论决定等程序，完成了学院首届中层干部选拔和聘任工作。其中：

党群部门：李国之任党委办公室副主任兼纪委副书记，陆礼兼任党委办公室副主任；张永春任党委组织宣传部部长，赵勇任党委组织宣传部副部长；汤涛任党委学生工作办公室主任（兼）；许榴宏任工会主席；吴兆明任团委副书记。

行政部门：康建军任院长办公室副主任、人事处副处长；陈胜利、何玉宏任院长办公室副主任；徐爱萍任财务（审计）处处长，张家俊任财务（审计）处处长助理；陈锁庆任教务处处长，樊琳娟任教务处副处长；汤涛任学生工作处（毕业生就业指导办公室、招生办公室）处长，王平任学生工作处（毕业生就业指导办公室、招生办公室）副处长；陈书龙、冯必达任学生工作处（毕业生就业指导办公室、招生办公室）处长助理；祁国新任保卫处处长；唐利国任保卫处处长助理；武可俊任产业发展处处长，游心仁、何卫平任产业发展处副处长；赵家华任科研教研处处长，何玉宏兼任科研教研处副处长。

教学部门：陆春其任公路建筑工程系主任，周传林任公路建筑工程系副主任兼党支部书记，蒋玲任公路建筑工程系副主任；屠卫星任汽车机电工程系主任，刘瑛任汽车机电工程系副主任兼党支部书记，杨益明、张春阳任汽车机电工程系副主任；王晓农兼任管理信息工程系主任，胡维忠任管理信息工程系副主任兼党支部书记，祁洪祥任管理信息工程系副主任，姜军任管理信息工程系主任助理；毕朝晖任基础学部主任，陆礼、邬建强任基础学部副主任；高冬青任图书馆馆长，黄枫任图书馆馆长助理；陈锁庆兼任成教学院院长，张荣夫、杨锦棣任成教学院副院长。

后勤产业：陈玉龙兼任后勤服务中心主任，魏代群、俞高钧任后勤服务中心副主任；武可俊兼任工程部主任，游心仁兼任机械部主任，何卫平兼任江苏育通交通工程咨询监理公司副经理。

2003 年，为适应新校区建设和基层党组织建设需要，学院成立江宁新校区建设指挥部及其内设机构，对部分机构以及党组织进行调整。学院党委坚持党管干部和走群众路线的原则，按照“精干、高效、公开、公正”的原则，通过中层干部部门述职、职工民主测评和推荐，与干部本人和职工谈话等方式，加强干部考核和干部轮岗，经过教代会代表民主测评和推荐、原中层干部同行测评和推荐、公示、党委会讨论决定等程序，于 2003 年 9 月完成了新一轮中层干部考核考察和聘任工作。新一届中层干部 98% 为大专以上学历，其中研究生 3 人、高级职称 14 人，呈现出新的活力，一批年轻的同志走上中层干部岗位，进一步改善了干部的学历、年龄结构状况，为学院的改革和发展提供了组织保证和人才支持。

学院党委任命李国之为党委办公室主任、纪委副书记，张永春为党委组织宣传部部长，陆礼为党委组织宣传部副部长（兼），汤涛任党委学生工作办公室主任（兼），许榴宏为工会主席，吴兆明为团委副书记，周传林为公路建筑工程系党总支书记，胡维忠为汽车机电工程系党总支书记，刘瑛为管理信息工程系党总支书记。

学院行政聘任李国之为院长办公室主任（兼），康建军为人事处副处长，张家俊为财务（审计）处副处长，祁国新为保卫处处长，汤涛为学生工作处（招生毕业生就业指导办公室）处长，刘雪芬为招生毕业生就业指导办公室负责人，陆春其为教务处处长，樊琳娟为教务处副处长，张春阳为科研产业处处长，何玉宏为科研产业处副处长，王道峰为后勤管理处负责人，黄枫为后勤服务中心主任，俞高钧为后勤服务中心副主任，武可俊为工程部主任（兼），游心仁为机械部主任，何卫平为江苏育通交通工程咨询监理公司经理。

聘任武可俊为江宁新校区建设指挥部副总指挥兼新校区建设指挥部工程部主任，赵勇为综合部主任，姜军为计划财务部副主任。

聘任周传林为公路建筑工程系主任，蒋玲、夏卫国、王松成为公路建筑工程系副主任；杨益明为汽车机电工程系副主任（主持工作），文爱民为汽车机电工程系副主任；陈锁庆为管理信息工程系主任，祁洪祥为管理信息工程系副主任；毕朝晖为基础学部主任，陆礼、邬建强为基础学部副主任；王平为成教学院副院长；高冬青为图书馆馆长。

2003 年 11 月，学院任命陈国荣为党委组织宣传部副部长，并聘任为人文社科系（筹）负责人。

2004 年 1 月，随着学院专业招生规模的扩大，原来三大系已不能满足学院教育教学改革与发展的需要，学院及时调整系部，将三个大系拆分为六个系，分别为汽车工程系、公路工程系、管理工程系、信息工程系、机电工程系、建筑工程系，并成立了人文社科系，形成“七系一部一院”教学架构，对应的系主任分别为杨益明、周传林、祁洪祥、陈锁庆、张春阳、工松成、陈国荣。

为满足招生规模扩大的办学需要，2004 年初，学院租借海军指挥学院（原海军工程大学电子工程学院）部分校舍（珠江校区），主要安排 2004 级新生 2000 余人的教学、生活。根据工作需要，2004 年 6 月 2 日，学院成立珠江校区管委会，由王晓农副院长任管委会主任，陆春其、汤涛、毕朝晖为副主任。管委会下设珠江校区管理处，陆春其兼任管理处处长，王道峰为管理处副处长。2004 年 9 月 10 日，学院党委决定：成立珠江校区临时党支部，隶属于教务党总支，并成立珠江校区团总支。2004 年 12 月，学院党委任命应海宁为纪委副书记。

2005 年 7 月，学院根据办学主体搬迁至江宁新校区和两校区办学实际，撤销了珠江校区管委会及管理处，成立了浦口校区管理处，全面负责浦口校区教学、学生、后勤管理和安全等工作。聘任赵勇为浦口校区管理处处长、王道峰为浦口校区管理处副处长。在浦口校区管理处下设教务办、学工办（团总支）、后勤办、保卫办等，加强浦口校区工作力量。

2005 年 9 月，撤销江宁新校区建设指挥部，设立基建办公室，履行学院基本建设职能。聘任武可俊为基建办公室主任、刘凤翰为基建办公室副主任。同年 11 月，

学院将后勤管理处与基建办公室合署。

学院党委高度重视干部队伍建设工作，每年至少举办一次中层干部培训班，通过理论知识和业务知识的学习培训，切实解决一些思想认识上的问题和工作作风问题，充分调动中层干部工作积极性，使其履行好工作职责。学院每年各部门负责人与院领导签订工作目标责任书，中层以上干部签订党风廉政建设责任状，为进一步转变干部工作作风打下了良好的基础。

2003年5月28日，学院党委举办了首期组织工作实务培训班。同年7月，学院在中层干部中开展了“两个务必”主题教育活动，组织了第三期中层干部学习班。在纪念毛泽东诞辰110周年之际，组织学习班学员赴井冈山学习考察，进一步坚定了广大干部的理想信念，激发了他们为学院的发展无私奉献、奋力拼搏的高昂斗志。

在新校区建设和学院迎接教育部人才培养工作水平评估的重要时期，学院注重对党员干部作风建设的教育和考核工作，组织全体中层干部和党员分别观看《立党为公、执政为民先进事迹报告》和《王怀忠的两面人生》两部专题片，传达学习江苏省交通厅党员干部示范和警示教育大会精神，鼓励全体党员干部在机遇和挑战并存的关键阶段，要以学院事业发展为重，为学院事业着想，心无旁骛，一心一意谋发展。

2005年2月23日，在学院首届四次教代会上，第一次安排了部分职能部门（单位）主要负责人进行了述职述廉，进一步推动干部切实转变工作作风，按照“三转变、三服务”的要求，推进各项决策的贯彻落实，更好地为学院发展服务、为学生服务、为全体教职工服务。

四、师资队伍建设

随着办学层次的提高，办学规模的扩大，师资队伍建设成为制约学院快速发展的一个“瓶颈”。针对这一现状，学院领导班子高度重视，坚持走“人才强院”之路，通过政策促进、措施保障、内部提高和外部引进等举措，形成一套行之有效、科学规范的师资队伍建设管理、培训、考核和激励的保障机制。

1. 制订师资队伍建设管理制度

学院把师资队伍的制度建设作为一项重要工作常抓不懈，坚持“外部引进”和“内部培养”并举原则，推进师资队伍建设，先后出台了一系列师资队伍建设的管理制度。2001年，学院制订了《教师参加研究生（学位或双学历）学习的补充规定》，鼓励优秀教师提升学历层次。此外，进一步完善教师进修管理办法，鼓励教师在职进行研究生学位进修和到工程建设第一线进行实践锻炼。2003年，制订了《学院人才引进管理办法》、《学院高层次人才引进优惠政策实施意见》、《学院专业技术职务评聘管理办法》等一系列文件。结合岗位津贴制度的改革与实施，专门对教师岗位津贴作出规定，将教师的教学、科研业绩与待遇挂钩，破除待遇仅与职称、职务、工龄挂钩的分配制度，起到了较好的激励作用。2004年12月7日，学院印发了《关于选拔培养学科带头人和骨干教师实施方案（试行）》。

兼职教授聘任仪式

2. 加强教师队伍的师德建设

学院成立以党委书记为组长、有关院领导为副组长，人事、教务、组织、宣传、工会等部门负责人为成员的师德建设领导小组，负责学院师德建设工作的总体部署和相关政策的制订、检查、督促工作。各系部根据本单位的实际情况，制订师德建设工作的具体实施方案，系部负责人承担起师德建设工作的领导责任，集中精力抓教师队伍建设。各教研室也把师德建设当作专业建设的重要内容列入发展规划和工作计划。

继续推行师德考核一票否决制，在职称评聘、工资晋升、培训进修、教学考核等方面，把教师的思想政治表现、职业道德作为教师考核的重要内容，学院形成了“献身教育、严谨治学、为人师表、诲人不倦”的良好教风。2004 年，在全院大力倡导新的学习理念和终身学习的意识，组织学习现代管理理论、高等教育法律法规、高校思想政治教育工作方法、WTO 相关法规、高等教育理论、现代科技知识、教师师德规范等，通过学习，提高了广大教师的思想认识和职业道德。

3. 加大“双师”素质教师队伍的建设

充分利用校办产业、校外实训基地、职业技能鉴定所等资源，安排专业教师轮流参加工程实践，到校办企业挂职锻炼或顶岗实训；同时制订了兼职教师聘用政策，积极从企事业单位引进工程技术人员、高技能人才到学院兼职，充实“双师”队伍。重视兼职教师队伍建设，采用“不求所有，但求所用”的用人新机制，向校外企业及科研院校聘请工程技术人员和高技能人才担任学校兼职教师。截至 2005 年，学院聘请校外兼职教师 102 人，其中外聘兼职教师占学院专业基础课、专业课和实践课教师的比例为 27.50%，具有高级职称的人数占外聘教师总数的 39.22%。2004 年 5 月 28 日，学院隆重举行兼职教授聘任仪式，将来自行业企业与社会各界的 40 位专家聘为学院兼职教授。

4. 加快师资梯队建设

学院加速培养骨干教师和专业带头人，建设了一支较高水平的教师后备队伍。学院内部选拔了一批教学带头人和骨干教师，采用系部把关、教研室推荐和个人自

荐的方法在全院教师队伍中选拔一批优秀教师，实行重点培养，使其真正成为有一定学术造诣的教学、科研骨干和学科的带头人或后备力量。为保持师资队伍的活力与后劲，加快新教师培养，开设新教师业务培训班，进行新教师岗前培训。以“青蓝工程”为载体，开展多种形式的传、帮、带活动，做到定方向、定目标、定措施，使青年教师尽快成为学院教育教学的主力军。为增强教师对现代职业教育理念的认识，学院加大教师对外交流与合作力度，通过多种渠道安排教师出国、出境考察学习，了解国外先进教育思想，扩大视野，增长见识。通过上述措施的实施，涌现出一批院级教学科研带头人和骨干教师，形成了一个与规模相适应的师资梯队。

5. 引进与培养相结合，优化师资队伍结构

2002 年 4 月 27 日，学院首次成立教师资格认定工作领导小组，孟祥林任组长，王晓农任副组长，领导小组下设办公室，全面负责教师资格认定工作。同年年底，学院完成了首次教师资格认定工作，做好了中专教师职务对应高校教师职务的转聘工作，鼓励并帮助符合条件的教师申报高一级职称，全面实施教师职务聘任制。自此，学院开始有了首批高校系列的副教授、高级实验师、讲师、助理研究员等。2002 年 11 月成立学院高级人才引进工作小组，王晓农任组长，康建军、赵家华任副组长，成员有陈锁庆、陆春其、屠卫星、毕朝晖、胡维忠，工作小组办公室挂靠人事处，目的是为了更快适应高职教育发展需要，通过引进教授、副教授、高级工程师以及研究生，有效改善了师资队伍学历和职称结构。几年间，学院引进教授 3 人，副教授、高级工程师等副高职称教师近 40 人，应届硕士生 50 人。此外，学院积极鼓励教师在职攻读学位。学院通过与南京林业大学联合开办研究生学位进修班、委托高校培养在职研究生等措施，鼓励教师攻读博士、硕士学位。截止到 2005 年 6 月底，学院共有专职教师 255 人；其中具有高级职称教师 82 人，占职任教师的 32.16%；专业基础课和专业课教师共 200 人，其中具有“双师”素质的教师 135 人，占专业基础课和专业课教师总数的 67.50%；青年教师 182 人，其中研究生学历或硕士学位 127 人（含在读硕士 65 人），占青年教师总数的 69.78%。

通过五年来的建设，教师中先后涌现出一大批先进典型。屠卫星、张春阳被交通部评聘为专业带头人，屠卫星获交通部“吴福—振华交通教育优秀教师奖”；秦志凯被确定为江苏省教育厅“青蓝工程”骨干教师培养资助对象；陆春其等 2 人被交通部授予“全国交通职业教育工作先进个人”荣誉称号；文爱民获“江苏省省级青年岗位能手”称号；于苏民被江苏省教育厅表彰为“力学教学优秀教师”；邬建强被教育部、国家体育总局评为“推行《国家体育锻炼标准施行办法》先进工作者”。学院还有 35 人次先后获得“全省交通系统优秀教师”、“优秀教育工作者”、“南京市新长征突击手”、“南京市技术能手”等市厅级荣誉称号。

第二节　转变办学理念，开启高职办学新征程

学院由中等专业学校升格为高等职业技术学院，这不仅仅是名称上的变化，更重要的是教育层次的转变、教育对象的变化以及内涵建设上的拓展。因此，如何抓

住职业教育改革的难得发展机遇，办好人民满意的高职教育，是摆在学院领导和教职工面前的重要课题。学院认真贯彻执行党的基本路线和教育方针，以解放思想为先导，以改革创新为动力，以制度创新为关键，以分配制度改革为突破口，科学谋划与实施“十五”发展规划，坚持以改革的精神和改革的办法扫除制约学院发展的障碍，集中力量破解全局性的重大难题，开阔思路找准切入点，选好突破口，学院各类改革在不断探索实践中渐次展开。

一、开展解放思想大讨论

作为新升格的高职院校，面临的首要任务是尽快实现从中职教育理念到高职教育理念的转变，由中专校的办学层次向高等教育办学层次转变。学院重视思想引领的先导作用，组织教学管理人员和教师学习《国务院关于大力推进职业教育改革与发展的决定》、《教育部等七部门关于进一步加强职业教育工作的若干意见》等一系列文件精神，开展“高职教育的内涵及根本任务”、“办学指导思想及定位”等方面的学习和研讨，邀请职业教育专家来院讲学，并多次组织中层干部、教师到兄弟院校学习和调研。

2001 年，学院开展了以转变办学理念为主要内容的思想大讨论。全院教职工进一步转变教育思想观念，形成共识，在办学定位上，高职教育不能是“本科模式的压缩”或者是“中专模式的延伸”，应该培养生产第一线的高级应用型人才；在教育教学体系上，高职教育是高层次的职业技术教育，教学课程体系设置必须与经济发展程度和社会生产力紧密对接，具有较强的实用性。在教学方式上，要由灌输式、注入式变为启发式、讨论式，注重发挥学生主动精神和培养学生动手能力，鼓励学生发挥创造性思维等。通过讨论，使广大教师明确了高职教育与中职教育和本科教育的区别，也使教师认识到要培养一线高级应用型人才必须提高自身职业能力。

科学谋划“十五”规划。2001 年 3 月 6 日，学校印发了《江苏省南京交通学校“十五”建设与发展计划》。“十五”期间，学校要以邓小平理论为指导，以发展学校为主题，以办出教育特色为主线，以改革和创新为动力，在办学层次上调高，在专业质量上调优，在办学规模上调大，以满足江苏交通对高层次专门人才的需求为建设规划目标。为实现建设目标，必须要处理好六个方面的关系：

（1）在立足交通的同时，面向社会，积极参与职业技术教育市场的竞争，以市场需求为导向，进行专业设置。

（2）在确保教学质量的同时，最大限度地扩大招生规模，以充分利用学校现有的各种教育教学资源，实现规模效益。

（3）在稳固发展主体教育的同时，积极发展其他形式的教育，构筑多层次、多形式的办学体系。

（4）在建设一流实验实训中心的同时，大力发展校办企业，努力为学生提供良好的实训条件，并通过校办企业创收来增强学校发展后劲。

（5）在保证教职工收入水平逐年提高的同时，加大积累比例，以保证学校设施的投入。

（6）在充分利用学校现有人力和物力资源的同时，积极利用社会资源，实行开放型办学，为学校发展服务。

2002 年 6 月，南京交通职业技术学院领导班子成立后，认真总结办学经验，分析形势，对学校“十五”规划进行修订完善，制订了《南京交通职业技术学院 2003~2010 年发展规划》，于 2003 年 2 月，在学院首届一次教代会上获得通过。规划明确了学院要把发展作为第一要务，全面提高办学水平和办学效益，培养与交通和江苏经济发展相适应的高级技术应用型专门人才，努力把学院办成“特色鲜明，国内知名，省内一流”的示范性高等职业技术学院。

2005 年，学院党委确定了“十五”期间以及至 2010 年“质量立院、特色兴院、科技强院”的办学理念，坚持立足交通、面向社会，以服务为宗旨，以就业为导向，以能力为本位，全面推行素质教育，提高学生就业竞争力，把学院建设成“质量一流、特色鲜明”的示范性高等职业技术学院。进一步确立了以服务为宗旨，以就业为导向，走产学研结合的发展道路，为交通行业及其相关产业培养适应生产、建设、管理、服务第一线需要的高技能应用型人才的办学定位。

二、实行党委领导下的院长负责制

《高等教育法》明确规定公办高校实行党委领导下的校长负责制。2002 年，学院党委班子成立后，通过学习，充分认识到高校实行党委领导下的校长负责制的重大意义。正是在这统一认识的基础上，学院党委明确指出：一是加强党的领导，发挥党委领导的核心作用，贯彻党的路线、方针、政策和国家的法令、法规，保证学校的社会主义办学方向。党委要抓大事、议大事、抓重大问题的决策和监督。在事关学院全局及各项改革、发展的重大问题上，在研究制订出台各项改革措施时，党委努力做到抓动员，统一思想认识；抓方向，明确指导思想；抓调研，进行科学决策；抓改革，坚持正确导向；抓落实，讲求工作实效。党政密切配合，研究确定学院的办学思想、办学方向、发展的目标和整体规划，研究确定学院改革和事业发展的一系列工作主题。二是支持院长积极主动、独立负责地开展工作。院长对学校的人才培养、科学研究、社会服务和行政管理等全面负责。院长认真贯彻执行党和国家的路线、方针、政策，贯彻执行党委作出的决策和决议。为了更好地体现党委领导下的校长负责制，以制度为准绳，学院党委先后制订了《党委会议事规则》、《院长办公会议事规则》、《党政联席会议事规则》等基本工作制度，从职能定位、参加对象、议决范围、管理职责、议事程序、决议执行、督促检查等方面，进行明确规定，形成规范的决策制度体系，保证了各项工作的顺利开展。在实际工作中，党委和行政相互尊重、相互配合、相互支持，处处以学校改革和事业发展的大局为重。党委做到领导而不包办，监督而不挑剔。院长在重大工作上主动向党委汇报，尊重党委的意见，经常沟通情况，从而初步形成了党政协调一致、分工实施的运行机制。

三、探索院系二级管理体制

由于学院升格后规范管理的需要，以及新校区建设的实际，使教职工对于学院管理体制改革的呼声愈来愈高。

为了明确学院和教学单位的工作职责，学院决定实行院系二级管理模式，自2002年起逐步探索推进院系两级管理体制。学院中层管理机构由原来的科室改成了处、部、系，并在系设立了党总支。系级党政组织不同于原中专的“科”，其工作机制、职责范围和管理权限得到了大大拓展。

2003年，被学院确定为“改革发展年”。学院下发通知，成立深化改革领导小组，史国君、孟祥林任组长，高进军、王晓农、陈玉龙任副组长。学院深化改革领导小组下设四个工作小组：人事分配制度改革工作小组（组长张永春）、后勤社会化工作小组（组长陈玉龙）、校办产业改革工作小组（组长武可俊）、管理制度建设工作小组（组长赵家华）。同一年，学院积极推进以系部为基础的两级管理，对经费报销制度进行改革，赋予系部较大的自主权，充分发挥系部的自主管理作用。系部实行党政集体领导，对系部工作中的重大事项共同讨论，共同决策，决策过程中共同负责。系部把党政联席会议作为系部的最高决策机构，明确党政共同负责的决策程序，有效地避免了党政之间两张皮的缺陷，提高了系部的工作效率。此外，学院还对职能部门、系部的工作职能进行了梳理和必要的调整，科学地设置了职能部门的科室和系部的办公室、教研室等，并明确规定了各部门、各系部的工作规范、工作职能和岗位要求，推动管理重心下移，赋予各系部更多自主权，激发各系部的工作积极性、主动性和创造性。

为进一步适应高职教育的需要，提高学院管理水平，学院于2002年成立了制度编写工作小组，开展制度建设调研，并着手修订和完善各项规章制度，促进学院管理工作的规范化和科学化。2003年，学院各部门根据党和国家的教育方针、政策以及相关法律法规，在已有管理制度基础上，对本部门所涉及的各项规章制度进行了一次认真、全面的清理，列出目录清单，修订和制订了一批规章制度。2004年，学院制度建设工作领导小组着手审核《教学管理制度汇编》、《学生管理制度汇编》、《管理制度汇编》。截至2005年10月，学院组织完成了新一轮管理制度的编写、修订和印发工作，至此，学院制订和完善了一套较为科学、规范、完整的管理规章制度，使学院建设和发展从制度上得到了保障。

四、深化人事和分配制度改革

学院高度重视人事制度和分配制度改革，按照教育部《关于深化高等学校人事制度改革的实施意见》等，积极探索人事分配制度改革的途径，对部分机构职能进行调整，进一步理顺关系。结合教师聘任制改革，实行新的奖金津贴分配制度，拉开各类人员收入差距，突出岗位实绩，“优绩优酬”，并体现向一线教师和骨干岗位倾斜的政策。

学院召开机关工作人员竞争上岗动员大会

2003年是学院人事制度改革取得突破性进展的关键一年。学院按照“双向选择、下聘一级”的精神，完成了机关、图书馆、成教学院工作人员竞争上岗，并为此专门召开了教代会专题会议，审议通过了《学院机关等工作人员竞争上岗实施办法》、《学院岗位聘用及岗位津贴实施办法》，以及与之相关的《学院人才交流中心暂行规定》等改革文件，强化了机关和教辅部门工作人员为教学服务的思想，保证了竞争上岗工作的顺利完成。

为更好地发挥分配的导向和激励功能，充分调动教职工工作积极性，吸引人才、留住人才，不断提高办学水平和办学效益，2003 年 10 月 28 日，学院印发了《岗位津贴暂行办法和岗位津贴实施细则》，指出在坚持“按需设岗、以岗定薪、按劳取酬、优绩优酬”、“效率优先、兼顾公平、主体倾斜、兼顾一般”、“实事求是、量力而行、存量保留、增量拉开”原则下，对学院教学、科研、教辅、党政管理、群团组织等部门在岗人员进行绩效考核，根据考核结果发放岗位津贴。学院按照各岗位职务、职责、难度和风险等，将岗位津贴分为 13 档，津贴值为津贴基数和津贴系数的乘积，津贴基数视当年学院办学效益情况而定。教师绩效考核主要由教学工作量（教学质量）、教科研（论文、论著等）和综合表现三项指标组成。中层干部绩效考核主要由履行岗位职责情况、与学院签订的目标责任书完成情况和综合表现三项指标组成。其他人员绩效考核主要由岗位职责履行情况和综合表现两项指标组成。

2003 年 11 月，学院连续下发了《关于教师实行岗位津贴有关情况的补充通知》、《党政管理人员岗位津贴各档次上岗条件》，对系部教师岗位津贴实施办法进行调整，并对 13 级上岗条件进行了明确规定。文件指出，学院层面根据系部的结构比例人数和相应档次系数，合计出系部总的岗位津贴系数值，对系部各职级人数不作严格规定。由系部通过综合考核、评议等方式，自主确定岗位津贴各档次教师名单，系部各职级内人员比例采用“腰鼓形（2：6：2）”或“金字塔形（2：3：5）”结构。此项补充通知的规定，对于进一步发挥系部的主动性，起到了积极作用。

2003 年，学院还制订了《人事分配制度改革实施方案》，在讨论、制订阶段多次征求、听取了学院各部门和部分教师的意见和建议。针对这些意见和建议，实施方案起草小组进行了认真的研究和讨论，对与此次改革指导思想和基本原则相符合的意见和建议，在实施方案中都进行了吸纳，并对实施方案进行了多次修改和完善；对没有采纳的意见和建议，也进行了必要的沟通和说明，做到晓之以理。由于工作做得较细，学院分配制度改革得到了稳妥推进。在较好地完成干部考核聘用、机关及教辅人员竞争上岗工作后，学院稳妥地完成了以岗位津贴为核心的分配制度改革，较合理地拉开了分配档次，较好地处理了各类人员的利益关系，尤其是教学科研人员和管理人员的关系，并强化了分配的激励功能，初步打破了平均主义与“大锅饭”，极大地激发了广大教职工的工作热情。

五、推进后勤社会化改革和校办产业发展

1. 后勤社会化改革

根据江苏省教育厅“2001 年底前，江苏省普通高等学校后勤服务机构都必须

从高校行政管理系统中分离出来，组建实体，转制为企业，实行独立核算，自主经营，自负盈亏，自我发展”的规定，学院于 2001 年印发了学院社会化改革方案，推进后勤管理模式与运行机制的根本转变。后勤部门认真组织学习，转变职工的思想认识，通过积极有效的工作，进一步确立市场竞争意识。在后勤服务中，以社会化的要求规范各项服务行为，在餐饮服务方面引进了竞争机制试点，使餐饮服务的品种与类型增多，卫生与服务质量有所提高，校园面貌和卫生状况也得到了很大改善。通过后勤服务社会化改革，降低了办学成本，提高了效益。为此，江苏电视台专门来学院采访并播放了学院后勤社会化改革的新闻。

2003 年，为进一步深入推进后勤社会化改革，学院印发了《学院后勤社会化规范分离总体框架》，将后勤管理职能和服务功能合理分离，重新设立了后勤组织机构，成立后勤管理处，形成有效监督机制。后勤管理处以甲方身份代表学院行使后勤行政管理职能，纳入学院行政系列编制。后勤服务中心经营服务范围：餐饮业，学生公寓建设与管理，教学科研设施的物业管理，卫生保洁，校园绿化，教育商贸，接待服务，誊印服务，交通运输，校舍维修，通讯和水、电、气运行，以及后勤自筹资金创办的其他服务项目。2003 年，学院在江苏省高等学校后勤社会化改革规范分离工作验收评估中，综合得分 90.5，在同类院校中名列前茅，被省教育厅批准为验收达标单位。

后勤服务中心积极探索组建后勤集团，进行股份制改革，实行企业化运作方式。在充分论证和统一思想的基础上，为支持江宁新校区建设，2005 年后勤服务中心改制为股份制公司，注册成立江苏交苑高校产业发展有限公司，使后勤社会化改革迈出实质性步伐，提高了效益和服务水平。

2. 校办产业发展

2002 年，学院召开了产业发展处、财务处、纪检办和校办企业负责人会议，成立了由党委书记史国君、院长孟祥林为组长的校办企业改制领导小组，全面领导校办企业改制各项工作。领导小组成员由院办、产业发展处、纪检、财务处和各校办企业负责人组成。办公室设在产业发展处。

（1）江苏育通交通工程咨询监理公司。2000 年，学院将“江苏育通经济发展公司”更名为“江苏育通交通工程咨询监理公司”，要求公司做好建章立制工作，实行规范经营，并取得了临时乙级资质。2003 年，江苏育通交通工程咨询监理公司由临时乙级晋升为乙级资质，完成产值 1000 万元。2004 年，江苏育通交通工程咨询监理公司获得交通部公路工程监理临时甲级资质，先后承接监理项目 11 个，完成产值 1023 万元。2005 年，江苏育通交通工程咨询监理公司强化企业管理，积极申报交通部甲级资质，同时有序推进公司改制进程。

（2）南京交校工程勘测设计所。2002 年 9 月，学院印发了《关于成立南京交校工程勘测设计所试验检测中心的通知》，在原南京交通学校交通工程甲级试验室与勘测设计所试验室的基础上组建南京交校工程勘测设计所试验检测中心，业务隶属于勘测设计所。2003 年，工程部试验检测中心顺利通过交通部乙级实验资质评审，新增检测项目 2 项，完成产值 230 万元。

（3）南京交苑道路工程有限责任公司。学院创新思路，主动服务于交通大发展，满足学院做大做强的要求，从富民强院的实际需要出发，在原汽车工程系、路桥工程系成立的交通工程技术服务中心基础上，于 2003 年 12 月，由学院和教职工共同出资，按照股份制公司模式组建了南京交苑道路工程有限责任公司，使学院产业发展为设计、检测、咨询监理、施工等相对配套完善的新格局，为产学研更好地结合开拓了新路子。2004 年，南京交苑道路工程有限责任公司成功召开了公司董事会、持股大会，进一步完善公司组织机制和营运规则，积极拓展业务，完成经营产值达 400 万元，实现利润超过 60 万元。

（4）驾驶员培训中心。2003 年，驾驶员培训中心抢抓机遇，开拓市场，先后开办了驾训紫金分校、海能分校，并积极向江宁大学城进行业务扩展。2005 年 3 月 5 日，学院江宁校区驾培中心开工仪式在江宁校区举行。江宁校区驾驶培训中心规划用地 50 亩，投资 100 万元，2005 年底建成达到一类驾训标准，具有设施完备的现代化驾训场地。同年，驾驶培训中心又与江苏省交通厅运管局合作，筹建江苏省机动车驾驶教练员考试中心。

第三节　加快教育教学改革，全面提升高职教学质量

为尽快适应高职教育办学要求，学院在深入学习和广泛调研的基础上，制订和完善高职教育教学的管理规章制度，设计教育教学改革方案，调整专业设置和课程设置，加大教育教学投入，积极推进和深化人才培养模式改革，开始大刀阔斧式的教育教学改革的探索与尝试。

一、人才培养模式改革

随着社会用人机制和对人才综合素质要求的不断变化，通过对毕业生的质量调研，根据专家意见和企业用人单位反馈的意见，学生计算机应用能力和外语应用能力已成为学生职业能力中的基本能力。从 2001 年开始，学院首先对三年高职教育增加了外语能力证书和计算机应用能力证书要求，到 2003 年对所有专业提出了学生毕业时必须同时获得毕业证书、英语能力证书、计算机应用能力证书和专业技能证书的要求。经过多年的努力，逐步形成了具有学院特色的以“1+2+X”为主要要求的人才培养模式，即：突出职业能力培养为主线，明确毕业生在完成学业获得一张毕业文凭的同时，须获取两张基本技能证书（英语能力证书 + 计算机应用能力证书）和一张或多张与其所学专业相衔接的国家就业准入职业资格证书。实行这一人才培养模式，其目的是通过各种证书的获取，培养适应就业市场需要、实践动手能力强、综合素质高、可零距离上岗的实用型人才。

围绕以“1+2+X”为主要要求的人才培养模式的特点，突出实践性、职业性，加强专业建设，开展全方位、深层次的课程体系改革和教学评价体系改革，并构建了与专业课程体系相结合的实践教学体系。

重视人才培养方案的制订和实施。按照"1+2+X"为主要要求的人才培养模式，针对各专业岗位所需要的知识、能力、素质，明确培养目标和毕业生质量标准，通过专业指导委员会论证，制订教学计划。同时建立与培养目标相适应的实践教学体系，加大实践教学比重，各专业均安排半年左右的毕业实习，每学期安排四周左右的集中实训，使专业实践教学与理论教学课时数之比达到 1∶1。

T-TEP 学校开校仪式

与企业合作探索"订单式"人才培养模式改革。2004 年，学院与日本丰田公司合作开办了 T-TEP 学校，引进吸收了日本丰田公司"技术教育系统"，调整了"汽车运用技术"专业教学计划，并据此开设"丰田班"；与沪宁钢机公司合作，共同开发了建筑工程技术专业"沪宁钢机班"，实现了专业与企业"订单式"培养的实质性合作。

二、专业建设

2001 年，学院努力转变中专专业设置模式，按照高等教育专业建设的要求，逐步开拓新专业，拓宽专业面，使专业数达到 16 个，并对专业教学计划进行了全面修订，增加了新技术、新方法和新成果应用等内容，体现高职教育的高级性和技能性。

2002 年，学院加快了专业结构调整步伐和优化教学计划力度，全面修订了专业教学大纲。全院各专业按大类成立了专业指导委员会，成员由行业、企业、高校的专家组成，专业指导委员会每年召开一次，主要对专业建设方案等相关问题进行论证。同时，通过积极推进主干专业的现代化建设，完成有关试验设备的购置任务，举办教师现代教育技术培训班，建设多媒体教室，推进了多媒体教学，加快了教育信息化进程。2002 年专业设置见表 7-1。

2003 年，专业建设取得明显成效，"现代汽车运用工程"和"公路与桥梁施工技术"两专业被评为江苏省五年制高职示范性专业。专业结构得到了进一步调整与优化，申报新增 6 个专业，专业数达 29 个，着力抓好核心课程与精品课程建设，制订了核心课程开发计划。召开 6 个系专业指导委员会议，推进专门化培养计划的修订工作。为扩展职业技能鉴定工种和等级，加强了与江苏省劳动保障厅有关部门的联系和沟通，申报新增 6 个技能鉴定工种全部通过省职业技能鉴定中心的认可，有效地拓展了职业技能鉴定工作。

2002 年专业设置一览表　　表 7-1

序号	专业大类	专业名称	学制	所在系部	备注
1	土建类	公路与桥梁施工技术	（5）3	路桥	
2		高等级公路养护与管理	3	路桥	
3		工程监理与质量检测	3	路桥	调整
4		建筑工程与信息技术	3	路桥	新设
5	机械类	现代汽车运用工程	（5）3	汽车	
6		汽车销售与售后服务	3	汽车	
7		现代交通与工程机械	3	汽车	
8		制冷与空调	3	汽车	新设
9		高等级公路现代装备技术	3	汽车	调整
10	管理类	财会电算化	3	管理	
11		计算机应用与维护	3	管理	
12		网络技术与电子商务	（5）3	管理	调整
13		物流管理	3	管理	新设
14		涉外会计	3	管理	新设
15		交通运输管理	3	管理	新设
16		高等级公路运营管理	3	管理	新设

注：表中学制（5）为初中毕业五年制，3 为高中毕业三年制。

2004 年，随着高职教育教学改革的不断深入，学院积极探索学制改革，开展专业改革试点工作。按照教育部紧缺人才培养基地建设的要求，首先在汽车运用技术专业进行了学制改革，对培养目标、课程体系、教学模式、教学内容、教学实践环节以及考核标准进行调整，制订了两年制改革的总体方案，并取得阶段性成果。该专业“汽车专业学生岗位能力培养”方案被评为江苏省优秀教学成果二等奖。其次，根据江苏省教育厅的统一安排，进行双专业人才培养改革试点即“3+1”学制试点，培养复合技能型人才。学生通过前三年主干专业学习，再延长一年学习其他专业核心课程，毕业时获取双专业文凭，开设双专业的有：汽车技术服务与营销/会计、道路桥梁工程技术/工程造价、建筑工程技术/电子信息工程技术、工程机械运用与维护/道路桥梁工程。这些双专业的开设，较好地探索了高素质复合技能型人才的培养途径。

2005 年，学院围绕“1+2+X”为主要要求的人才培养模式改革呈现出良好效果，专业建设逐步推进。学院根据交通产业链的需求，开设了交通行业特色鲜明的以“公路与桥梁工程技术”为主干专业的公路建筑类专业群；以“汽车运用技术”为主干专业的汽车机电类专业群；以“现代物流管理”为主干专业的管理信息类专业群。同时根据社会经济发展及紧缺人才需求情况，按照科学合理、宽窄并存的原则开设了以“工程机械运用与维护”为主干专业的机电类专业群、以“建筑工程技术”为主干专业的建筑类专业群、以“计算机图形图像技术”为主干专业的信息类专业群、以“法律事务”为主干专业的人文类专业群，形成了门类较为齐全的专业框架，其中汽车专业、建筑专业先后被国家确定为技能型紧缺人才培养基地，“公路与桥梁施工技术专业”和“物流管理”专业为省厅级教改试点专业，五年制“现代汽车运用工程”与“公路与桥梁施工技术”两个专业被省教育厅认定为江苏省五年制高职示范专业，“图形图像制作”专业被确定为院级教改试点专业。2005 年专业设置见表 7-2。

2005 年专业设置一览表 表 7-2

序号	专业大类	专 业 名 称	学制（年）	所在系部
1	汽车	汽车运用技术（汽车电子技术方向）	3	汽车
2		汽车技术服务与营销	3	汽车
3		汽车检测与维修技术	3	汽车
4		汽车整形技术	3	汽车
5		汽车运用技术（汽车评估方向）	3	汽车
6		汽车技术服务与营销 / 会计	4	汽车
7		汽车检测与维修技术（单招）	2	汽车
8		汽车技术服务与营销（单招）	2	汽车
9	公路	道路桥梁工程技术	3	公路
10		公路监理	3	公路
11		高等级公路维护与管理	3	公路
12		市政工程技术	3	公路
13		水利工程施工技术	3	公路
14		道路桥梁工程技术 / 工程造价	4	公路
15	建筑	建筑工程技术	3	建筑
16		建筑装饰工程技术	3	建筑
17		工程造价	3	建筑
18		物业管理	3	建筑
19		工程监理	3	建筑
20		建筑工程技术 / 电子信息工程技术	4	建筑
21	机电	工程机械运用与维护	3	机电
22		供热通风与空调工程技术	3	机电
23		机电一体化技术	3	机电
24		模具设计与制造	3	机电
25		工程机械运用与维护 / 道路桥梁工程技术	4	机电
26	电子信息	图形图像制作	3	信息
27		计算机网络技术	3	信息
28		电子信息工程技术	3	信息
29		计算机系统维护	3	信息
30		应用电子技术	3	信息

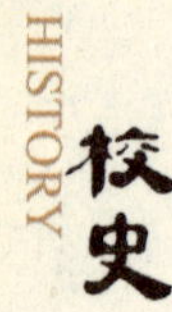

续上表

序号	专业大类	专 业 名 称	学制（年）	所在系部
31	运输管理	物流管理	3	管理
32		物流管理（国际货运代理方向）	3	管理
33		公路运输与管理	3	管理
34		会计	3	管理
35		市场营销	3	管理
36		电子商务	3	管理
37	人文社科	连锁经营管理	3	人文
38		文秘	3	人文
39		法律事务	3	人文

三、课程建设

在课程建设方面，学院致力于打破传统课程体系，注重学以致用，突出学生的动手能力和职业技能训练，全面系统地推进课程建设。在公共课程的设置方面，强调适用性与够用为度；在专业基础课程设置方面，强调针对性和应用性；专业课程强调职业性。随着课程教学内容和课程体系改革不断深化，学院构建了以能力为本位、双证为框架、应用为主旨和特征的课程体系，该体系体现了以职业素质为核心的全面素质教育。在教学内容改革方面，以精品课程建设为抓手，通过精品课程建设促进其他课程改革，到2004年，建设院级精品课程共41门。《道路建筑材料》、《汽车底盘结构与维修》课程先后被评为江苏省二类优秀课程。“汽车专业学生岗位能力培养方案”被评为江苏省优秀教学成果。2005年，学院建成省级优秀课程2门，院级优秀课程8门，在建精品课程27门，8门核心课程建设已作为院级课程立项。

1. 改革教学方法和教学手段

在教学中注意现代化教学手段的运用，全院建成多媒体教室68间，教师利用多媒体课件进行教学，采用“理实一体化教学”、“现场教学”、“模块化技能训练”等多种教学方法进行教学，通过教学方法的改革，有效提高了教学质量。

2. 重视教材建设

在教材使用上，学院注重优先使用省部级以上获奖的高职高专教材，每年由教务处和督导部门组织教材选用情况检查，促使各个系部重视教材选用工作，各系部选用近三年出版的高职高专教材达到60%以上。鼓励并支持教师编写教材，2005年统计结果显示学院有70多名教师主编、参编和主审出版各类教材121种，其中50多种教材作为统编教材在全国通用。

四、实践教学

1. 校内实训基地建设

学院每年投入大量经费，用于实验室的设备购置和建设。江宁新校区的成功建设，极大地改善了学生试验实习环境，各个系按照专业大类改造和组建校内实习、实训基地。到2005年，学院共建有18个实训中心，121个各类实验室。江苏育通交通工程咨询监理公司、南京交苑道路有限责任公司、南京舜成建筑工程有限公司、汽车修理厂、汽车驾驶员培训中心等校办企业，兼作校内实训基地。这些实训基地为各专业构建相对独立的、与理论教学体系相辅相成的实践教学体系提供了强有力的条件支撑。

校外实习基地签约仪式

2. 校外实训基地建设

学院不断探索工学结合模式，进一步完善校企合作办学机制，加大建立校外实训基地的力度，在巩固原有校外实习基地的基础上，2004~2005年又与31家企事业单位签订了合作协议书，壮大和稳定了校外教学实习基地。到2005年，学院有26个专业在校外建立了实训基地，建立了一批紧密结合型实习基地，并签订了校企合作协议，如南京朗驰集团一汽汽车专营有限公司、镇江市路桥工程总公司、南京三建集团有限公司、张家港金港物流中心有限公司、新华海科技产业集团等55个稳定的校外实训基地。通过这些实训基地的建设，为学生生产实习和毕业实习提供了良好的条件，也为校企合作，实行“订单式”共同培养打下了基础。

3. 国家职业技能鉴定所建设

学院依靠国家职业技能鉴定所，积极开展职业技能鉴定工作，不断拓展鉴定工种，技能鉴定工作取得了较突出的成绩。国家职业技能鉴定所因此被评为江苏省示范性国家职业技能鉴定所。到2005年，实现技能鉴定的工种有：汽车维修工、筑路机械维修工、汽车电器工、交通勘测公路工程测量工、交通勘测公路工程试验工、汽车驾驶员等工种的初级工、中级工、高级工以及技师、高级技师培训和鉴定的资格，鉴定工种涵盖了学院各主要专业。各专业均建成职业技能考核题库，将职业资格所要求的应知应会内容融入到教学内容之中，这样既为推行“双证书”制度提供了保障，也为培养学生的专业技能、加强学生的岗位能力提供了有力的保证。凭借着学院雄厚的师资、考评力量、先进的设备和教学场所，国家职业技能鉴定所成为江苏省汽车维修工、工程测量工、工程试验工鉴定示范基地，其中南京交院是江苏省唯一一所具有汽车高级技师鉴定权资质的单位。

五、教学管理和质量监控

2003年，学院初步确立了教学工作的院系二级管理体系，建立健全教学管理制度，制订完善了《学院教学文档管理规定》、《学院教师教学质量评价办法》、《学院实验实习管理办法》、《教学检查制度》、《人才培养总体质量标准》、《毕业生质量标

准》、《主要教学环节质量标准》、《教学事故认定及处理办法》等，形成了比较系统的教学管理文件。建立教学督导制，对教学质量以及主要教学环节规定了明确具体的质量标准，先后出台了《教学督导制度》、《领导听课制度》、《学生信息员制度》、《教学评估制度》、《教师教学质量评价办法（试行）》等制度。

在教学管理方面，教务处编制教学管理流程，进一步理顺教学管理程序，确定了教学工作接口。加强教学过程的管理，实行学院和教学系部常规检查，重点做好期初教学检查、期中教学检查和期末教学检查，对教师教学质量通过学生测评、同行测评和领导测评的比例，按高分到低分进行排序，对排名前 15% 的给予教学质量奖励，对排名后 5% 的适当扣除岗位津贴。通过这种奖惩措施的实施，极大地调动了教师工作的积极性。

在教学质量监控方面，教务处专门聘请了督导员，对教学运行、教学管理、学生的学习等情况进行全面了解，保证对教学质量的有效监控。成立了教学质量监控领导小组，有效地保证教学质量与监控体系的运行。实行院系两级教学质量管理，建立了学生信息员队伍，各个班级的学生信息员每月向教务处通报教师教学、学生管理等方面的意见，教务处根据学生意见进行核实，及时处理。在教学质量监控过程中做到有过程、有检查、有结果、有反馈，保证了教学质量的稳步提高。

六、学生职业能力培养

学院坚持以能力为本位，重视学生动手能力和综合应用能力的培养，优化教学与训练环节，强化职业能力培养，全面实施素质教育，提高教育教学质量。专业实践技能训练紧紧围绕社会需要，凸显教学的职业性和针对性。各专业在人才培养方案的制订中对学生应具备的职业能力、培养目标、教学内容、毕业标准等作出了明确的规定。教学计划中明确规定了理论教学与实践的比例，每学期实训周不少于 4 周的规定，保证了实践教学的教学课时数。通过加强学生实践动手能力的训练，2003~2004 年毕业生的专业技能持证率达 96.6%，英语等级考试的通过率为 83.5%，计算机取证率为 95.5%。另外，通过定期举办学生技能大赛和积极组织参加省市各类科技文化竞赛等活动，开发学生的创新思维、创造能力。2003 年以来，学院有 85 人次学生在市级及以上科技文化竞赛中获奖。在 2003 年全国大学生数学建模竞赛中获得江苏赛区一等奖和三等奖各一队；在 2004 年全国大学生数学建模竞赛中两队获得全国乙组二等奖，一个队获得江苏赛区二等奖，三个队获江苏赛区成功奖；在江苏省第七届高等学校非理科专业高等数学竞赛中获得一等奖；在首届江苏省大学生力学创新制作大赛中两队分别获得制作奖和创意奖。

七、科研与社会服务

科研工作薄弱是升格高职院校面临的普遍问题，如何在较短时间内提高教师的科研意识并加强科研工作能力，是各个高职院校需要解决的问题。2001 年学院升格之初，教师公开发表论文仅 20 篇。针对科研氛围不浓，科研成果质量、数量较低的情况，学院实施了一系列的举措，鼓励教师从事科研教研工作。2002 年 12 月 22

日，学院成立了首届学术委员会，孟祥林院长任学术委员会主任，王晓农副院长任学术委员会副主任，赵家华任秘书长，何玉宏任副秘书长。首届学术委员会委员由王晓农、王海方、王松成、卢昶、刘静予、毕朝晖、邢江勇、武可俊、杨益明、沈旭、孟祥林、陈锁庆、陆礼、陆春其、何玉宏、周传林、赵家华、胡维忠、张春阳、高进军、屠卫星、蒋玲、蒋兰芝、樊琳娟组成。学院以学术委员会为平台，以分配制度改革为激励，设立科研专项经费，推动教师教研、科研工作的开展。

学院首届学术委员会成立大会

2002 年创办了《南京交通职业技术学院学报》，每年定期出版。2004 年，学院成立了高等职业教育研究所，配备专兼职教育研究人员，负责教育思想、教学改革等教育研究工作；成立了教学工作委员会、专业指导委员会等，研究和指导学院教学教研活动的开展，不定期出版教研工作简报。

2004 年 5 月，学院印发了《科研工作量化办法》、《科研奖励暂行办法》、《学院科研成果管理暂行办法》等科研工作制度，进一步调动了学院教师和科研人员主动开展科研工作的积极性和创造性，为全面提高教职工科研能力打下了基础。文件印发不久，当年学院科研项目数量就有了很大的提升，全院各系、各部门申报专业研发、硬课题和软课题项目达 43 项，其中 32 项被批准立项。“道路建筑材料”、“汽车底盘结构与维修”课程被江苏省教育厅评为江苏高等学校优秀课程；国家“九五”科技攻关项目“工程机械使用与维修质量综合评估系统”、“液压行星无级变速器”、“阳离子乳化沥青材料”、“工程机械激光自动找平系统的应用与开发”、“汽运专业现代化教学手段的应用与开发研究”、“电控发动机故障分析实验仿真系统开发设计”等一批省部级科技成果与软课题分别获得省级鉴定或国家专利。截至 2005 年 6 月，学院教职工申请获准专利 9 项，取得市厅级以上科研成果奖 12 项（其中省级教育科研成果 4 项）；启动院级课题 73 项，发表论文 338 篇（其中在中文核心期刊发表论文 87 篇、CSSCI 期刊 3 篇，EI 期刊 3 篇），主持和参与的市厅级以上科研课题 36 项；主持和参与企业提供的横向技术服务项目 10 多项。

与此同时，学院服务社会的能力也得到了显著提升。2003 年 12 月 29 日，学院下发《关于加强学院产学研结合工作的意见》，成立了以党政领导为组长，各相关职能部门、各系部领导参加的产学研相结合工作领导小组，负责研究、组织、检查全院的产学研结合工作。各系成立以系主任为组长，各有关人员参加的产学研结合工作领导小组，负责研究、组织、检查本系部的产学研结合工作。

发挥岗位培训和职业技能鉴定基地功能，服务于行业和地方经济，学院大力开

展岗位培训工作。每年举办军转干部、监理业务、试验检测人员、汽车维修人员等各类培训班，2002~2005 年，年培训人数达 1 万余人次。学院充分利用国家职业技能鉴定所，面向校内应届毕业生和企事业单位等社会人员进行技能鉴定，鉴定人数达 2 万人次。另外，学院利用校内的办学资源，多次受行业和企业委托，组织承办各类专业技能和职工职业技能竞赛等活动，对推动全省交通系统职工岗位练兵、技术比赛的广泛开展，提高交通系统职工的技术水平和业务素质，促进校企合作交流，发挥了积极的作用。

八、继续教育

2002 年，经江苏省教育厅批准，南京交通职业技术学院成人教育学院获得独立举办成人大专函授和夜大的办学资格，开辟了学院成人教育的新天地。2003 年，学院成人教育开始第一年招生工作，共录取公路与桥梁施工技术专业学生 64 人。2004 年，成人教育招生专业增加为两个，分别是工程监理与质量检测、公路与桥梁施工技术，共录取学生 300 人，学制四年。2005 年，成教学院开始招收全日制成人脱产生 59 人。到 2005 年，成教学院开设的专业有公路与桥梁施工技术、工程监理与质量检测、现代物流管理、汽车运用工程，学制两年。

第四节　抢抓机遇，推动办学水平上台阶

高职教育的迅猛发展以及学院招生规模的迅猛扩大，要求学院必须扩大基本建设规模和加强内涵建设，以顺应社会对高等教育规模增量和教育质量提升的要求。因此，学院抢抓机遇，一是决定征地扩容、建设新校区。二是开展迎评创优，确保学院在高职高专人才培养工作水平评估中获得优秀等次。

一、建设江宁新校区，扩大办学规模

1. 积极筹划新校区建设

学院浦口校区占地面积为 167 亩，仅能容纳 3000 余学生的教学与生活。随着学院招生规模的不断扩大，教学、试验、学生宿舍等建筑场地远远无法满足升格后的办学需要。建筑面积不足、教学设施陈旧、发展空间狭小已经成为制约当时学院发展的最主要因素。为尽快解决这些问题，学院领导班子作出了“征地扩容，建设新校区”的重大决策。学院根据在校生达 6000 人，到 2010 年达 10000 人的“十五”发展与建设规划的要求，以及学院须占地 1000 亩左右的实际需要，对浦口校区周边、仙林大学城、江宁大学城扩展用地情况进行多方调研，最终将校园扩容征地重点定在江宁大学城。

经过多方努力，江苏省发展计划委员会于 2003 年 11 月 25 日发布《关于南京交通职业技术学院新校区项目建设书的批复》文件，同意我院在南京江宁大学城征地 800 亩进行新校区建设，该项目总建筑面积为 22 万 m^2，总投资约 4.48 亿元。江苏省发展计划委员会要求学院委托资质设计单位结合新老校区使用功能，

学院领导与相关职能部门负责人在江宁新校区实地考察

进行新校区总体规划，经多方案比选后，认真编制项目可行性研究报告报批。

2. 新校区总体建设规划

学院高度重视新校区建设，多次召开党委会，就新校区建设、院领导分工等事项进行专题研究。2003 年，在充分调研论证、招投标、专家评审等基础上，经江苏省发展计划委员会、江苏省交通厅批准，确定了新校区总体规划。同时，学院按照"一次规划、分期实施"的要求，确定了一期工程计划。

学院江宁校区项目总建筑面积为 24 万 m^2，其中：教学楼 18000m^2，图书信息楼 20000m^2，系部组团 53500m^2，成教院综合楼 6000m^2，科技交流中心 6000m^2，行政办公楼 9000m^2，实习实训中心 20500m^2，学生宿舍 72000m^2，食堂 13000m^2，文体活动中心 6000m^2，单身教工宿舍 8000m^2，附属用房 8000m^2。

图书信息楼为高层建筑，采用框架结构；教学楼、实习实训中心、系部组团、食堂、科技交流中心、文体活动中心为多层建筑，采用钢筋混凝土框架结构；学生宿舍、单身教工宿舍及其他辅助用房采用砖混结构。工程按 7 度抗震烈度设防。校区供水由南京市江宁区城市给水管网供应，排水采用雨污分流制。新校区总用电负荷 10240kW，由城市电网提供二回路 10kV 电源供电。

该项目总投资估算约为 4.48 亿元（含征地拆迁费），所需建设资金主要由学校筹措解决，江苏省交通厅给予适当补助。

3. 决战新校区一期工程

在新校区建设过程中，受国家宏观调控政策影响，学院曾一度面临土地审批艰难、资金短缺、工期紧张等重重困难。为确保新校区建设任务的圆满完成，学院领导和新校区建设者认真筹划，克服困难，科学有序地实施了新校区建设任务。

（1）人员配备

为规划好、建设好、发展好江宁新校区，学院成立了新校区建设领导小组和新校区建设指挥部，配强工作人员。2002 年，新校区建设领导小组与新校区基建办公室成

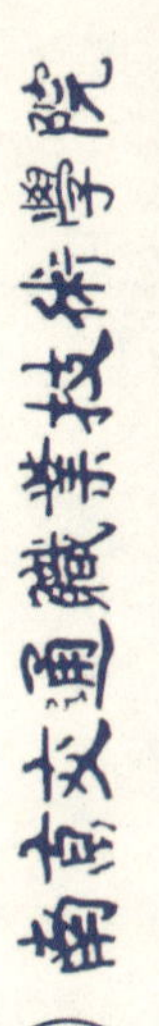

2003 年江宁新校区建设规划

立，高进军任新校区建设指挥部现场指挥，江宁新校区建设进入实质性运作阶段。

2003 年 7 月，为确保新校区建设的快速推进，学院决定新校区建设指挥部下设三个职能部门，分别是综合部、工程部、计划财务部，并聘任武可俊为新校区建设指挥部副总指挥兼工程部负责人，聘任赵勇为综合部负责人，聘任姜军为计划财务部负责人，配齐精干的基建管理力量。同年 9 月，学院调整了新校区建设招标办公室成员，张永春兼任新校区招标办公室主任、徐爱萍任副主任，成员有李国之、王永安、秦志凯、武可俊。

为确保资金筹措到位，学院还成立了筹资工作领导小组，积极开展筹资、融资工作。2005 年 3 月 28 日，学院成立贷款资金管理领导小组，院长孟祥林任组长，副院长高进军任副组长，成员由武可俊、应海宁、张永春、张家俊、许榴宏组成，全面负责组织贷款项目的论证、贷款资金的使用、管理与监督。同年 6 月，学院鉴于新校区一期工程建设的实际情况，对新校区建设指挥部内设机构及部分职能进行了调整，将计划财务部改设为计划材料部，原计划财务部的财务职能划入综合部。

（2）资金筹措

为了解决江宁新校区建设资金问题，学院领导班子想方设法，多途径多渠道筹措建设资金。2003 年 6 月，学院在南京市商业银行贷款 5000 万元，开始实施江宁新校区一期工程建设。为了尽快解决建设资金困难 2005 年 5 月学院向南京市商业银行书面提供“关于江宁新校区建设贷款事项的函”，进一步争取落实银行 2.4 亿贷款额度。学院还积极推进老校区置换，2005 年 8 月，学院成立了老校区置换领导小组，党委书记史国君、院长孟祥林任组长，副院级领导任副组长，成员由张家俊、李国之、张永春、武可俊、俞高钧组成，领导小组下设办公室，挂靠财务处，张家俊任办公室主任。

积极争取江苏省交通厅的政策支持和资金帮助。2004~2005 年，学院多次向江苏省交通厅申请资金支持。2004 年 11 月 17 日，学院向江苏省交通厅提出补助江宁新校区建设资金的请示，2005 年初，学院又向江苏省交通厅提出请示，请求省厅协调省财政部门，提前拨付学院江宁新校区建设补助资金。2005 年 3 月 23 日，江苏省交通厅党组书记、厅长潘永和莅临江宁新校区视察，强调指出：百年大计，教育为先，一定要确保工程质量，确保安全，精心组织，合理安排，确保预期的建设项目如期完成。2005 年 3 月 28 日，江苏省交通厅厅务会议专题研究了学院新校区建设费用补助问题，决定对学院补助 8000 万元，分三年拨付。鉴于学院 2005 年建设资金矛盾最为突出，在江苏省交通厅已列入 1500 万元补助的基础上，要求厅财务处积极与省财政部门协调，力争 2005 年的补助额度有所增加，其余补助资金分别列入 2006 年、2007 年厅部门预算中。

（3）土地审批

2002 年 10 月，学院与江宁科学园管委会签订协议，在江宁大学城征地 800 亩，以建设新校区。在江苏省各有关部门的关心支持下，学院完成了新校区建设的前期各项准备工作，完成了一期工程单体建筑（约 7 万 m^2）设计、招投标等工作，并于 2003 年 9 月 28 日举行了开工典礼。开工典礼后，各建设队伍、监理队伍都及时进入施工现场。

2004 年 4 月，学院又向江苏省国土资源厅提出关于学院江宁新校区用地计划的

申请，希望江苏省国土资源厅批准学院江宁新校区 800 亩建设用地计划。同年 9 月，学院向江苏省国土资源厅提出江宁新校区建设项目用地预审。9 月 17 日，省国土资源厅以苏国土资函［2004］493 号文件批准了学院新校区的用地预算。9 月 20 日，学院向南京市国土资源局提出关于学院江宁新校区农用地转用计划的请示，督促尽快审批学院农用地使用计划，经过多次努力，终于在 2004 年年底，获得南京市国土资源局的批准，学院完成土地审批手续的办理工作。

（4）抢抓建设工期

为加快新校区建设的进度，新校区建设领导小组多次召开新校区建设现场办公会，研究落实新校区建设遇到的有关问题。通过招投标、工程报审等，学院全力以赴投入新校区建设，截至 2003 年年底，校园道路及一期工程中的教学楼、学生宿舍楼、学生食堂等单体工程均按工程进度顺利组织实施。始料未及的是，由于国土资源部调查江宁大学城违规用地问题，2004 年 1 月 1 日，学院和大学城辖区内各院校均收到江宁科学园、江宁区建工局的停工通知，学院立即召开会议进行研究部署，积极做好各施工队伍、监理队伍的稳定工作以及停工后施工现场的整理和维护工作。至此，学院工程建设处于停滞状态。在此艰难情况之下，学院领导不轻言放弃，于 2004 年 2 月，分别向江苏省交通厅、省国土资源厅、省教育厅提出申请，分析新校区建设对于学院未来发展以及迎接教育部高职高专院校人才培养工作水平评估的重要性，希望获得支持，尽快帮助完成新校区土地使用证的办理工作，以及对学院江宁新校区项目用地进行预审，进一步完善新校区建设相关手续审批工作。

2004 年 9 月 27 日，学院党委书记史国君慰问江宁校区建设指挥部全体同志时，要求一方面要加快土地证手续报批工作，另一方面要按照评估要求，尽快做好拟建项目的设计，随时做好复工的准备。同年，学院在积极进行复工准备工作，经过新校区建设领导小组的不懈努力，新校区建设用地计划得到了省、市国土部门批准；江宁新校区建设终于在 2004 年 12 月 16 日进行恢复性建设，各个单位建设按计划向前推进。

2005 年，学院利用不到一年的时间，完成了江宁校区一期工程 16 个建筑单体的建设，总建筑面积 15.43 万 m^2，并建成一个标准运动场。新校区的落成，极大地改善了学院办学条件，为学院扩大办学规模、提高办学水平、实现新的历史跨越提供了更高层次的平台和发展空间。

江宁新校区奠基仪式

2005 年 10 月 28 日，学院隆重举行了江宁新校区落成典礼。学院江宁新校区一期工程于 2005 年 8 月底完成，学院决定教学主体于新学期开学搬迁入驻。新校区一期工程完成建筑单体 16 个，总建筑面积 16.43 万 m^2，满足近 5000 名师生的教

江宁新校区建设现场

学、学习、生活需要。江苏省人大常委会副主任、省总工会主席张艳，交通部公路司副司长徐亚华，江苏省交通厅党组书记、厅长潘永和，副厅长蒋华年，省劳动和社会保障厅副厅长吴可立及省交通厅各处室、厅属各单位领导，省总工会、省劳动和社会保障厅有关部门领导出席了落成典礼。

二、开展人才培养工作水平评估，提升办学质量

教育部从 2004 年正式启动高职高专人才培养水平评估工作，其主要目的：一是加强国家对高职高专人才培养工作的宏观指导，促进学校自觉地按照教育规律明确办学指导思想，深化教育教学改革，改善办学条件，不断提高教育质量和办学效益；二是帮助学校在肯定成绩的基础上，找出差距，进行整改，使学校持续、健康地向前发展；三是评估结果成为社会对学校的支持和监督、用人单位选择人才、国际交流的重要依据。评估结论分为优秀、良好、合格、不合格四种。因此，能否顺利通过教育部人才培养工作水平评估对学院的生存和发展有着十分重大的意义。

江苏省教育厅《关于开展高职高专院校人才培养工作水平评估的通知》要求，学院应在 2005~2007 年间接受人才培养工作水平评估。在认真研究上级文件精神，并结合学院发展实际，学院领导认为必须要在第一年接受评估。至于能否参加 2005 年的评估，主要取决于新校区建设能否在 2005 年 8 月 31 日前完成 15.2 万 m^2 的主体建筑。学院领导经过慎重的考虑和抉择，认为学院不仅要参加 2005 年下半年的人才培养工作评估，而且要以“优秀”成绩通过评估。面临这样艰巨的任务，学院领导带领全体师生员工锁定目标，坚持贯彻和执行“以评促建、以评促改、以评促管、评建结合、重在建设”的二十字方针，对照评估指标体系的要求，边评估、边

整改、边建设，使人才培养工作水平评估取得优秀成绩。

1. 组织领导

2003年11月，学院成立了评估工作领导小组，组长：史国君、孟祥林。副组长：高进军、王晓农、陈玉龙。成员：李国之、张永春、陆春其、汤涛、张春阳、张家俊、康建军、吴兆明、周传林、陈锁庆、杨益明、毕朝晖。评估领导小组下设办公室王晓农任主任，赵家华、陆春其、何玉宏任副主任。评估办公室成员为一级条目责任人，负责条目的优化和资料的收集整理。其中，李国之负责办学指导思想，康建军负责师资队伍建设，樊琳娟负责教学条件与利用，陆春其负责教学建设与改革，赵家华负责教学管理，蒋玲负责教学效果，何玉宏负责特色或创新项目。

2004年2月，在学院评估办公室领导下，成立系部及相关部门评估工作小组，各系部主任任部门评估工作小组组长，学生工作评估工作小组组长为汤涛，宣传工作评估工作小组组长为张永春，行政部门评估工作小组组长为李国之。各评估工作小组是学院评估的基本工作班子和责任机构，接受学院评估办公室领导，具体负责组织、落实和检查本部门职责范围内的评估工作，并配合院评估办公室完成相关评估任务。

2. 以评促建

学院采取有力措施，进行思想发动，加强学习与宣传，统一对迎评工作的认识，充分调动全院师生员工争创优秀高职院校的积极性、主动性。学院先后召开以人才培养工作水平评估为主题的教职工、中层干部、党员、学生等一系列的迎评动员大会，并通过校园网、广播、宣传栏、编发《迎评简报》、《评估宣传手册》等多种途径，对迎评创优工作进行全方位、多层次的反复宣传和动员，使广大师生员工在思想认识上达成共识，为学院迎评创优工作奠定了较好的思想基础。

2004年，学院印发了《高职高专院校人才培养工作水平评估工作计划》，明确学院必须要认真贯彻“以评促建、以评促改、以评促管、评建结合、重在建设”的方针，全院动员，全员参与到迎评促建工作中。工作计划将学院迎评工作分为四个时期：学习宣传发动时期（2004年2~3月）、评建时期（2004年3~6月）、评建推动时期（2004年7~12月）、整改时期（2005年1~4月）。学院先后多次召开评估工作会议，研究部署迎接2005年高职院评估工作，各系部和各职能部门科学制订计划，明确各自责任与任务，层次发动，精心组织准备，加紧材料的收集与整理归档工作，做到查漏补缺，以评促建，取得了初步成效。

在评估资料建设与整理过程中，学院主要实施以条目负责制为主，由条目责任人和条目部门责任人负责汇总本条目的全部资料并交评估办公室，由评估办专人进行分类和验收。2004年上半年，学院已基本将资料整理完毕，同时也发现不少突出问题，需要及时整改。针对这样的情况，按照迎评组织和责任体系安排，本着“谁主管谁负责”的原则，评估办成员和相关部门负责人与学院签订“责任状”，保证自己负责的条目和工作，必须要以“优秀”标准进行评建。学院紧接着组织各类评估动员会、研讨会，进一步明确评估工作意义，学习指标体系，分解指标要求，落实责任分工，对学院办学情况进行再次摸底，有计划、有针对性地开展评估建设工作。

2005年，学院党委工作计划和行政工作计划均把“迎评创优”列入2005年学院的第一大任务，制订了一系列措施。学院印发了《关于成立学院办学思想与办学特色研究小组的通知》（交院办［2005］5号），成立学院办学思想与办学特色研究小组，党委书记史国君、院长孟祥林任组长，副院长王晓农任副组长。学院召开了首届四次教代会，会议指出，顺利通过评估是学院跨越式发展的关键一步，必须要快人一步，抢得先机，取得主动，因此必须要以“优异”成绩通过教育部人才培养工作水平评估。学院党委要求各级党组织充分发挥政治核心作用、战斗堡垒作用和党员的先锋模范作用，认真贯彻院党委的决策部署，坚决打好打胜人才培养工作水平评估的攻坚战。

2005年是学院迎评年，迎评工作主要分三个阶段进行：2005年1月至6月为自评阶段，2005年7月至9月为整改阶段；2005年10月至11月为优化阶段。

自评阶段。学院于2005年2月开始组织召开三次重要会议。2月12日，召开评估工作高级研讨会，教学部门中层负责人对评估有关文件和指标体系进行认真的学习和研讨。2月18日，召开学院全体中层干部迎评动员会，孟祥林院长对学院人才培养工作水平评估作了动员和部署，落实工作分工，史国君书记要求大家团结一致，凝心聚力搞建设，一心一意谋发展。7月26日，学院召开各部门负责人评估工作会议。各部门领导汇报了部门评估工作小组前期工作情况，学院及时对评估运行机制做出调整。2005年的整个暑期，全体教师放弃了休息，进行了评建资料的整理和整改工作。利用这一段时间，学院也完成了校区整体搬迁工作。

整改阶段。学院组织两次院内自评检查。2005年8月9~11日，院评估办对各系部进行第一次检查。检查的办法主要是听汇报，查看系（部）资料，查找问题。8月17日，院评估办在院长办公扩大会上汇报了这次检查的结果。针对存在的问题：如缺少高职研究机构，学院很快将此列入到筹建过程中；如加强实训室建设，要求各系（部）按实训室建设方案抓紧购置设备。2005年9月20~23日，院评估办组织对各系部进行了第二次检查。这次检查抽调了有关系部领导和教师，组成三个检查小组，按指标体系进行分工检查。各组按照有无自评报告，以及专业剖析情况、量化指标数据、材料质量、系（部）工作创新等进行实地检查，并写出书面检查报告。

经过全院师生员工的努力，评建成效明显。学院江宁和浦口两校区总校舍面积达21.47万m^2，其中教学行政用房总面积达14.63万m^2，办学空间的扩展为学院发展提供了有力的支撑。师资队伍建设方面，学院有目的地引进高层次人才。引进教授3人，副教授、高级工程师等近40人，研究生近50人，聘请校外企业及科研院校的兼职教师102人，有效改善了师资队伍学历和结构。出台学院专业带头人、骨干教师培养方案，派送在职研究生学习73人，张春阳、屠卫星评为交通部学科带头人。具有“双师”素质的教师占专业基础课和专业课教师总数的67.50%。实训基地建设成效显著。学院不断加大教学仪器设备费用的投入，教学设备固定资产达到3398万元，学生人均教学仪器设备值达6025元。建有5个校内实训基地，18个实训中心，121个各类实验（训）室。26个专业建有55个校外实训基地。学院国家职业技能鉴定所，具有汽车维修工、筑路机械维修工、汽车电器工、交通勘测公路工程测量工、交通勘测公路工程试验工、汽车驾驶员等工种的初级工、中级工、高级工以及技师、高级技师培训和鉴定的资格，鉴定工种涵盖了学院各主要专业。学院图书馆总建筑面积 9850㎡，各类图书资料总计 95 万册。在人才培养方面，学院按照“1+2+X”为主要要求的人才培养模式，针对各专业岗位所需要的知识、能力、素质，明确培养目标和毕业生质量标准，制订教学计划。以职业能力培养为核心，加强课程建设，积极推进教学方法改革。推进校企合作互动，共同培养企业所需人才。

优化阶段。学院评估工作进入倒计时，为加强迎评工作机构人员力量，学院调整、充实院评估办工作人员，加大专业剖析力度，召开第四次学院办学特色研讨会、院内模拟评估、准备迎评接待方案。此外，还进一步强化指标责任人制度，修订工作计划，规范工作流程，确保冲刺阶段的各项工作任务圆满完成。

学院依据《高职高专院校人才培养工作水平评估方案》，在自评工作的基础上，形成了学院《人才培养工作水平评估自评报告》，共分为五部分：学院概况、自我评估、学院办学特色简要说明、存在的主要问题及整改措施、人才培养工作水平评估自评结果。学院在 15 个二级指标中，14 个自评为 A，一个自评为 B，“特色与创新”项目二项，总体上达到“优秀”标准。2005 年 11 月，评估办完成所有评估材料的收集、整理、装订等工作。

3. 评估获优秀等次

2005 年 12 月 11~15 日，受江苏省教育厅委托，省高职高专人才培养工作水平评估专家组一行 8 人对学院的人才培养工作水平进行了现场考察评估。依据教育部《高职高专院校人才培养工作水平评估方案》，专家组对照评估指标体系 6 个一级指标、15 个二级指标、36 个观察点，通过 5 天的听、看、查、访、测等环节，全面地考察了学院人才培养工作。专家组经过多种形式的考察、广泛采集信息、充分讨论评议，对学院在人才培养工作中取得的主要成绩和形成的办学特色给予了充分肯定。专家组认为学院十分重视评估工作，充分依托交通行业的优势，坚持职业教育的发展方向不动摇，坚持走产学研结合的办学道路不动摇，综合实力不断增强，办学声誉不断提高，形成了良好的发展态势，进入了健康发展的轨道。学院高职高专人才培养评建工作主要成绩突出体现在八个方面：

（1）坚持正确的办学方向，办学指导思想明确，办学思路清晰，人才培养规格、定位准确。

（2）以师资队伍建设为抓手，积极推进师资队伍建设，加大师资学历层次培养的力度，加快引进高层次人才的速度，在较短时间内，使学院师资队伍的数量、结构和质量发生了较大的变化。

（3）以新校区建设为契机，在较短的时间内，校园建设实现了新的跨越，办学条件得到明显的改善。

（4）紧贴交通，构建专业建设平台，专业结构合理，按照“积极发展特色专业，着力建设重点专业，精心打造品牌专业”的专业建设思路，专业教学改革取得新成效。

（5）坚持走产学研相结合的改革发展之路。

（6）坚持质量立校的办学思想，构建了有效的教学质量监控体系，使教学质量得到有效保证。

（7）主动服务于交通行业和区域经济发展，取得了一系列令人瞩目的成果。

（8）主动适应高等职业教育发展，积极推进新校区建设，师生员工抢抓机遇、勇于拼搏、自强不息、敢于胜利的精神面貌给专家组留下了深刻的印象。

高职高专人才培养工作水平评估专家组在学院开展评估工作

学院办学的交通行业特色明显，平台建设有创新、有实践、有成效，形成了“紧贴交通产业链发展，打造专业建设平台，为行业培养高素质高技能应用型人才”的办学特色。专家组还就学院进一步总结办学特色、加强高职教育理论研究与实践、进一步加大师资队伍建设力度、营造校园文化等方面提出了宝贵的意见和建议。

2006 年 4 月，学院被确认为人才培养工作水平评估优秀的高等学校。

第五节　稳步推进，提高党建与群团工作水平

随着高职教育的快速发展，以及高校党委领导下的校长负责制的不断推进，学院的党建和群团工作坚持围绕学院中心和重点，加强和改进基层党组织建设，不断提高党组织的凝聚力、战斗力和创造力，学院党建和思想政治教育工作取得有效推进。

一、党建工作

1. 思想作风建设

2001 年，紧密结合学院改革与发展的实际，组织党员干部和全体师生员工认真学习“三个代表”重要思想和江泽民“七一”重要讲话，集中收看江泽民“七一”讲话实况、召开各类座谈会、举办专题辅导报告等活动形式，把“三个代表”重要思想的学习与党的历史、党的理论、党的路线方针政策教育结合起来，增强广大党员干部和全体师生员工为学院转制、改革发展团结奋斗的坚强信念。

学院领导班子建立后，提出了“建立学习型学院、培养学习型干部和学习型教师”的要求，进一步大力营造理论学习的浓厚氛围。学院深入开展了“三个代表”学习实践主题活动，学院领导班子成员带头深入学习《“三个代表”重要思想读本》，召开党建和思想政治教育研讨会，抓紧抓实“三个代表”重要思想“进教材、进课堂、进学生头脑”；各党总支认真组织党员学习郑培民、李元龙先进事迹，“两课”教师在教学中采取多种形式，宣讲和贯彻“三个代表”重要思想；组织全院学生开展暑期社会调查活动，在南京高职院校率先组建了大学生“三个代表”重要思想学习研究会，会员沈小庆、孙建青、袁国庆在省教育厅组织的江苏省大学生学习实践“三个代表”重要思想论文评比中获得三等奖。学院开展了机关作风建设

活动，以“敬业爱岗、乐于奉献、以人为本、热情服务”为主题，全面提高机关工作人员水平和工作效率，树立机关工作人员的形象。2004 年 4 月，省委教育工委高职高专党建工作调研组来我院进行党建工作调研，学院作了《固本强基抓党建　开拓创新谋发展》党建工作汇报。学院被江苏省总工会评为“学习三个代表力争两个率先主题教育活动”先进集体。

2005 年 8~11 月，学院党委集中组织开展了新时期保持共产党员先进性教育活动。全院 8 个党总支（直属党支部）、18 个党支部、325 名党员参加了学院保持共产党员先进性教育活动，覆盖面占全院党员总数的 100％。先进性教育活动共分学习动员、分析评议、整改提高三个阶段进行。学院各级党组织紧紧抓住学习实践“三个代表”重要思想这条主线，坚持高标准、严要求，在狠抓学习上下功夫，在边学边改、边议边改、边整边改、务求实效上使实劲，认真解决党建工作存在的突出问题，扎扎实实抓好每一个环节，圆满地完成了各项任务，收到了明显成效，得到上级组织的肯定。学院“在宁高校保持先进性教育基础知识竞赛”中荣获三等奖。在督导组组织的师生员工满意度测评中，师生满意率和基本满意率达到 98.2%，先进性教育活动得到了广大党员群众的认可。

在教育活动中，学院以“迎评创优”为契机，努力把先进性教育的成效引导到迎接教育部高职高专院校人才培养工作水平评估中。广大党员干部在迎评创建中保持了旺盛的工作热情和坚韧的意志品质，围绕评估工作，加快新校区建设、加强教学建设和改革、强化内部管理，达到了先进性教育活动与开展各项工作“两不误、两促进”的要求。

2. 党员队伍建设

学院党委注重加强师生党员教育，每年“七一”都要召开纪念大会，通过回顾党的光辉历程、表彰先进、新党员宣誓等形式，对师生党员进行党性教育。学院还经常组织学生党员上党课、参加报告会、观看纪录片等，对学生党员进行形势政策教育。各系党总支（直属党支部）在党委的领导下，开展形式多样的主题党日活动，组织学生党员和入党积极分子参观梅园新村纪念馆、南京大屠杀遇难同胞纪念馆、观看“江苏纪念抗日战争 60 周年大型史料展”，接受革命传统教育。各系党总支还组织《永远跟党走》为主题的党日汇报演出，使学生党员和入党积极分子受到一次深刻的爱国主义教育。其中，汽车机电系党总支组织的“用事实说话”党日活动，荣获教育工委 2005 年“最佳党日活动”奖。

2003 年，学院印发了《关于进一步加强学生党建工作的意见》、《关于建立党委委员联系系党总支、党员联系班级制度的意见》，要求党委委员每月不少于一次听取所联系的系党总支的汇报，针对存在问题进行调查研究，提出指导意见；党员联系人要配合班主任每周不少于一次深入班级了解情况，做好学生思想工作。2004 年 4 月 1 日，学院召开了党委委员联系系党总支、党员联系班级动员大会，全面部署党委委员联系系党总支、党员联系班级工作，会上，党委委员与各系党总支书记签订了共建责任书，联系班级的党员和班主任签订了共建承诺书、党员班主任签订了承诺书。通过这项制度的落实、探索和实践，强化了学院基层党组织和党员的责任意识，发挥了教职工党员在学生党建工作中的积极作用。

学院进一步规范党员发展工作，严格按照“坚持标准、保证质量、改善结构、慎重发展”指导方针，认真抓好师生党员发展工作，切实提高党员发展质量。加大对入党积极分子的培养教育作用，制订了《关于进一步加强学院党校工作的意见》，重建了党校组织机构，进一步完善党校管理。党校聘请院领导、党委职能部门的负责人、各系党总支书记和较高水平的两课教师作为党校兼职教师，承担党课的理论教学工作。党校始终坚持因材施教，重点指导，根据不同校区、不同系科、不同专业编排班级，同时采用现代化教学手段，通过开设讲座、观看录像片和多媒体教学、参观爱国主义教育基地、社会实践等多种形式进行授课，取得了明显的办学成效。

3. 廉政建设

学院狠抓党风廉政建设，把好纪检关。加强纪检规章制度的建设，组织制订了纪检一系列管理制度和相关规章，进一步规范学院纪检工作。学院没有发生违规违纪的现象，党风廉政建设保持良好状态。

每年年底，学院及时下发《贯彻执行中央和省‘两节’期间加强党风廉政建设情况的通知》，重申学院对“两节”期间党风廉政建设的有关规定，并从加强领导干部的廉洁自律入手，开展多种形式的宣传教育，积极营造清正廉洁的校园氛围，坚决制止各种不正之风和奢侈浪费行为。

2003 年，学院以新校区建设为契机，积极推行工程建设责任制，确保实现“工程优良、干部优秀”双优目标。进一步规范学院的招生、就业、收费、基建等政策公示制度；在干部考核、招生、设备采购、工程招投标等工作中加强纪检部门的监督作用，严格工作程序，严肃工作纪律，加大监管力度，杜绝违纪现象的发生。深入开展警示教育，党委多次组织中层以上干部到南京监狱等地开展警示教育，认真组织学习党内“两个条例”，开展以“两个务必”为主要内容的党性党纪党规教育。

2005 年，在全院教职工大会上，史国君对两节期间的党风廉政建设工作进行了布置，并以党委 1 号文印发了文件，对节日期间的党风廉政建设制订了专门措施。此外，还安排了部门主要负责人进行了述职述廉，教育干部自查、自省、自警。

二、工会工作

1. 工会、教代会组织建设

坚持和完善以教职工代表大会为基本形式的民主管理制度是学校管理体制的重要组成部分，是规范学校管理，推进决策民主化和科学化，维护和保障教职工合法权益的重要举措。学院切实发挥教代会在学院民主建设和改革与发展中的地位和作用，学院的重大改革方案、事关学院的建设发展大计和教职工的切身利益事宜都提交教代会审议，教代会代表充分发挥了“源头参与”、“过程参与”，全程履行代表职能，有效地激发了教职工的主人翁意识和责任感，调动了广大教职工的积极性、创造性，促进了学院的快速发展。

2003 年 2 月 13~15 日，经过认真筹备，报院党委、省海员交通工会批复同意，学院首届工会会员代表大会和首届教职工代表大会在江苏省交通厅党校报告厅隆重召开。大会得到了江苏省委组织部、江苏省交通厅、江苏省委教育工委领导的关心、支持和指导，江苏省交通厅党组成员、副厅长钱国超，厅政治处副处长汪祝君、江苏省交通海员工会主任潘继光，江苏省委教育工委统战与群工处处长赵晓群专程到会祝贺并作重要讲话。代表们认真审议、表决通过了院长孟祥林所作的学院行政工作报告，以及学院 2003~2010 年发展规划的报告、学院 2002 年财务收支预算执行情况和 2003 年财务收支预算报告、学院江宁新校区建设进展情况的报告。代表们还听取了全体院级领导的述职报告，对学院领导和全体中层干部进行了民主测评，并对学院、中层后备干部进行了民主推荐。大会经过充分酝酿，以无记名投票方式选举产生了首届工会委员会，工会经费审查委员会和教代会民主监督委员会、科学教育委员会、提案委员会、生活福利委员会四个教代会专门工作委员会。

为进一步加强系（部门）民主管理建设，学院工会在经过认真调查研究的基础上，积极开展系（部门）基层分工会的筹建工作，根据系（部门）工作特点，建立了学院七个系（部门）分工会：机关分工会（院领导、院长办公室、人事处、党委办公室、组织宣传部、财务（审计）处、保卫处、学生工作处、工会、团委、教务处、科研教研处、图书馆、成教学院）；基础学部分工会；公路工程系、建筑工程系分工会；管理工程系、信息工程系分工会、产业分工会（产业发展处、工程部、机械部、育通监理公司）；后勤分工会。各分工会制订了分工会章程，民主选举了各分工会委员会，充实和完善了学院工会的二级管理机构。

2003~2005 年，学院每年召开 1~2 次教代会或专题会议，审议通过学院行政工作报告、学院财务预决算报告、教代会提案办理情况报告，以及《学院机关工作人员竞争上岗实施办法》、《学院岗位津贴暂行办法》、《南京交通职业技术学院教职工代表大会提案工作实施办法》、《学院职工医疗制度改革实施意见》、《学院实施同城待遇的办法》、《学院医疗制度改革情况汇报》、《学院新校区建设情况报告》等。在每年的教代会上，学院领导都会述职述廉，并进行民主测评工作。

2. 工会活动

学院工会根据院党委和省海员交通工会的部署，先后组织开展了“学习‘三个代表’力争‘两个率先’”、“两争一树”、“当好主力军，建功‘十一五’、和谐奔小康”等主题宣传教育活动。活动成为吸引职工、团结职工、凝聚职工、培育职工的有效载体；成为全院全面提升学习能力，提高职工队伍整体素质、推进构建和谐校园的重要途径。学院被江苏省总工会授予“学习‘三个代表’力争‘两个率先’先进集体”荣誉称号；武可俊获南京市人民政府授予的 2003~2005 年劳动模范、张晓焱获南京市总工会、南京市人事局等六部门授予的“南京市技术能手”、被共青团南京市委员会授予“南京市新长征突击手”、李国之获江苏省总工会颁发的“江苏省知识型职工标兵”荣誉称号。

深入开展“安康杯”竞赛和推广“监控法”活动，努力创建“安全文明校园”活动。学院组队参加江苏省交通厅组织的全省交通职工“安全在我心中”演讲比赛和“安全在我心中”曲艺比赛，学院获得江苏省交通职工“安全在我心中”演讲活动组织奖，演创人员分别获得创作三等奖、演讲三等奖、曲艺表演优秀奖。

针对工会工作的特点，院工会制订了《教职工代表大会工作规程》、《学院教职工代表大会提案工作实施办法》等规定，通过规范化管理达到提高工会工作能力和提高工会工作效率的目的。工会资料管理规范、齐全，每次上级工会检查，都得到好评，院工会连年获得省海员交通工会授予的“先进基层工会”荣誉称号。

学院首届工会、教职工代表大会

院工会组织开展“庆中秋，迎国庆”青年教工联谊活动、青年教工“迎新年”游艺活动、“墨香书韵”师生摄影、书画作品展、离退休党员外出参观学习和离退休老同志春节团拜会、“老人节”参观游览等活动，活动的开展既提高了教职工爱校热情和集体主义荣誉观，同时也锻炼了教职工身体素质和提高了健康水平。切实做好困难职工的送温暖工作，做困难职工的第一知情人和第一帮助人，针对长期患慢性病和重大疾病教职工的实际困难，学院制订出台了大病补助办法，并连续两年提高了职工门诊费用标准。

三、团学工作

1. 共青团工作

共青团作为先进青年的群众组织，在高校有着十分重要地位。通过中层干部聘任，团委实现了干部的年轻化。加强基层团总支建设，建立了教工团总支和公路建筑工程系团总支、汽车机电工程系团总支、管理信息系团总支。2003 年，学院成功召开了第一届团员、学生代表大会，完成了团委、学生会换届选举工作。吴兆明当选为学院团委副书记，刘鹏当选为学生会主席。

学院共青团注重开展丰富多彩的校园活动，全面加强团员青年的素质教育。坚持每年举行校园文化艺术节活动，举办田径运动会、大学生数学建模大赛、汽车修理工技能大赛、试验工技能大赛、汽车营销模拟比赛、网页设计大赛、球类大赛、棋类大赛、“三个代表”主题教育活动等。学院还充分发挥学生社团作用，通过举办各种特色鲜明的社团活动，不仅营造了健康、和谐、向上的校园文化氛围，而且丰富了学生的文化生活，锻炼了学生能力。2002 年，学院成功举办了以“求真致美、亮丽青春”为主题的首届校园科技文化艺术节，培育科学文明、健康向上的校园文化。2004 年，人文社科系开办了“人文论坛”系列讲座，内容涉及职业生涯规划、交通管理、论语、美术、法律、大学生人际交往等多方面，加强对学生的人文素质教育。此外，学校注重将综合素质教育渗透到丰富多彩的校园文化活动中，推进高雅文化进校园，成立了青春剧团、文学社等；同时，通过开设选修课，举办文化素质教育讲座、学术讲座，组织学生参观德育教育基地以及人文景点，观看爱国主义教育影片等途径培养学生的爱国主义、集体主义观念；通过开展辩论比赛、征文竞赛、卡拉OK大赛、书画摄影比赛等，丰富学生业余生活，拓宽学生知识面。

积极开展“学雷锋献爱心”活动。由学生自发组织的“爱心社”，自1988年成立以来，坚持十七年学雷锋不动摇。通过“爱心社”这个小小舞台，让更多的学生实践“爱心献社会，真情暖校园”。在校内，他们捐助伤病同学、帮助成绩差的同学补课等；在校外，他们为泰山新村敬老院的孤寡老人扫地擦窗洗衣服、表演节目、赠送生活用品水果点心，为市福利院助养孤儿等。以深入学习宣传贯彻《公民道德建设实施纲要》为契机，通过专题讲座、师生研讨、演讲比赛、知识竞赛和组织学生“献爱心”活动等，形式多样地开展了道德教育系列活动。

培养终身体育意识，体质健康合格率超过96%，学生多次在院级以上体育竞赛中获奖，如：2003年获南京市职业院校男子越野长跑比赛第十名，2004年获南京市高校乒乓球比赛乙组女子团体第四名，男子团体第三名、2004年获南京市高职院校篮球比赛男子组第三名等。

继续开展“争先创优”活动，以先进集体和个人的榜样作用促进团的工作。张坤同学获得交通部“吴福—振华”优秀学生奖；林榕、蒋忠文、朱燕、王小松四人获交通厅团委“优秀团干部”称号；唐志桥、李向阳、张赵国、杨乘卫、薛艳艳、杨贵国六人获交通厅“优秀团员”称号；文爱民、计算机教研组被交通厅、团省委联合授予“省级青年岗位能手”和“省级青年文明号”。9853班王小松同学作为代表参加了省学联第七次全会；公路系王蔚竹同学在第二届江苏省大专辩论赛获得最佳辩手荣誉称号。

2. 学生管理

高等教育要求树立“以学生为本”的理念，一切从学生自身发展需要出发，重视学生的主体地位。自学院升格后，学生工作在观念、内容、方法、手段、机制等方面进行了创新与改进。

2002年，学院召开学生工作专门会议，明确要以育人为根本目标，大力推进以德育为核心的学生文化素质教育与学生创新精神、实践能力的培养，强化为学生服务的思想。2003年底，学院召开了学生党建和思想政治教育工作研讨会，积极探索今后几年学生工作的目标与思路。通过几年的实践与摸索，学生工作逐步推行了院系两级管理以系为主的管理体制，学生工作重心下移，充分调动了各系工作的积极性、主动性、创造性。各系成立了学生工作领导小组，设立了学生工作办公室，健全了系党、团、学生会、自管会、班委会等各级学生组织，并且按照教育部关于学生辅导员队伍建设的要求，将学院辅导员队伍建设作为一项重点工作来抓，学院先后四次向社会招聘了25名高素质的人员任专职辅导员，使辅导员跟学生的比例达到1∶280。学院还组织专职辅导员参加岗前培训、在岗培训、短期进修、学习参观等，鼓励和帮助辅导员成为思想教育、心理健康教育、职业生涯规划、学生事务管理等方面的专门人才。学院还选配责任心强，有良好师德的教师担任班主任，将学生教育管理工作落到实处。此外，学院充分发挥“两课”教师队伍的思想政治教育优势，发挥课堂教学主渠道作用，并鼓励“两课”教师参加学生党团支部的工作，帮助培育学生正确的人生观、世界观、价值观。

学生工作进一步明确了“以人为本”的理念，在实际工作中切实转变工作方法，摒弃了居高临下的指责和粗暴简单的教训等做法，通过启发、引导、讨论、协商等方式解决学生思想的问题。尊重学生、爱护学生，在学生教育工作中，减少惩罚性的堵、压、罚，多用启发性的疏、导、奖。在涉及学生利益的问题上，充分尊重学生集体的意见，在困难补助、奖学金评定、各项评优、党员发展等问题上充分发扬民主。从 2003 年 10 月开始，学生工作系统开展了创建“班风建设好、早操质量好、晚自习秩序好、宿舍卫生好”以及“无乱倒乱扔、无抽烟酗酒、无打架斗殴、无夜不归宿、无旷课作弊、无安全隐患及事故”（简称“四好六无”）的活动，活动自开展以来，学生的文明习惯有了明显改进，校园秩序、校园安全得到了进一步维护。积极推进学生思想政治工作进公寓、进网络，系团总支书记、辅导员和班主任深入学生宿舍，实行学生宿舍生活辅导教师管理制度，从创建文明宿舍入手，贴近学生做细致的教育工作，同时加大对违纪行为查纠力度，使学生宿舍状况有了根本性好转。

积极响应国家政策，开展助学贷款和帮贫扶困工作。构建了“奖、贷、减、免、补、助”多位一体的资助贫困学生体系，2003~2005 年，共发放奖学金 212.8 万元、困难补助 76.5 万元，办理国家助贷 33.6 万元，各有关部门提供勤工助学岗位 500 人次，补助 31 万元。学院后勤服务中心坚持每年为最困难的 50 名新生免费提供生活用品，为 20 名特困生免费提供中、晚餐。各党支部坚持开展“1+1”助学活动，通过交特殊党费形式，长期资助校内的特困生。特殊党费缴纳的原则是：正高职称或正处以上人员为 200 元 / 年；副高职称或副处级人员为 150 元 / 年；中级职称或科级人员为 100 元 / 年；初级职称或一般工作人员为 50 元 / 年。通过这样 1 个党支部资助 1 名贫困学生的方式，切实帮助部分家庭贫困的学生解决了暂时的经济困难，更重要地是教职工党员对贫困学生学习上的指导、生活上的关爱和思想上的引导，帮助他们形成了正确的人生观、世界观和价值观。学院师生先后为身患重病的潘小飞、黄凯、顾俊超等同学捐款 2 万多元。

2003 年 12 月，学院成立了大学生心理健康教育中心，建立了专兼结合的学生心理健康教育队伍和心理健康教育网站，形成了“学院心理健康教育中心—系部心理健康教育工作站”的两级网络，通过开设心理健康公选课、进行学生心理健康普查、举办心理健康周等系列活动，帮助学生提高心理素质，增强心理调节和适应能力，促进学生心理健康发展。

学院高度重视毕业生就业指导工作，将毕业生就业工作作为一项重要工作来抓，建立了完善的毕业生就业服务体系：开设《职业生涯规划》、《纵横职场》，把就业指导课纳入教学计划；举行了就业政策和就业技巧讲座，给予毕业生就业指导和帮助；举办大型校内招聘会和就业单位专场招聘会，邀请了省内外用人单位来我院选聘毕业生；建立完善毕业生就业网页，开辟网上服务平台。2002 年毕业生就业率为 100%，2003 年毕业生就业率为 97%，2004 年毕业生就业率为 97%，在江苏省教育厅公布的就业率排名中分别名列第一名、第十名和第十五名。2005 年毕业生就业率达 98%，名列省内同类学校前列。学院生源充足，录取新生平均报到率达 86.6%；形成了“出口畅，进口旺”的良性循环局面。

第八章

内涵发展，提升高职教育办学水平

（2006~2013.6）

为了深入贯彻落实教育部《关于全面提高高等职业教育教学质量的若干意见》（教高［2006］16号）（简称《意见》）、国家和江苏省中长期教育改革和发展规划纲要等文件，主动适应现代综合交通运输体系和经济发展方式转变的要求，学院将发展重点由规模扩张为主的外延式发展转向了注重质量提升的内涵式发展。2006年，在全面总结“十五”工作的基础上，以争创示范性高职院校为主要目标，制订了学院“十一五”发展规划。2010年启动新一轮高职院校人才培养工作评估工作，并于2011年完成新一轮高职院校人才培养工作评估各项评建工作。制订了学院“十二五”发展规划，确立了“立足交通，服务社会，建设特色鲜明、国内一流的交通运输类高职院校”的办学定位和发展目标。

第一节　学院领导班子与机构干部队伍建设

一、学院领导班子建设

2006年4月，学院党委书记史国君赴淮安挂职副市长，党委副书记、院长孟祥林主持学院党政日常工作。2007年9月，经中共江苏省委组织部批准，中共江苏省交通厅党组决定许正林任学院党委副书记。

2008年1月，江苏省委决定孟祥林任学院党委书记，贾俐俐任学院院长、党委副书记。2008年12月，江苏省交通运输厅决定周传林任学院副院长，中共江苏省委教育工委决定应海宁任学院纪委书记。

2008年12月10日，学院召开第一代党员代表大会，选举产生了由孟祥林、贾俐俐、许正林、高进军、王晓农、周传林、应海宁七人组成的新一届中共南京交通职业技术学院委员会和由应海宁、赵勇、何卫平、张家俊、张文斌五人组成的第一届中共南京交通职业技术学院纪律检查委员会。经省委教育工委批复，孟祥林任党委书记，贾俐俐、许正林任党委副书记；应海宁任纪委书记。

2011年5月，江苏省委决定贾俐俐任学院党委书记，张毅任学院院长、党委副书记；免去孟祥林党委书记、委员职务（因年龄），免去贾俐俐学院院长职务。2012年3

月，经省委组织部批准，江苏省交通运输厅决定，免去王晓农副院长职务（退休）。

2013 年 3 月，经中共江苏省交通运输厅党组研究，报省委组织部批准批复同意，杨益明任学院副院长。

2013 年 3 月，根据内设机构调整情况和工作需要，学院党委对院领导的分工进行调整：

党委书记贾俐俐：主持学院党委全面工作。负责党建、思想政治教育、干部队伍及人才队伍建设、宣传、统战、工会、离退休工作、校园文化建设、高教研究工作。分管党委办公室（党委宣传部）、党委组织部（党委统战部、党校）、工会（离退休工作办公室）、发展规划处（高职教育研究所）。联系机电工程学院和思想政治理论课教研部。

党委副书记、院长张毅：主持学院行政全面工作。负责人事、财务、科研、外事、基本建设、产业及岗位培训工作。分管院长办公室、人事处（外事办公室）、财务处、科研处、校企合作办公室、资产经营公司。联系路桥与港航工程学院。

党委副书记许正林：负责学生教育管理、招生就业、共青团、国防教育、计划生育、关心下一代工作。分管学生工作处（党委学生工作部、武装部）、招生就业处、团委。联系运输管理学院。

党委委员、副院长高进军：负责教学督导、体育工作和继续教育工作。分管督导室、继续教育学院、体育部。联系汽车工程学院和体育部。

党委委员、副院长周传林：负责后勤保障、物资管理、物资采购工作、安全保卫、综合治理工作，协助张毅同志分管基本建设工作。分管后勤管理处、保卫处（保卫部）、基建办公室、后勤服务中心。联系建筑工程学院。

党委委员、纪委书记应海宁：主持纪委工作。负责纪检、监察、审计、机关作风建设、图书和信息化建设。分管纪委办公室（监察审计处）、图书馆、信息化建设与管理办公室。联系电子信息工程学院。

副院长杨益明：负责教学工作、评建及示范院校建设、国际合作与交流工作，协助张毅同志分管校企合作工作。分管教务处、基础教学部（国际合作与交流办公室）。联系基础教学部（国际合作与交流办公室）。

副院级调研员陈玉龙：负责浦口校区工作。联系人文艺术系。

二、机构调整

2006 年，学院在加强评估整改过程中，对教学机构进行调整。学院根据 2005 年办学水平评估提出的督导机构设置不合理的问题，2006 年 2 月，学院设立教学督导室，挂靠科研产业处并充实了人员。同年 11 月撤销了基础学部，其所属的英语教研室、思想政治教研室成建制划归人文社科系，数学教研室成建制划归信息工程系；所属的体育教研室更名为体育部，为学院直属教学部门，正科级建制。同年，学院党委决定，将公路建筑工程系党总支分设为公路工程系党总支、建筑工程系党总支，汽车机电工程系党总支分设为汽车工程系党总支、机电工程系党总支，管理信息工程系党总支分设为管理工程系党总支、信息工程系党总支，成立人文社科系党总支。

2007 年 4 月，经江苏省交通厅批准，成人教育学院更名为继续教育学院。

2008 年 2 月，学院决定成立教学督导室不再挂靠科研产业处，独立设置为副处级职能部门；将思想政治教研室和英语教研室从人文社科系划出，分别更名成立了思想政治理论课教研部和外语教研部，为学院直属教学部门，正科级建制，学院形成了“七系三部”的教学构架。2009 年 3 月，学院决定人文社科系更名为人文艺术系。

2010 年 1 月，为更好地推进学院校企合作办学体制机制建设，学院决定，成立校企合作办公室。2010 年 4 月成立纪检办公室（监察审计）。2010 年 10 月学院成立离退休工作办公室，挂靠院工会。2011 年 6 月党委学生工作办公室更名为党委学生工作部。

2010 年 5 月，学院决定，公路工程系更名为路桥工程系，管理工程系更名为运输管理系。2010 年 11 月，为积极推进中外合作办学、教育国际化，学院决定，成立国际教育学院，与继续教育学院合署；2011 年 10 月，改与外语部合署，设置为国际教育学院（外语部）。

2012 年，学院根据新形势下高职教育改革发展和完善办学体制机制需要，开展高职院校机构设置调研，决定调整学院内设机构，并将六个系更名为二级学院，进一步推进二级管理。2013 年 3 月，学院内设机构调整设置方案得到江苏省交通运输厅批准。主要调整情况为：

党委组织宣传部分设为党委组织部（党委统战部、党校）、党委宣传部。

学生工作处（招生就业办）分设为学生工作处（党委学生工作部、武装部）、招生就业处。

成立党委保卫部，与保卫处合署；成立发展规划处，与高职教育研究所合署。

纪检办公室（监察审计）、科研产业处、教学督导室分别更名为纪委办公室（监察审计处）、科研处、督导室。

汽车工程系、路桥工程系、运输管理系、电子信息工程系、机电工程系、建筑工程系分别更名汽车工程学院、路桥与港航工程学院、运输管理学院、电子信息工程学院、机电工程学院、建筑工程学院。

国际教育学院（外语部）更名为基础教学部（国际合作与交流办公室）。

现代教育技术中心更名为信息化建设与管理办公室，为正科级建制。

学院根据省厅批准的方案，按照精简、效能和有利于教育教学改革、有利于工作开展的原则，对部分机构进行整合设置：将党委办公室、党委宣传部合署，设置为党委办公室（党委宣传部）；将信息化建设与管理办公室从原电子信息工程系成建制划出，挂靠图书馆，相对独立运行；将原电子信息工程系所属的数学教研室成建制划归基础教学部（国际合作与交流办公室）；将人文艺术系所属的法律教研室成建制划归思想政治理论课教研部。学院形成六个二级学院、一系二部的教学架构。

同时，为加强学院基层党建工作，学院党委决定调整基层党组织设置，设立了 11 个党总支、5 个直属党支部。

三、中层干部队伍建设

学院积极探索干部人事制度改革，坚持中层干部考核聘任制、任期制，推进干部竞争性选拔机制。2006 年和 2008 年，学院均按时做好两年一次的中层干部换届调整工作。2008 年 5 月，学院面向校内首次开展公开招聘后勤服务中心副主任一名，对干部竞争性选拔工作作出了尝试。2010 年 1 月，学院出台了《南京交通职业技术学院中层干部选拔任用工作实施细则》，明确中层干部任期由二年调整为三年，对干部选拔任用程序、公开选拔和竞争上岗、实行中层干部聘任制和任期制、中层干部试用期制，以及中层干部任职年龄、干部轮岗交流、免职、辞职、降职等作出具体的制度规定。

学院开展了中层干部任期考核工作，采取 360° 的全方位考评方法，根据所在部门（单位）群众评价、同行评价（中层干部互评）、学院领导评价，按不同权重对每位中层干部的德、能、勤、绩、廉进行量化打分。坚持公开、平等、竞争、择优原则，努力建立“能上能下、能进能出、竞争择优、充满活力”的用人机制。到 2010 年 3 月，全面完成了新一轮中层干部选拔聘任工作。

2010 年 3~4 月，学院推进干部竞争性选拔工作，组织对部分中层岗位副职的公开竞聘，制订了《南京交院部分中层岗位公开竞聘工作方案》，面向全校公开选拔系副主任 3 名、党群部门副职和系党总支副书记 6 名。公开竞聘按照公布方案和职位、宣传发动、组织报名、资格审查、面试答辩、民主测评、组织考察、研究聘用、公示和任前谈话等几个阶段的工作，严格按照规定程序，规范进行。通过竞聘有 8 名年轻同志走上中层副职岗位，并经试用期考核合格后正式任职。2011~2012 年，学院又先后通过竞争性选拔了院团委副书记、国际教育学院副院长、系党总支副书记等 4 名，较好地积累了干部竞争选拔经验。

2012 年底，学院开展中层领导班子和中层干部任期考核工作。2013 年 3 月，学院启动新一轮中层干部换届工作，学院制订了《中层干部换届工作的实施方案》、《中层干部改聘相应干部职级暂行办法》等，按照积极稳妥、民主公开、竞争择优的总体原则和志愿申报、扩大视野、促进交流，努力做到人岗相适的基本思路开展。通过个人申报和民主推荐、民主测评、组织对申报提任和新竞聘人员面试、组织考察等程序，6 月上旬完成了新一届中层干部聘任工作。随后于 6 月底完成基层党组织换届选举工作。换届后，学院中层干部平均年龄 41 岁，具有研究生学历和硕士学位的比例占 60.61%，副高以上职称达 50%，女干部 16 人，交流任职干部 6 人，干部队伍结构得到了进一步优化。同时，各二级院系领导班子也基本配备到位，为推进学校二级管理打下了较好的基础。

第二节　发展规划与评建工作

一、发展规划

2005 年下半年，学院在全力做好高职高专院校人才培养水平评估迎评创优的同时，认真总结办学实践，科学规划“十一五”事业发展，在广泛讨论和征集各方面意见的基础上，形成了《南京交院“十一五”发展规划》。2006 年 2 月，并经学院首届六次教代会审议通过。

学院“十一五”发展的指导思想是：以邓小平理论和“三个代表”重要思想为指导，全面贯彻党的教育方针，贯彻落实科学发展观，主动适应江苏交通新跨越和“两个率先”要求，坚持“质量立院、特色兴院、科技促院、人才强院”，强化内涵建设，坚持以人为本，强化教学中心地位，正确处理好规模、结构、质量、效益的关系，全面提高办学水平和办学效益，培养适应江苏交通和经济社会发展需要的高技能专门人才和高素质劳动者。

学院“十一五”总的奋斗目标是：到2010年，全面完成江宁新校区规划建设任务，全日制普通在校生达到10000人，各类成人教育在读学生1000人以上、各类培训25000人次/年。加强师资队伍建设，加强教育教学和科学研究，加大职业培训，加强国际交流与合作，办学规模、结构、质量、效益协调发展，形成以全日制高职教育为主体，成人教育、岗位和职业技能培训并存的多层次、多类型、多形式的办学格局，使学院成为江苏交通人才培养的摇篮和职业培训的基地，力争把学院建设成国家示范性高等职业技术学院。《规划》对学院的人才培养目标、师资队伍建设、专业建设、课程建设、校园基本建设、党的建设等提出了具体的目标任务，对学院发展起到了重要的指导作用。

“十一五”期间，学院深入贯彻落实科学发展观，以创建省级示范性高职院校为重要抓手，以校企合作，工学结合为切入点，不断深化教育教学改革，加强内涵建设，创新人才培养模式，学院各项事业健康发展。2008年7月，被确定为江苏省示范性高职院校建设单位，2009年12月，以优秀成绩通过江苏省高职高专院校基层党组织建设工作考核。学院多次被评为“江苏省高等学校文明学校”，被授予“江苏省高等学校和谐校园”，连续获得2005~2006年度、2007~2009年度“江苏省文明单位”，2008年再次被授予“全省高等学校思想政治教育工作先进集体”称号。学院还先后被评为“全省教育纪检监察先进集体”、江苏省高校“文明食堂”和“文明宿舍”、“江苏省节水型高校”等。

“十二五”时期是学院全面贯彻落实科学发展观，全面加强内涵建设，全力提升核心竞争力的重要时期，是加快推进高水平示范性高职院校建设、着力打造学院品牌特色，努力开创学院科学发展新局面的攻坚时期。国家、江苏省中长期教育改革和发展规划纲要（2010~2020）、《教育部关于推进高等职业教育改革发展的若干意见》等为高职教育发展指明了方向。学院更加重视规划引领作用，2010年3月，成立了学院“十二五”规划编制工作领导小组，下设学生工作、专业建设、师资队伍建设、科教研与社会服务、继续教育与合作办学、校园建设与保障、校园文化建设七个子规划专题工作组，并分别确定了责任人。各系部成立本单位规划编制小组。加强学习调研和交流研讨，从院、系两个层面推进规划编制工作。2010年11月，完成了学院和系部“十二五”发展规划初稿。12月份，学院先后分三个层面组织了20场发展规划征询意见座谈会，全体院领导、中层干部、教师代表、民主党派代表、离退休教职工代表等各方面累计近500人次参加了座谈会。

2011年3月，学院“十二五”规划经二届四次教代会审议通过。随着新一轮高职院校人才培养工作评估迎评促建的深入，学院不断完善发展规划，使之更好地适应新形势要求，更好地体现学院办学定位、办学特色、办学方向。2011 年 10 月，《南京交院“十二五”发展规划》(简称《规划》)正式确定。同时，形成了七个子规划，并配备了抓好各项规划任务分解落实的具体工作方法。《规划》明确学院发展的总体目标和定位是：树立“立足交通，以人为本，开放办学”的办学理念，秉持“知行合一，明德致远”校训，按照“质量发展、合作发展、特色发展、和谐发展”的总体思路，坚持内涵提升、特色发展，使学院人才培养质量、专业建设、师资队伍建设、综合管理水平和办学效益等显著提高；坚持开放办学、合作发展，切实推进校企合作、产学研结合，增强办学活力和办学实力，使学院核心竞争力和社会服务能力不断提升；坚持统筹兼顾、科学发展，使学院全日制与非全日制办学，学历教育与非学历教育协调推进，努力将学院建成特色鲜明、国内一流的交通运输类高职院校。《规划》从办学规模、校企合作体制机制、专业建设、师资队伍建设、科研与社会服务、学生综合素质教育、校园文化建设、国际合作与交流、校园基础设施建设、党建和思想政治教育十个方面明确了学院“十二五”具体目标任务。

2012 年起，学院实施目标管理，与各部门各单位签订年度目标责任书，加强目标考核管理，全面推进“十二五”规划的实施和分解任务的落实，坚持质量为本、内涵发展，开启了学院二次创业新征程。

二、创建省级示范性高职院校

争创省级、国家级示范性高职院校是学院“十一五”重要目标。2006 年 10 月，学院成立了创建示范性高职院领导小组，由学院主要领导任组长，副院级领导任副组长，成员由各相关职能部门、各系部主要负责人组成。2007 年首次申报国家级示范院校未能成功，学院认真总结经验教训，找准差距，研究对策，理清思路，坚定信心，迎难而上，切实加强内涵建设，推进各项工作不断取得新的成绩。学院加强学习研究，完善了《南京交通职业技术学院江苏省示范性高等职业院校建设方案》。

2008 年 5 月，根据江苏省教育厅《关于开展江苏省示范性高等职业院校建设工作的通知》的要求，学院提交了《江苏省示范性高等职业院校建设单位申报书》和《南京交通职业技术学院江苏省示范性高等职业院校建设方案》(简称《建设方案》)。《建设方案》包括建设示范性院校基础、指导思想与建设目标、学院综合建设、专业及专业群建设、建设经费与进度、建设保障措施、项目建设预期成效

学院举行省级示范院校分项目建设签字仪式

七个部分。在学校申报的基础上，江苏省教育厅随后组织了专家评审委员会，对符合条件的学校进行答辩评审。2008 年 7 月，在江苏省教育厅、省财政厅联合下发的《关于公布 2008 年江苏省示范性高等职业院校和园区建设单位名单的通知》中，学院被确定为江苏省示范性高等职业院校建设单位。

2008 年 9 月 27 日，学院成立了由党政主要领导任组长，各副院级领导任副组长，各系部、各有关部门负责人为成员的学院示范性高等职业院校建设领导小组，领导小组下设示范院校建设办公室，由分管教学的副院长任主任，教务处、科研产业处负责人任副主任，负责示范院校建设的日常工作。根据具体建设项目任务和配套工作，成立了职责明确、分工到人的“专项建设组”、“子项目建设组”和“项目监督组”。其中“专项建设组”包括课程、师资、设备管理和资金保障四个方面的专项建设任务;“子项目建设组”包括了七个专业（群）和素质教育、校企合作共计九项子项目建设任务，全面推进示范院校建设工作。

专业建设是高职院校内涵建设和示范性建设的最核心的内容。2008 年 10 月，学院根据示范性高职院校建设的要求对各系重点（试点）专业（群）建设方案进行了评审，2008 年 11 月对专项建设规范与建设方案进行评审。2009 年 1 月，学院与示范性高职院校五个重点建设专业（群）、两个试点专业项目负责人签订了《示范性高等职业院校分项目建设责任书》。学院紧紧围绕专业建设，经常性组织对五个重点建设专业群的人才培养方案、教学计划、课程设置、师资队伍、实训基地等项目的建设进展情况进行检查和指导。

到 2010 年底，学院示范院校建设取得显著成效，基本实现了各项建设目标任务。2011 年 1 月，学院通过听取重点建设专业负责人的专业建设情况汇报、查阅建设资料、教学条件实地考察、专业群资源库建设网站验收等方式，对分项目建设情况进行了验收。

三、新一轮高职院校人才培养工作评建

学院在全面推进省级示范院校建设的同时，按照教育部开展新一轮高职院校人才培养工作评估的部署和江苏省教育厅《关于印发〈江苏省高等职业院校人才培养工作评估规划〉的通知》（苏教高［2009］39 号）的要求，积极开展迎评促建工作。新一轮评估充分运用现代信息技术建立的“高等职业院校人才培养工作状态数据采集平台”，实现“目标评估向过程评估转变”、“硬件建设评估向软件（即内涵、质量）建设评估转变”、“被动评估向主动评估转变”。这就要求学校更加注重内涵建设，将迎评工作与常规工作结合起来，做到以评促建。学院把迎评促建作为 2010~2011 年的重点工作，决定于 2011 年下半年迎接专家评估，并制订下发了《学院人才培养工作评估迎评促建实施方案》，加强组织领导，建立评建工作机构，有计划地推动迎评促建工作。

1. 建立健全评建工作组织机构

2010 年 3 月学院成立了评建工作领导小组，下设评建办公室和若干个专项评建工作组，并在各系部成立了评建工作小组，制订了评估工作实施方案，全面

启动新一轮评建工作。2011 年 5 月，江苏省教育厅《关于做好高等职业院校人才培养工作评估的通知》(苏教高［2011］19 号)，确定我院在 2011 年 12 月接受专家评估，并印发新修订的《江苏省高等职业院校人才培养工作评估实施细则》和《江苏省高等职业院校人才培养工作评估指标体系》。根据新的要求及学院领导和部分中层干部人事调整的实际，学院修订完善了人才培养工作评建实施方案，出台了学院迎评促建工作纪律及奖惩办法，有力地保证了学院评建工作的扎实推进。

(1) 调整后的评建工作领导小组构成情况如下：

组长：贾俐俐、张毅；

副组长：许正林、高进军、王晓农、周传林、应海宁、陈玉龙，成员：李国之、赵勇、谢剑康、杨益明、陈锁庆、王平、姜军、张家俊、何卫平、武可俊、黄枫、俞高钧、何玉宏、祁国新、季仕锋、毕朝晖、张春阳、游心仁、张晓焱、文爱民、蒋玲、祁洪祥、吴兆明、沈旭、刘凤翰、刘宗红、胡海青、任忠芳。

(2) 评建办公室构成情况如下：

主任：高进军、王晓农；

副主任：杨益明、陈锁庆、何玉宏；

成员：吕亚君、王艳梅、赵家华、李贵炎、衡志、张大伟。

评建办公室下设七个建设项目组：领导作用项目组(负责人：李国之、谢剑康)，师资队伍项目组(负责人：姜军)，课程建设项目组(负责人：陈锁庆)，实践教学项目组(负责人：刘阳)，特色专业建设项目组(负责人：杨益明)，教学管理项目组(负责人：王平、赵家华)，社会评价项目组(负责人：游心仁、王宁)。

2. 持续抓好评建重点工作

(1) 教师说课和专业剖析演练

从 2010 年上半年开始，学院以教师说课为抓手，开始启动评估工作，通过邀请兄弟院校说课优秀的教师到学院为教师说课做示范，然后组织各系部教师代表说课培训，学院督导室主任陈锁庆为全院教师作了《关于课程建设说课问题的认识》报告，各系部采取教师逐人说课、相互评议的形式，有组织地开展了说课活动。各位教师从课程标准(课程大纲)、教材选用与建设、课程教学方法与教学手段、学情分析、典型单元教学设计与实施等方面进行阐述。学院组织多次说课抽查，并选出说课优秀教师在全院教师大会上进行说课表演，有效促进了学院教师说课活动的开展。到 2011 年评估专家组进校前，说课工作先后组织了五轮。通过说课，教师普遍对课程建设与改革有了新的认识，对课程标准建设中课程的定位性质、与职业教育领域中的岗位与工作任务、课程教学目标、教学整体设计、课程的重点、难点及解决办法、课程内容与课时安排、课程教学方法与教学手段改革等有了较好的认识，使教师较好地掌握了课程建设与课程教学改革的重要意义。

2011 年 4 月，学院召开了“专业剖析与说课要求解读”专题报告会，教务处处长杨益明作了《专业剖析实施意见》的报告。2011 年 7 月，学院在明德楼 303 室开展了专业剖析示范演练活动，汽车检测与维修专业、物流管理专业负责人分别进行了专业剖析。2011 年 6~8 月，学院全面开展说课和专业剖析的测试和抽查工作。第一轮抽查说课教师 72 名、剖析专业 17 个，第二轮抽查说课教师 69 名，剖析专业 18 个，教师说课和专业剖析水平不断提高。

（2）数据采集平台建设

教育部建立的高等职业院校人才培养状态数据采集平台是学校常态管理、动态管理的重要工具，为推进教育教学改革、完善质量监控体系发挥了重要作用，是新一轮人才培养工作评估的重要基础。学院高度重视每学年状态数据采集平台的填报和分析工作，采用学习研讨、集中辅导、分工负责、责任到人的工作机制，保证平台数据的准确、严谨。2011 年 5 月，学院完成了 2008~2009 学年、2009~2010 学年《状态数据采集平台》的数据分析报告，2011 年 10 月完成了 2010~2011 学年《状态数据采集平台》的数据采集填报，并形成 2010~2011 学年度《状态数据采集平台》的数据分析报告。根据评估工作要求，2011 年 12 月初，学院将《状态数据采集平台分析报告》、《学院人才培养工作自评报告》、《学院人才培养工作分项自评报告》等信息在校园网上公布。

（3）评估指标体系建设和自评报告

评建办公室、建设项目组和院系两级相关负责人全面、深刻理解关键评估要素指标的内涵，汇总、整理项目各重点考察内容的自评结果、佐证材料和各种数据，查找问题与不足，提出改进建议与方案，凝练办学特色与亮点，确定关键评估要素指标的自评等级。不断完善、论证评估材料，2011 年下半年陆续整理归档。

在抓好评估材料整理归档的同时，学院对评估分析报告、院长工作报告等内容进行了深入的研讨，完成了学院人才培养工作评估自评报告、各分项自评报告，年度状态数据平台分析报告等。学院对照《江苏省高等职业院校人才培养工作评估指标体系》的要求，认真地自查自评，22 个关键评估要素全部达“合格”标准，自评结论为“通过”。2011 年 11 月，学院向江苏省教育厅提交了各项自评报告。根据评估工作要求，2011 年 12 月初，学校将《状态数据采集平台分析报告》、《学院人才培养工作自评报告》、《学院人才培养工作分项自评报告》等信息在校园网上公布。为确保专家组现场评估工作的顺利开展，学院抽调精干力量组成评估接待工作组织，认真制订评估接待工作方案，在各个层面上进行迎评动员，全力做好迎接专家现场考核考评的各项准备。

3. 评估专家组现场考核

2011 年 12 月 18~21 日，以教育部高职高专院校评估委员会主任杨应崧教授为组长的教育部高职院校人才培养工作评估专家组一行 9 人，对学院进行了为期三天的现场考察和评估。

评估专家组通过多种形式的考察，广泛采集信息，充分交流评议，深入开展现场评估工作。专家组听取了学院汇报、查阅了评估资料。评估专家分别对学院党政领导、有关职能部门、系部负责人，就学院的改革、建设、发展以及各职能部门如何支持、保障、服务人才培养工作等方面的情况进行了深入访谈。专家组还以参加教师说课、系部教师访谈、部门负责人座谈、走访校外实习基地，走进食堂与学生共同就餐等方式，对学院人才培养工作进行深入细致的考察评估。

高职院校人才培养工作评估反馈会

2011 年 12 月 21 日，学院人才培养工作评估反馈会在行健馆会议室召开。江苏省交通运输厅副厅长汪祝君、江苏省教育评估院院长陆岳新、教育厅高教处处长徐子敏等人出席会议。专家组组长杨应崧教授代表专家组宣读了评估现场考察报告。专家组从学院领导班子和师生员工的勤奋求实精神；不断调整专业结构，树立专业品牌特色；创新人才培养模式，推进课程体系建设；构建师资队伍建设体系，打造专兼职团队；加大校企合作力度，改善实践教学条件；健全制度规范管理，促进人才培养质量提高六个方面，对学院人才培养工作取得的主要成绩和形成的办学特色给予了充分肯定。学院高水平通过了新一轮高职院校人才培养工作评估，江苏省教育评估院领导高度评价学院本次评估工作，认为本次评估树立了评估工作的典范，是优质的评估、和谐的评估。

4. 评估整改和总结表彰

2012 年 2 月，学院成立了人才培养工作评估整改组织领导机构，院党委书记贾俐俐、院长张毅担任评估整改工作领导小组组长，同时制订了《学院人才培养工作评估整改方案》，提出了以科学发展观为统领，以专家组反馈意见和建议为主线，“整体推进、重点突破，立足当前、着眼长远”的整改工作指导思想，确定了八项整改内容和二十二项具体任务，规定了领导小组及其主要职责，制订了工作思路、主要任务、主要措施、保障措施和时间安排。下发了《学院人才培养工作评估整改工作任务分解表》，对整改的内容、目标、具体任务、整改措施等进行了详细的分解落实。根据评估工作要求，按时向江苏省教育厅提交学院整改报告。为更好地总结评估工作经验，巩固评建成果，明晰评估整改工作目标任务，学院于 2012 年 4 月 26 日在明德楼报告厅隆重召开迎评促建工作总结表彰暨 2012 年目标责任书签订会。学院领导为 15 名突出贡献奖获得者和 105 名优秀贡献奖获得者颁奖。学院要求广大教职工总结评估经验，发扬评估精神，全力开启学院二次创业新征程。

第三节　教育教学与人才培养模式改革

“十一五”以来，学院以教育部《关于全面提高高等职业教育教学质量的若干意见》（教高［2006］16 号）中的要求，引领内涵建设，推进教学基本建设，深化校企合作、工学结合人才培养模式改革，不断提高学院教育教学质量和人才培养水平。2012 年 10 月，学院被江苏省教育厅评为“江苏省教学工作先进高校”。

一、专业建设与改革

学院针对行业和区域经济发展的要求，灵活调整和设置专业。按照“适应需求设专业、校企合作建专业、依托行业强专业”的专业建设思路，调整和优化专业设置，建设以重点专业为龙头、相关专业为支撑、交通行业特色鲜明的专业群。构建国家、省级、院级三级重点专业建设体系，推动各级重点专业（群）的建设与发展。2007 年，全院上下展开了工学结合人才培养模式的大讨论，举行了多场研讨交流会、座谈会，先后邀请多名国内知名的教育专家就工学结合的课程开发、专业建设等作了专题讲座，引导广大教师转变教学观念，增强工学结合模式下的教学改革的积极性和主动性。

2008 年 5 月，学院成立了教育教学改革领导小组，各系部成立相应的教学改革工作小组，开展以专业与课程建设为重点的新一轮教育教学改革。2008 年 6 月，学院确定了八个试点专业（群）建设点作为本轮教改工作的试点建设专业。2008 年 10 月，学院围绕示范院校建设开展了工学结合模式下的重点专业（群）、试点专业建设方案的集中评审和初步论证工作，确定了汽车运用技术专业为重点的汽车类专业群、以物流管理专业为重点的现代物流专业群两个重点建设专业群和建筑装饰工程、会计两个试点专业；对其余各重点建设专业（群）和试点专业建设方案的论证意见以书面形式进行反馈，并要求限期整改。

学院科学合理地制订了专业建设发展规划，加强建设和指导。2010~2011 年，相继出台了《关于加强专业开发工作的有关意见》、《关于专业结构调整优化指导意见（试行）》、《学院省级重点专业群建设管理办法》《学院专业设置与调整管理办法》,《学院专业建设管理办法》等制度文件，遵循“适应需求、特色发展、结构效益、科学可行”的原则，适时调整专业设置，优化专业结构，强化优势专业、打造品牌特色专业、培育紧缺专业，形成了适应社会需求的专业优化、预警、退出等动态调整机制。“十一五”期间，新开“轨道工程技术”等 13 个专业，专业数达 48 个。2011 年，新开发了交通运营管理、港口物流管理、工程机械技术服务与营销 3 个交通行业紧缺专业，停招了市政工程技术、电子商务、连锁经营管理等 11 个行业需求减少的专业。2012 年新增了港口与航道工程技术专业，停招了会计与审计、电气自动化技术、文秘 3 个专业。到 2013 年 6 月，学院设有 47 个专业，其中教育部“高等职业学校提升专业服务产业发展能力项目”建设专业 2 个，国家技能型紧缺人才培养基地专业 2 个，省级品牌（特色）专业 6 个，省级重点专业群 4 个。2012 年，学院汽车运用技术、物流管理两专业与南京林业大学合作进行高职与本科“3+2”分段培养，2013 年增加道路桥梁工程技术专业与南京工业大学合作进行高职与本科“3+2”分段培养，提升专业办学层次。学院专业设置见表 8-1，学院专业建设成果见表 8-2。

学院专业设置一览表 表 8-1

序号	院系	专业名称	开办时间	备注	序号	院系	专业名称	开办时间	备注
1	汽车工程学院	汽车运用技术	2004		25	电子信息工程学院	计算机网络技术	2003	
2		汽车检测与维修技术	2004		26		计算机系统维护	2003	2011 年停招
3		汽车技术服务与营销	1999		27		软件技术	2007	
4		汽车电子技术	2007		28		应用电子技术	2005	2011 年停招
5		汽车整形技术	2005		29		动漫设计与制作	2007	
6		汽车定损与评估	2008		30		电子信息工程技术	1999	
7	路桥与港工程学院	道路桥梁工程技术	1999		31		通信技术	2009	
8		高等级公路维护与管理	1999		32		交通安全与智能控制	2010	2011 年停招
9		公路监理	2002		33	机电工程学院	港口物流设备与自动控制	2008	2009 年停招
10		城市轨道交通工程技术	2009		34		机电一体化技术	2004	
11		市政工程技术	2005	2011 年停招	35		工程机械运用与维护	2003	
12		水利工程施工技术	2006		36		模具设计与制造	2004	
13		公路工程管理	2007		37		电气自动化技术	2010	2012 年停招
14		港口与航道工程技术	2012		38		工程机械技术服务与营销	2011	
15	运输管理学院	报关与国际货运	2007		39	建筑工程学院	建筑工程技术	2002	
16		市场营销	2004		40		建筑装饰工程技术	2003	
17		电子商务	2003	2011 年停招	41		工程造价	2003	
18		物流管理	2001		42		园林工程技术	2006	
19		连锁经营管理	2005	2011 年停招	43		楼宇智能化工程技术	2009	2011 年停招
20		会计	1999		44	人文艺术系	产品造型设计	2009	2011 年停招
21		会计与审计	2007	2012 年停招	45		文秘	2004	2012 年停招
22		公路运输与管理	2002	2011 年停招	46		视觉传达艺术设计	2007	
23		港口物流管理	2011		47		法律事务	2003	2011 年停招
24		交通运营管理	2011						

学院专业建设成果一览表 表 8-2

年度	专业名称	类型	专业负责人
2006	汽车运用技术	江苏省级品牌专业	杨益明
	道路桥梁工程技术	江苏省级特色专业	蒋 玲
	物流管理	江苏省级特色专业	吕亚君
2008	汽车技术服务与营销	江苏省级品牌专业	边 伟
	计算机网络技术	江苏省示范重点建设专业	宋维堂
	道路桥梁工程技术	江苏省示范重点建设专业	蒋 玲
	物流管理	江苏省示范重点建设专业	祁洪祥
	建筑工程技术	江苏省示范重点建设专业	刘凤翰
	汽车运用技术	江苏省示范重点建设专业	杨益明

续上表

年度	专业名称	类型	专业负责人
2010	公路监理	江苏省级特色专业	樊琳娟
	工程机械运用与维护	江苏省级特色专业	沈 旭
2011	建筑工程技术	“高等职业学校提升专业服务产业发展能力”项目	刘凤翰
	工程机械运用与维护	“高等职业学校提升专业服务产业发展能力”项目	沈 旭
2012	汽车运用技术	江苏省“十二五”高等学校重点专业群	文爱民
	道路桥梁工程技术	江苏省“十二五”高等学校重点专业群	蒋 玲
	物流管理	江苏省“十二五”高等学校重点专业群	祁洪祥
	建筑工程技术	江苏省“十二五”高等学校重点专业群	刘凤翰

二、课程建设与改革

课程建设与改革是专业建设的基础，更是提高教学质量的核心。学院坚持突出职业能力培养，提出了开发一批、建设一批、带动一批的整体建设思想，以专业核心课程建设为重点，按照“职业性、实践性、开放性”的要求和“课程体系对接职业能力、课程内容对接工作任务、教学情境对接工作情境”的课程建设思路，全面推进课程建设与改革。

2009 年 8 月，学院组织开展了为期一周的课程改革方案设计研讨，择优推荐了 23 门课程建设与改革方案，作为首次课程教学改革试点，并对上述课程从课程标准设计、课程整体设计、单元设计等进行了论证和完善。同时要求学院其他课程都要逐步按照这种改革思路进行，涉及学院七系的近 40 个专业。在公共课程建设方面，2010 年 3 月公共体育课程在教育厅考核中获得优秀等级，2011 年 5 月思想政治理论课通过江苏省教育厅的考核，2012 年 3 月军事理论课程通过了江苏省教育厅专家组检查考核验收，外语课程教学改革得到了评估专家的好评。

学院先后制订了《精品课程建设与管理》、《网络课程建设与管理》、《教材建设与管理》等制度文件，建立了院级、省级、国家的三级精品课程建设机制。鼓励和支持教师与行业企业联合开发课程和教材，校企合作开发基于工作过程项目导向、任务驱动的课程。到 2011 年，校企合作开展课程 127 门，编写教材 75 部，实训教材（实践指导书）20 本，建成 7 个专业教学资源库。截至 2012 年 8 月底，通过校企合作，建有国家级精品课程 1 门，省部级精品课程 15 门，院级精品课程 68 门、院级网络课程 80 门；建有省部级、国家级精品教材 16 部。

学院规范课程教学的基本要求，改革教学方法和手段，融“教、学、做”为一体，提高课程教学质量，强化学生能力的培养。各系部、广大教师以工学结合、学做结合为出发点，积极改革教学模式，探索多种教学方法。如汽车类专业对汽车技术基础课程进行了重组，开发了 10 门项目化课程，并依据工作过程的“资讯、计划、决策、实施、检查、评价”的“六步教学法”，交通土建类专业充分依托行业优势和校办产业积极尝试实践专业课程的“现场教学法”，物流管理专业为代表的管理类课程探索实施了“校企双带教＋大小循环”学生轮岗实训模式等。学院推行工学交替、任务驱动、项目导向、顶岗学习等教学模式，对接岗位，构建课证融通课程体系，创新教学模式，增强了学生职业能力。学院课程与教材建设成果见表 8-3。

学院课程与教材建设成果一览表　　表 8-3

年度	成果名称	成果类型	负责人
2004	汽车底盘构造与维修	苏教高［2004］19 号	屠卫星
2006	汽车发动机构造与维修	江苏省高等学校精品课程	杨益明
	物流管理	江苏省高等学校精品课程	祁洪祥
	工程地质与水文	江苏省高等学校精品课程	盛海洋
2007	供应链管理	成人教育系列精品课程	吕亚君
	汽车文化	江苏省级精品教材	屠卫星
	道路建筑材料	江苏省级精品教材	蒋　玲
	物流管理	江苏省级精品教材	祁洪祥
	汽车发动机构造	江苏省级精品教材	杨益明
2008	道路建筑材料检测与应用	江苏省级精品课程	蒋　玲
	ASP 动态网页设计	江苏省级精品课程	宋维堂
2009	汽车发动机构造与维修	江苏省级精品教材	杨益明
	汽车及配件营销	江苏省级精品教材	边　伟
	经济法概论（第 2 版）	江苏省级精品教材	张晓莺
	财务管理与分析	江苏省级立项教材	王艳梅
	汽车车身修复技术	江苏省级立项教材	韩　星
	模具数控加工技术	江苏省成人高等教育精品课程	李东君
	网络互联技术	江苏省成人高等教育精品课程	孙丹东
2010	汽车车身修复技术	江苏省高等学校精品课程	韩　星
	公路工程质量检测	江苏省高等学校精品课程	龙兴灿
	财务管理与分析	江苏省高等学校精品课程	王艳梅
	道路建筑材料检测与应用	国家级精品课程▲	蒋　玲
	动态网页设计（ASP.NET）	教育部普通高等教育“十一五”规划教材	宋维堂
2011	混凝土结构及其施工图识读	江苏省成人高等教育精品课程	刘凤翰
	汽车文化（第二版）	国家级高等学校精品教材	屠卫星
	旧机动车鉴定与评估	江苏省级高等学校精品教材	屠卫星
	汽车车身修复技术	江苏省级高等学校精品教材	韩　星
	数控加工技术项目教程	江苏省级高等学校精品教材	李东君
	园林建筑技术	江苏省级高等学校精品教材	孙　薇
	英语国家社会与文化概况	江苏省级高等学校精品教材	胡海青

三、人才培养模式改革

教育部《意见》强调：加强学生的生产实习和社会实践，高等职业院校要保证在校生至少有半年时间到企业等用人单位顶岗实习。“十一五”以来，学院认真总结“1+2+X”为主要要求的人才培养模式，坚持以学生就业为导向，以突出职业能力培养为主线，积极推进和实践“二结合一融通”多样化工学结合人才培养模式改革，校企合作共建育人平台，学做结合改革教学模式，课证融通构建课程体系，学生职业素质和职业技能得到明显提升。

1.“2+1”教学模式改革

2006 年，学院各系各专业全面推行“2+1”专业教学方案的探讨，即两年的专业基础教学，专门利用一年的时间安排学生进行专业技能培训、专业技能考核、专业社会实践和顶岗实习等实践性教学。学院启动了 15 个专业的“2+1”人才培养教学改革试点，及时制（修）订专业教学计划，确保这些专业课的实践教学课时数与理论教学课时数在 1∶1。2007 年下半年，学院各专业全面开展了“2+1”或“2.25+0.75”的教学模式，推进校企合作、工学结合人才培养模式改革。

英达公路医生绿色养护班开学典礼暨奖学金设立仪式

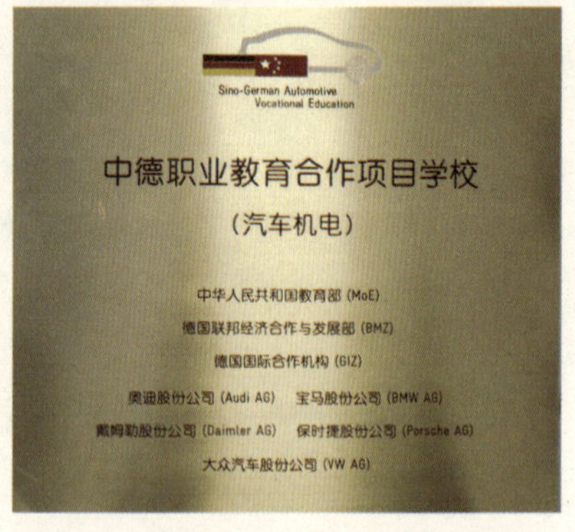

学院被教育部列为“中德职业教育（汽车机电）合作项目学校”

2. 订单式人才培养

2004 年，学院与丰田汽车公司合作开办 T-TEP 学校，选拔汽车专业学生设立“丰田班”，开启学院订单式人才培养的新模式。2006 年以来，学院设有“东风标致班”、“英达公路医生绿色养护班”、“优配班”、“柳工班”等 15 个订单班，订单式培养积极推行，发展较快，受到相关媒体的关注和报道。2008 年 6 月 4 日江苏教育电视台作了题为《校企合作走出“订单式”人才培养新路》专题报道。2010 年 4 月中国交通报以《南京交通职业技术学院：订单输送　联合培养》为题报道了学院订单式人才培养模式的探索与成就。

2010 年 12 月，学院制订了《“订单培养”教学管理暂行办法》，规范订单培养教学管理。2012 年 9 月 6 日，学院被教育部列为“中德职业教育（汽车机电）合作项目”第二批试点合作院校。2012 年 10 月，学院对积极报考中德 SGAVE 班的汽车工程系 108 名学生开展了理论、操作能力与面试测试，经过严格公正评判，录取 30 名学生组成了首届“中德 SGAVE 实验班”。2012 年 10 月，学院在同济大学举办的中德职业教育汽车机电合作项目（SGAVE）2012年年会上获得授牌，汽车工程系第一批参加师资培训的郭彬、谢剑、郭伟东、陈生枝四位教师获发结业证书。学院订单式培养情况见表8-4。

学院订单式培养情况　　表8-4

系　部	名　称	合作企业	时间
汽车工程系	丰田班	丰田汽车	2004
汽车工程系	民太安班	深圳民太安保险公估有限公司 一汽丰田汽车有限公司	2007
汽车工程系	F-SEP班	一汽丰田汽车有限公司	2007
汽车工程系 运输管理系	优配班	优配汽车零件贸易（江苏）有限公司	2008
汽车工程系	东风标致班	东风标致	2009
汽车工程系	钣喷班	美国庞贝捷（上海）漆油贸易有限公司丰田汽车	2009
汽车工程系	长安福特订单班	长安福特马自达汽车有限公司	2012
汽车工程系	中德SGAVE实验班	中德职业教育汽车机电合作项目	2012
路桥工程系	英达公路医生绿色养护班	英达公司	2011
运输管理系	苏宁维修工程师班	苏宁电器有限责任公司	2008
运输管理系	苏宁销售工程师班	苏宁电器有限责任公司	2008
运输管理系	顺丰班	顺丰速运	2010
电子信息工程系	北大青鸟软件班	北大青鸟	2006
机电工程系	柳工班	柳工集团	2010
建筑工程系	沪宁钢机班	江苏沪宁钢机股份有限公司	2004

3.“游学制”人才培养模式

2011年6月，学院依托江苏交通运输职业教育集团，推进学校与行业、企业深度融合，共商人才培养方案，共控人才培养质量，形成共建共享、立体育人格局。与南京地区交通类高职院校（南京交通职业技术学院、南京铁道职业技术学院、江苏海事职业技术学院）、交通骨干企业联合成立了“南京交通高职教育联合体”，以物流管理、交通运营管理等专业为试点，创新实施“公铁水游学制”人才培养模式，培养适应“大交通”复合型、技能型人才。被江苏省政府列为江苏省高等教育体制改革试点项目。2011年6月17日，中国教育报头版报道。立项后，三校联合进行了一系列细致有效研讨，制订了“2+0.5+0.5”复合型高职人才培养方案，完成了游学课程模块的课程设置和教学标准制订课程体系构建的关键工作，突破了“大交通”复合型人才培养校际课程融通的难点。2012年10月，联合

中国教育报
ZHONGGUO JIAOYU BAO
2011年6月17日　星期五　第7949号（今日十二版）　邮发代号1-10　http://www.jyb.cn

与公路、铁路、水路运输企业联合培养“大交通”人才

江苏3所交通职院试水“游学制”

《中国教育报》头版报道了“游学制”的人才培养模式

体通过了《物流管理专业‘公铁水游学制’项目实施管理办法》并确定了 2011 级物流管理专业实施游学制期间的工作交接等有关事项。

2013 年 2 月 24 日，学院运输管理系 2011 级物流管理专业 42 名学生赴南京铁道职业技术学院进行为期两个月的专业学习；同时江苏海事职业技术学院 44 名学生来到南京交通职业技术学院学习，南京铁道职业技术学院的 45 名学生赴江苏海事职业技术学院进行学习。4 月 26 日，“江苏海院游学班”南京交院学习期满，首期“游学班”学员顺利完成第一阶段学习。通过游学项目的实施，三所院校逐步实现了学分互认、教师互聘、学生互派、课程互选、资源共享，并依托南京交通高职教育联合体的交通运输企业，开展校企合作，实行工学交替、轮岗实训等教学模式，成为构建江苏大交通职教体系的有益尝试。

四、实践教学与实训实习条件建设

为突出学生实践能力培养，学院规定各专业实践类课时原则上不低于总教学课时数的 50%。按照“紧扣专业、突出重点、满足需要、资源共享”的原则和“职业、开放、共建、共享”的建设理念，建设功能齐全、开放共享的校内实训基地和合作稳定的校外实习基地。

1. 实训基地建设

2006 年，汽车运用与维修实训基地先后成为江苏省高职教育实训基地和中央财政支持高职教育实训基地。2009 年，学院交通土建实训基地成为江苏省高职教育实训基地，2010 年，路桥工程技术实训基地成为中央财政支持建设高职教育实训基地。2012 年，交通信息技术综合实训基地成为江苏省高职教育实训基地。到 2012 年，学院建有道路桥梁施工实践基地、轨道施工实践基地、汽车电子技术实践基地等 45 个校内仿真实训基地，校企共建实训中心 8 个，生产性实训基地 6 个，多媒体教室 71 个，理实一体化教室 26 个，拥有校内主要顶岗实习场所 22 个。截至 2012 年 8 月，设备总投入近 8 千万元，建筑面积 8.28 万 m^2，设备总值达 8155 万元，已形成一个功能较为齐全、布局较为合理、紧密结合行业区域社会经济发展和人才培养需求，充满活力的校内实践教学和培训基地。

2006 年以来，学院不断深化与行业企业合作，加强校外实习基地建设。尤其 2010 年以来，学院巩固校外实习基地，推进紧密型校外实习基地，建立深层的校企合作关系。截至 2012 年 8 月学院已建成 152 个校外实习基地，2012 年校外实训基地接待学生数量达到 1.45 万人次。中央财政、省财政支持高职教育实训基地见表 8-5。

中央财政、省财政支持高职教育实训基地一览表 表 8-5

序号	项目名称	批准时间	级别
1	汽车维修专业实训基地	2005 年	国家级
2	道路桥梁工程技术专业实训基地	2010 年	国家级
3	汽车运用与维修综合实训基地	2006 年	省级
4	交通土建类综合实训基地	2009 年	省级
5	交通信息技术综合实训基地	2012 年	省级

2. 职业技能鉴定所建设

学院加强国家职业技能鉴定所的建设，面向在校学生和社会人员积极开展职业技能鉴定与培训工作，提升了学生的职业岗位适应能力，提高了学院人才培养的质量，推动了江苏交通人才队伍建设。学院国家职业技能鉴定所自成立起，已先后八次被评为江苏省职业技能鉴定先进单位，年均开展职业技能鉴定和培训 1.5 万人次。截至 2013 年初，鉴定工种从最初五个工种延展到十八个工种，实现了学院人才培养与职业技能培训同步增长的发展目标。

汽车实训基地

道路实训基地

学院建有省级以上职业技能鉴定站（所）或行业、企业授权职业资格培训中心 20 个，具备 37 个职业技能工种鉴定资质，建立了面向区域行业企业的职业技能培训与鉴定服务平台。学院职业技能鉴定培训机构见表 8-6。

学院职业技能鉴定培训机构一览表 表 8-6

序号	职业技能鉴定站（所）全称	鉴定内容	
		工种 / 证书名称	等级
1	南京交通职业技术学院国家职业技能鉴定所	汽车维修工	高级
2		汽车维修工	中级
3		汽车维修工	技师
4		汽车电工	中级
5		汽车营销师	中级
6		工程测量工	中级
7	南京交通职业技术学院国家职业技能鉴定所	筑路机械操作工	中级
8		数控铣床操作工	中级
9		物流管理师	初级
10		物流师	三级
11		营销师	四级
12		电子商务师	三级
13		无线电装接工	中级
14	全国公路（水运）监理工程师执业资格考试江苏考点	监理工程师证	中级
15	全国公路工程造价工程师执业资格考试江苏考点	造价工程师	中级
16	全国公路（水运）试验检测人员执业资格考试江苏考点	试验检测工程师	中级
17		试验检测员证	初级

续上表

序号	职业技能鉴定站（所）全称	鉴定内容	
		工种 / 证书名称	等级
18	全国公路（水运）试验检测人员继续教育培训点	培训合格证	
19	全国公路水运监理人员岗前培训点	监理培训证	
20	江苏省交通工程桥梁基桩检测培训基地	培训合格证	
21	江苏省交通工程预应力施工培训基地	培训合格证	
22	江苏省建设厅培训点	造价员	初级
23		施工员	初级
24		资料员	初级
25	中国装饰协会培训点	室内装饰设计师	初级
26	江苏省机动车驾驶教练员考核中心	教练员	上岗证
27	全国计算机信息高新技术智能化考试南京交院考试站	网络管理员	高级
28		网页制作	中级
29		办公软件应用	中级
30		图形图像处理（Photoshop）	中级
31		计算机辅助设计（Protel）	中级
32	全国计算机信息高新技术智能化考试南京交院考试站	计算机调试与维修（XP）	中级
33		应用程序编制 C#.net	中级
34	趋势科技	信息安全专家（TCSE）	中级
35	CEAC 江苏管理中心	flash 动画设计与制作	中级
36	北大青鸟考核点	软件工程师	高级
37		程序员	中级
38		程序员	初级
39	南京市江宁区财政局会计从业资格考试培训点	会计从业资格	初级
40	全国 CAD 应用培训网络 – 南京中心	二维 CAD 绘图师	中级
41	中国对外贸易经济合作企业协会单证员考试培训点	单证员	初级
42	南京交通职业技术学院中国人力资源岗位职业技能教育管理中心考试培训点	理财规划师	初级

五、技能大赛促进人才培养

学院把学生职业技能训练和竞赛工作作为促进教学质量提高和人才培养的重要平台。2004 年起建立了学生实践技能大赛的长效机制，每年在各系部组织预赛选拔的基础上，学院举办技能大赛决赛，以赛促学促教促水平，已成为学院专业实践教学的重要项目。2013 年 5 月 8 日，经过历时一个月各系部竞赛选拔，学院举行了第九届学生实践技能大赛决赛。本届大赛共设 97 个竞赛项目，竞赛项目内容覆盖所有专业，先后有 6664 人次参赛，参赛学生覆盖所有年级，赛项数量、参赛率达到历年之最。

学院把承办行业职业技能竞赛活动看成是检验学校办学整体实力的展现最好机

会，同时也是检验学院教师职业教学能力的集中体现，至今已承办了十多次不同种类技能大赛。2006 年 6 月，学院荣获江苏省总工会授予“江苏省百万职工职业技能大练兵活动优秀组织奖”，成为获此殊荣的唯一一所高校。2007 年 3 月，承办了全省汽车维修工职业技能大赛。2008 年 6 月，承办全省交通桥梁工程试验检测在职人员技能大赛。2009 年 7 月承办全省客运汽车驾驶员节油驾驶技能竞赛。2010 年 11 月，承办全国交通节能协会节能驾驶技术全民体验活动。2012 年 6~8 月承办由江苏省政府举办的第一届江苏技能状元大赛汽车检测与维修职业比赛项目。2013 年 4 月 19 日，江苏省教育厅在学院举行 2013 年江苏省高等职业院校技能大赛总开幕式，学院承办了大赛汽车检测与维修、汽车营销赛项。江苏省教育厅沈健厅长、江苏省交通运输厅游庆仲厅长，教育部职业教育与成人教育司林宇处长、江苏省交通运输厅汪祝君副厅长及两厅相关处室领导等出席开幕式。江苏省教育厅丁晓昌副厅长主持了总开幕式。

2007 年以来，随着国家对职业教育的重视程度的不断提高，学生职业技能竞赛被列为职业教育的重要内容。学院领导高度重视学生参加各类职业技能比赛活动，自 2010 年以来，学生在各类技能竞赛上获奖，学院院长都亲自为获奖学生组织专门表彰会，为他们颁发奖金与证书，极大地激发了学生主动、积极参加技能竞赛的热情。学院学生在全国、全省各类技能大赛以及英语、数学、力学、人文知识等各级各类竞赛中频频获奖，全面展示了学院教学质量和人才培养质量。2007 年 6 月，学院被江苏省劳动保障厅授予“江苏省第三批高技能人才培养示范基地”，2012 年 8 月 30 日，学院被江苏省人民政府授予“高技能人才摇篮奖”。

学生参加江苏省 2012 年技能状元大赛获得一等奖

学院学子获 2010 年全国交通高职高专院校路桥工程材料试验技能竞赛团体一等奖

在 2013 年全国职业院校技能大赛上，学院三支代表队共十名学生代表江苏省分别参加了“汽车检测与维修”、“汽车营销”、“测绘测量”三个赛项的竞赛，共获得七块奖牌，其中一等奖四项，二等奖三项，奖牌数量、含金量、赛项覆盖面均达到了历史之最。2013 年 6 月 24 日，学院隆重举行表彰会，对本次国赛获奖师生进行表彰，以此更好地促进全校师生以获奖团队为榜样，创造更良好的技术技能学训赛氛围，以经常性的技能竞赛为抓手，进一步提高实践教学水平，为师生成功成才建好平台。学生职业技能竞赛获奖情况见表 8-7。

学生职业技能竞赛获奖情况

表 8-7

序号	时间	大赛及项目名称	获 奖 学 生	获 奖 等 次
1	2007	全国交通院校汽车维修专业学生技能竞赛	张迪、王本贵等	单项一等奖、团体一等奖
2	2009	全国高职高专院校“南方杯”工程测量技能大赛	刘冬滨、殷　翔、王　进	团体二等奖
3	2009	全国高职高专院校“南方杯”工程测量技能大赛	刘冬滨、王　进	个人全能一等奖
4	2009	全国高职高专院校“南方杯”工程测量技能大赛全站仪导线测量	刘冬滨、王　进	一等奖
5	2009	全国高职高专院校“南方杯”工程测量技能大赛三等闭合水准测量	殷翔、王　进	一等奖
6	2009	首届全国高职高专院校“一汽丰田杯”学生汽车维修技能大赛	骆义伟	二等奖
7	2009	首届全国高职高专院校“一汽丰田杯”学生汽车维修技能大赛	丰　雷	三等奖
8	2009	第三届全国大学生广告艺术大赛	李运佳、符金绿	一等奖
9	2010	2010 年全国职业院校技能大赛（高职组）汽车技术——汽车维修与故障排除技能比赛	骆义伟、丰　雷、盛广瑞等	一等奖
10	2010	2010 年全国职业院校技能大赛（高职组）汽车技术——汽车维修与故障排除技能比赛整车故障排除项目	骆义伟、丰　雷、盛广瑞等	单项团体第三名
11	2010	全国交通运输行业“卡尔拉得杯”机动车检测职业技能竞赛空调维修项目、机电维修项目	盛乃吉、崔　成	第一名 / 第四名
12			陈　庚、蔡　聪	第一名 / 第四名
13	2010	全国交通高职高专院校“刚毅杯”路桥工程材料试验	胡　斌、李　智、龙　凯	个人、团体一等奖
14	2010	GE 智能平台 2010 年度全国大学生自动化控制设计大赛	孙雪峰、吴　丹、董顺盛、周星宇	智能团队大奖
15	2010	第二届全国普通高校信息技术与创新活动漫画创作赛	邓　慧	三等奖
16	2011	“同望杯”全国交通类高职院校大学生造价技能大赛	陈　莉、唐　浩、张宏飞	团体二等奖
17	2011	“同望杯”全国交通类高职院校大学生造价技能大赛个人全能项目	唐　浩	一等奖
18			张宏飞	二等奖
19			陈　莉	三等奖
20	2011	“同望杯”全国交通类高职院校大学生造价技能大赛个人单项（实践类）	陈　莉	二等奖
21			唐　浩	三等奖
22	2011	“同望杯”全国交通类高职院校大学生造价技能大赛个人单项（理论类）	唐　浩、张宏飞	一等奖
23	2011	2011 中国机器人大赛暨 RoboCup 公开赛智能搬运机器人比赛	裴祝梅、汤建国、刘昌春	一等奖
24	2011	GE 智能平台 2011 年度全国大学生自动化控制设计大赛	何　靖	最佳个人表现奖
25	2011	“苏大杯”第四届江苏省大学生机器人大赛“分拣机器人”项目	裴祝梅、汤建国、刘昌春	冠军

续上表

序号	时间	大赛及项目名称	获奖学生	获奖等次
26	2011	"苏大杯"第四届江苏省大学生机器人大赛本专科无差别机器人戏剧舞蹈比赛项目	周金宝、张建伟、鲍俊霖、张川海	三等奖
27	2011	江苏省首届大学生跆拳道社团锦标赛男子个人 67 公斤级竞技赛	赵帅帅	冠军
28	2011	第八届全国周培源大学生力学竞赛暨"木渎杯"第七届江苏省大学生力学竞赛	刘良玖、许西远、苗　盼、王恩准	特等奖
29			赵强菊等 15 人	一等奖
30			殷凤燕等 15 人	二等奖
31	2012	2012 年全国职业院校技能大赛高职组"一汽—大众杯"汽车检测与维修、汽车电气系统检修	吴尚青、卞红亮、唐　凡	团体一等奖
32	2012	2012 年江苏省职业院校技能大赛发动机拆装与检测、汽车实车综合故障诊断与排除	吴尚青、卞红亮、唐　凡	两个单项一等奖、团体一等奖（第一名）
33	2012	2012 年江苏省职业院校技能大赛信息安全技术应用与评估赛项	周　超、汤硕硕、林　汉	团体二等奖
34	2012	2012 年江苏省职业院校技能大赛电子产品设计及制作赛项	吕　兵、袁龙云、杨家海	团体三等奖
35	2012	2012 年江苏省职业院校技能大赛计算机网络应用技术赛项	周建成、李昌洋、龚颖	团体三等奖
36	2012	2012 年江苏省职业院校技能大赛园林景观设计赛项	苗加永、蒋瑶瑶	团体三等奖
37	2012	首届全国高等职业院校土建施工类专业"鲁班杯"建筑工程识图技能竞赛	樊兆月、卢　成、朱　帅	团体一等奖
38	2012	"苏一光杯"第四届江苏省高校测绘技能大赛（导线测量项目、水准测量项目）	蒋思成、谢　飞、徐文慧、巩丁磊	团体一等奖 单项一、二等奖
39	2012	"姑苏杯"第一届江苏技能状元大赛汽车检测与维修职业决赛	闫　松	第一名
40			张兵兵	第二名
41	2012	江苏省"挑战杯"第七届大学生创业计划竞赛终审决赛	梁建磊、李　斌、仲从双、史志涛	专科组银奖
42	2012	第三届全国高职高专英语写作大赛	黄家龙	公共组二等奖
43	2013	2013 年江苏省高等职业院校技能大赛汽车检测与维修、汽车营销两项目竞赛	韩正纬、徐　翔、顾启兴、李　奔	团体一等奖
44			牛翔亮、刘凯迪	团体一等奖
45	2013	2013 年江苏省高等职业院校技能大赛英语口语技能赛项	王　冲	一等奖
46			张　雨	三等奖
47	2013	全国大学生条码自动识别知识竞赛	张文姝等	团体银奖第一名
48	2013	2013 年全国职业院校技能大赛"科力达杯"测绘测量赛项（二等水准测量、一级导线测量）	蒋思成、章再军、徐文慧、刘　杰	两项二等奖
49	2013	2013 年全国职业院校技能大赛"一汽—大众杯"汽车检测与维修赛项	韩正纬、顾启兴、李　奔、徐　翔	团体一等奖
50	2013	2013 年全国职业院校技能大赛"一汽—大众杯"汽车营销赛项	牛翔亮、刘凯迪	团体一等奖

六、教学管理与质量保障体系建设

学院教学工作实行院、系（部）两级管理体制。建章立制，教学运行规范有序，形成了包括教学基本建设项目管理和教学运行管理两大类、十三小类、八十二项的较为完善的教学管理制度体系。

1. 加强现代教学管理手段的运用

实现校企合作，推进信息化教学资源。2012 年学院在数字化校园建设方面，引入第三方中国联通南京分公司、中国移动南京分公司注入建设资金一千多万元，建立统一论证平台下的数字化校园系统，在该平台上提供了功能更加强大、操作更加便捷的数字化管理、学习、工作的系统软件，保障了教学管理、学生远程学习的需要和教师利用现代化教学手段教学的需要。已建成了教学、管理、财务等六大资源管理与服务平台，如：正方高校现代化教学管理信息系统、毕业设计（论文）管理系统、Blackboard 教学软件、精品课程开发系统、跑操管理系统等。为推进资源共享和提高工作、学习效率提供了信息化平台支撑。

2008 年以来，教学管理工作以研究为先导，用理论指导实践，逐步形成了具有学院特色的“4233”教学质量管理、监控保障体系：

四个系统，即教学质量管理系统、教学质量监督系统、教学质量评价系统和教学质量反馈系统，形成了教学质量从管理、监督到评价反馈的闭环系统。

二级组织，即学院与教学单位二级管理和二级督导组织，实现全院的教学质量管理、监督、评价、反馈保障，二级教学单位及二级督导组负责本单位教师教学质量的管理、监督、评价与反馈指导和系部常规教学管理的监督。

三支队伍，即学院和二级教学单位专兼职教学管理、督导员队伍、学生信息员队伍和企业兼职督导员队伍。

三级教学质量监控保障，即学院、二级教学单位和教研室的教学质量保障体系。

2008 年，学院“4233”教学质量监控保障体系建设正式以院级重点课题方式立项研究，并相继在省教育厅 2009~2011 年重点教改课题、中国交通教研会 2009~2011 年教育科学研究重点课题申报中获得立项。

加强对实践教学质量的管理和监控。为保证实践教学环节的有效运行，学院构建了主管教学副院长、教务处、系部、系实训中心的四级实践教学运行管理体系，到 2012 年，学院配备了 87 名专职管理人员。建立了学院统筹管理、各系分工负责、校内校外相结合的管理模式。学生顶岗实习实行“双管双评”，学生的实习考核由双方指导教师共同填写《学生顶岗实习考核表》。学院先后制（修）定了《实践教学管理规定》、《工学交替教学管理暂行办法》、《学生顶岗实习管理办法》等管理文件，明确了主要实践教学环节指导教师的配备数量和资格要求、质量标准、实践教学工作流程。学院领导、教务处、督导室、系部定期对实践教学的实施、教学文件的执行进行监控和反馈，保证了实践教学的有效实施。

2. 强化教学过程的质量管理与质量监控

学院制订了从人才培养方案编写、课程建设、教材选用、备课、教案编写、课堂教学、实验教学、实训教学、课程考试、课程设计（综合大作业）、顶岗实习、毕业设计（论文）等质量标准和评价办法。依据专业人才培养方案和各教学环节的人才培养质量标准，对人才培养目标、人才培养模式、专业培养方案、专业建设、教学条件、教学环节、教学与学生管理等人才培养的全过程，通过问卷调查、听（评）课、实践教学巡视、常规检查与专项检查、教学评价、座谈会等方式，对教学过程中人才培养质量进行全方位监控。

2010 年学院在校外企业聘请了 56 位兼职督导员，通过年度兼职督导员工作会议、参与教学质量测评、课堂听课、开办讲座等形式，为系（部）专业建设调整、人才培养方案的审查、学生岗位能力要求、毕业生质量、企业人才需求等及时反馈相关信息。

通过在各班级聘请学生信息员，每月收集专业教学、课程设置、教学内容改革、实践教学环境条件改善、教学过程管理，以及教师教学态度、教学水平、教学质量等意见和建议，形成月反馈信息表并及时报送相关部门处理和反馈。通过每年举办教学大奖赛、说课比赛、课程设计比赛以及优秀青年教师上公开课或示范课等各类专项教学竞赛活动，有效促进了教师教学质量的提高。通过每周的教学例会、系部领导的调控和反馈、督导员与教师的交流沟通等，有效保证了教学质量的监控。

3. 实施教学质量评价常态化

学院依据教学质量标准和教学质量评价办法，组成以部门领导、教师同行、系（部）督导、学生为评价主体每学期一次对教师教学质量进行测评；以企业实习指导老师、企业兼职督导员为评价主体实施对系部专业建设、实习学生综合素质每年进行一次测评；以系部自评和学院专家组复评方式对系部、教研室每年进行一次教学工作状态测评。

从 2011 年开始学院引入了第三方“麦可思”评估机构，已连续两年实施对社会需求与人才培养质量跟踪综合评估，为学院专业建设、课程体系改革如何适应社会需求提供了依据。

七、继续教育与国际合作人才培养

1. 继续教育

（1）学院继续教育稳定发展。2006 年学院与北京交通大学合作，开设高起专、专起本的现代远程学历教育，主要开设交通类专业，招收对象是从事道路运输管理、交通行政执法、交通行政管理、交通工程管理及工程技术工作的在职职工。2006 年起，先后与省内 10 多所职业院校建立了良好的成人高等教育合作办学关系，设立函授站或校外教学点，增强了学院办学功能和辐射能力。到 2012 年 9 月，远程教育录取人数 110 人，在学院接受成人教育总人数为 3798 人。2012 年成人学历教育毕业人数 817 人，远程教育毕业人数 94 人，2013 年，学院成人高等教育开设了汽车技术服务与营销、物流管理等 17 个专业的函授班、业余班，学制 2.5~3 年，成教在册学生 4000 余人，学员分布在江苏全省以及周边省市。继续教育学院专业设置见表 8-8。

继续教育学院专业设置一览表 表 8-8

序号	专业名称	科类	学习形式	备注
1	汽车技术服务与营销	文史、理工	业余、函授	
2	物流管理	文史、理工	业余、函授	
3	高等级公路维护与管理	文史、理工	函授	
4	城市轨道交通运营管理	文史、理工	函授	
5	电子商务	文史、理工	函授	2012 年停招
6	法律事务	文史、理工	函授	2012 年停招
7	公路运输与管理	文史	函授	2012 年停招
8	汽车运用技术	理工	业余、函授	
9	工程机械运用与维护	理工	业余、函授	
10	建筑工程技术	理工	业余、函授	
11	模具设计与制造	理工	业余	
12	公路监理	理工	函授	
13	道路桥梁工程技术	理工	函授	
14	机电一体化技术	理工	函授	
15	计算机系统维护	理工	函授	2012 年停招
16	计算机应用技术	理工	业余	
17	电子信息工程技术	理工	函授	

（2）继续教育学院积极推进办学模式改革。2008 年起先后在汽车运用技术、物流管理、城市轨道交通运营管理专业招收“技能 + 学历”特色班。对取得成人学籍的学生同时开始学历教育和相关专业技能培训和考证，通过学历教育所学课程和技能培训考证并达到毕业要求的，可以同时取得国家承认的成人高等教育大专文凭和相关技能证书。

（3）依托各系部专业优势，开展“专接本”人才培养。2008 年，学院第一次与南京工程学院开展“专接本”招生，“专接本”工作进展迅速。为了让更多专业的学生有本科深造的机会，2012 年又与南京林业大学的“汽车维修与检测”、南京理工大学的“工业设计”进行对接，使“专接本”新生注册人数 429 人，比 2011 年（359 人）增长近 20%，在校生达 788 人。2012 年 10 月，第一届“专接本”商务管理、数控加工与模具设计专业 49 名学生顺利毕业，获得南京工程学院学士学位。截至 2012 年底，累计“专接本”毕业人数 346 人，其中有 169 人获取学士学位。

到 2013 年初，学院“专接本”合作的主考院校达到七所，分别是南京工程学院、南京财经大学、南京林业大学、南京航空航天大学、南京理工大学、南京工业大学、江苏技术师范学院。“专接本”招生专业涵盖交通运输（汽车运用工程方向）、汽车维修与检测、商务管理、数控加工与模具设计、会计、电子工程、计算机网络、工业设计等九个专业，人数达 1131 人。

学院第一届“专接本”学生获得南京工程学院学士学位

2. 国际合作办学

2006 年经江苏省教育厅批准，学院与加拿大圣克莱尔学院合作开办“模具设计与制造”专业，实现中外合作办学的良好开局。2011 年，经江苏省教育厅批准，学院与圣克莱尔学院合作开办建筑装饰工程技术（室内装饰设计）专业，纳入统一招生计划。课程设置及教学由双方共同承担，采取“2+1”的模式，即前两年学生在南京交通职业技术学院学习，由中、加双方院校联合教学，达到圣克莱尔学院入学标准并获得签证后，第三年进入圣克莱尔学院学习，学业期满、成绩合格者可分别获得由南京交通职业技术学院和圣克莱尔学院颁发的专科毕业证书。毕业生可申请进入加拿大劳伦斯科技大学学习，获得室内建筑装饰学士学位，也可直接申请进入格林菲斯大学学习，获得视觉艺术硕士学位。

2008 年起，学院与澳大利亚坎培门理工学院合作举办“会计与审计”专业，每年招生 50 人，学制三年。2008 年 11 月 17 日，学院举行了中澳班新生开学典礼。本专业实行中澳双方联合执教，双语教学，采取分组教学、现场模拟等教学方式，积极探索以基于岗位工作过程为核心，“教、学、做”为一体教学模式，突出学生的职业岗位能力培养。

2010 年 4 月，学院加入“海外本科直通车”项目。当年面向会计、计算机网络技术、机电一体化专业招收学生 150 名。分别与海外项目合作院校加拿大圣克莱尔学院、澳大利亚堪培门理工学院。合作培养专业性、复合型、国际化人才。2012 年增加市场营销专业，四个专业共计招生 160 名。2013 年，学院“海外本科直通车”项目已和美国、加拿大、澳大利亚、日本等八所高校，就学分承认、续读时限、课程衔接、语言能力、招生办法、收费标准、奖学金等方面进行反复磋商，并同这些高校达成了招生合作协议。

2013 年，学院与英国考文垂大学（Coventry University）在会计、市场营销、计算机网络技术、道路桥梁工程技术、建筑工程技术专业五个专业开展“3+1+1 专升本升硕项目”的校际合作。学生在我院完成三年学习获得大专文凭，继续申请在考文垂大学就读一年顺利毕业后，可获得考文垂大学本科文凭。再续读研究生课程一年，可获得考文垂大学硕士学位。

第四节　人才培养机制体制与现代职教体系建设

2010 年以来，学院学习贯彻国家和江苏省中长期教育改革和发展规划纲要（2010~2020 年）等，适应行业和区域经济社会发展要求，把握高等职业教育改革发展方向，深化校企合作人才培养机制体制，推进集团化办学，积极探索构建现代职业教育体系。

一、江苏交通运输职业教育集团

2010 年 5 月 26 日，学院牵头组建江苏交通运输职业教育集团。江苏省交通运输厅党组书记、省铁路办主任刘大旺，省教育厅副厅长丁晓昌出席成立大会，并共同为江苏交通运输职教集团揭牌。

江苏交通运输职业教育集团实行理事会负责制。2010 年 5 月 26 日召开职教集团理事会第一次会议，学院被推举为理事长单位。会议确定了各大指导委员会的主要职责，确立了八个集团专业分会及其牵头单位：汽车工程分会和路桥工程分会（南京交院）、轮机工程技术分会和港航机械工程分会（南通航院）、现代物流分会（南京铁道）、航海技术分会（江苏海事）、筑路机械工程分会（江苏交通技师）、船舶工程技术分会（无锡交通高职校）。2011 年 6 月 7~8 日，在学院先后召开了江苏交通运输职业教育集团理事会第二次会议和 2011 年年会。

2012 年 9~10 月，学院分别走访了江苏省交通技师学院、南通航运职业技术学院、无锡交通高等职业技术学校、苏州建设交通高等职业学校、江苏汽车技师学院、江苏建筑职业技术学院，就交通职业教育的办学经验、职教集团的运行机制、集团内合作模式、资源共享等进行了交流。2012 年 10 月 19 日，“汽车工程分会”在学院成立。2013 年 1 月 15 日，船舶工程技术分会在江苏省无锡交通高等职业技术学校成立。截至 2013 年 3 月，职教集团理事单位达到 104 家，其中院校单位 23 家、政府部门 4 家，行业协会 5 家，企业单位 70 家、科研机构 2 家。

江苏省交通运输厅党组书记、省铁路办主任刘大旺，省教育厅副厅长丁晓昌为江苏交通运输职业教育集团揭牌

江苏交通运输职业教育集团的成立与发展，迈出了江苏省交通职业教育集团化办学的实质性一步，进一步延伸了校企共生发展的连接点，搭建了校企深度合

作的大型平台，对于推进职业教育人才培养模式的改革，提升江苏职业教育整体实力和办学水平，具有十分重要的意义。2011 年 6 月 28 日，学院副院长高进军在第五届全国职教集团化办学研讨会上作了交流发言。2012 年 12 月 22 日，江苏省职业教育集团化办学战略研讨会在无锡召开，张毅院长代表江苏交通运输职教集团作交流发言。2013 年 5 月 21~22 日，张毅院长率队全程参加在宁夏召开的“全球教育联盟 GEC（Global Education Consortium）2013 年会”。经申请，全球教育联盟 GEC 接纳学院为会员单位。全球教育联盟是由各国高等职业院校和高等专业技术院校自发建立的非盈利组织，以“友谊、合作、发展”为宗旨，为国际间的校际合作建立全球性民间性、联谊性、学术性组织；是传递各国高等职业院校的学术和教学信息渠道和协助建立院校合作关系和开展合作项目的操作平台。

2011 年 6 月 8 日，依托江苏交通运输职业教育集团，由南京交通职业技术学院、南京铁道职业技术学院、江苏海事职业技术学院南京地区三所交通运输类高职院校和江苏省交通运输厅及多家公路运输、铁路运输、水路运输骨干企业组成的“南京交通高职教育联合体”正式启动。江苏省交通运输厅汪祝君副厅长，江苏省教育厅李世恺副巡视员共同为联合体揭牌。江苏省交通运输厅副厅长汪祝君任理事长，南京交通职业技术学院院长贾俐俐任常务副理事长，南京铁道职业技术学院党委书记、院长王虹和江苏海事职业技术学院院长金南冬为副理事长。

江苏省交通运输厅汪祝君副厅长，江苏省教育厅李世恺副巡视员共同为联合体揭牌

联合体成立了“江苏省交通运输研究中心”，下设“公路运输研究中心”、“铁路运输研究中心”、“水路运输研究中心”三个分中心，探索建立有效的产学研合作机制，制订了《南京交通高职教育联合体理事会章程》、《物流管理专业“公铁水游学制”项目实施管理办法》等文件，明确了试点项目的实施原则、组织机构、人员职责以及项目的资金、设备、信息和成果管理方式。为了完善合作机制，联合体分别于 2011~2013 年初先后召开了五次专题工作会议，就改革试点的任务书、实施方案、人才培养方案、管理办法、资源共建共享等进行讨论研究，并对相关实施工作进行部署。

在推进改革试点项目的过程中，联合体建立了管理、研究、实施“三位一体”的项目运行机制。2010~2011 年，三所学校联合申报的课题《建立服务“大交通”的高职教育联合体实施方案研究》获江苏省教育科学“十一五”规划重点课题立项，课题《大物流格局下物流管理专业人才培养模式的研究与实践》获江苏省职业教育教学改革研究课题立项，都已完成结题相关工作。课题《交通运输中职和高职教育有效衔接的研究与实践》获 2011 年交通运输职业教育科研重点项目立项，并取得了阶段性研究成果。

2011 年 12 月，南京交通高职教育联合体作为江苏省高等教育体制改革试点，获江苏省教育体制改革领导小组批准，并被列为江苏省高校人才培养体制改革六项措施之一，上报国家教育部备案。

二、构建现代职业教育体系

2011 年以来，学院按“适应需求、有机衔接、多元立交”的现代职业教育体系建设要求，着力构建中职、高职、应用型本科有机衔接的技术技能型人才成长立交桥。

2012 年 7 月，学院成立了现代职业教育体系建设试点项目领导小组，张毅院长任组长，高进军副院长任副组长，成员有杨益明、王道峰、陈锁庆、谢剑康、姜军、张家俊、游心仁、文爱民、祁洪祥、沈旭。领导小组下设汽车运用技术、物流管理、机电一体化三个专业试点项目工作组，认真组织实施中高职分段培养项目、高职本科分段培养试点项目。

1. 3+2 高职与普通本科分段培养

学院与南京林业大学签署本科分段培养协议

2012 年 5 月，作为江苏省现代职业教育体系建设试点项目，学院获批与南京林业大学实施“3+2 高职与普通本科分段培养”，合作专业为汽车运用技术和物流管理两个专业。2012 年 7 月，学院与南京林业大学在南京签署了《南京交通职业技术学院—南京林业大学高职与普通本科分段培养项目合作协议》。江苏省交通运输厅厅长游庆仲、江苏省教育厅副厅长丁晓昌出席签约仪式并作重要讲话。江苏教育电视台、扬子晚报、现代快报、中国江苏网、龙虎网等媒体对此次合作进行了报道。

该项目当年招生计划 160 人，其中文科 30 人、理科 130 人。学院加强试点项目的招生宣传工作。2012 年 9 月，学院实际录取 160 人，其中汽车运用技术专业录取 120 人、物流管理专业录取 40 人，全面完成招生计划，录取分数为理科 273 分、文科 256 分，均远高于本三省控线。2012 年 9 月 10 日，两校对接培养院系对首届 2012 级“3+2”高职与普通本科分段培养项目的新生进行了入学教育。进而，双方在培养目标、课程体系、职业资格证书、教学模式等方面深入研究了互相衔接的机制，构建了高职与本科衔接的人才培养方案。

2. 3+3 中职与高职分段培养

为了加快培养区域经济社会发展急需的高技能人才，形成中职和高职院校一体化的现代职业教育体系，学院推进校校共建，积极与中等职业学校实施“3+3分段培养”项目。该项目要求试点学校中职为省级高水平示范性职业学校，高职以普通高职院校为主；中高职衔接所选试点专业必须是试点学校的优势专业或特色专业；学制为六年，其中学生在中职学校学习三年，进入高职学院学习三年。

作为2012年现代职教体系建设试点项目，2012年5月，江苏省教育厅批准了学院作为牵头院校，实施中高职“3+3分段培养”。学院与南京金陵中等专业学校开展汽车应用技术专业的分段培养，招生计划为60人；与溧水中等专业学校开展汽车应用技术和机电一体化专业的分段培养，招生计划为120人。2012年9月，项目顺利实施，两校顺利完成了招生工作。

学院发挥优势专业的辐射作用，推进资源共享，为中等职业学校的学生提供了继续学习的机会。同时，在职教体系内，学院与合作中等职业学校开展了中高职教学计划、教学内容、课程设置、技能训练等方面的教学体系衔接性的研究，力求实现两个阶段的有效贯通和融合。

第五节　师资队伍建设与科研社会服务

学院先后制订“十一五”、“十二五”师资队伍建设规划，推进“人才强校”战略，实施双师工程、名师工程，加强专业带头人、骨干教师队伍培养，优化师资结构。同时，注重教研科研工作，教科研水平不断提高，社会服务能力不断提升。

一、人才强校战略

1. 双师队伍建设

学院把双师型教师培养作为师资队伍建设的重点工作来抓。2007年5月，制订了教师培训计划，对“双师型”教师状况进行了摸底，确定了教师培训名单，联系有关培训基地，分批次进行了培训；建立教师轮岗实践制度，当年选派10多名教师到企业实践锻炼。2009年，学院分批选送116人到企业锻炼，2人参与江苏省临海高速公路建设工程项目。2009年11月，学院出台了《专业教师下企业实践锻炼管理暂行办法》，把具有6个月以上的企业实践经历，具有双师资格作为教师资格评定、岗位聘任的依据。2010年暑期下企业教师127人，分赴63个企业进行了为期2~4周的暑期实践锻炼。2011年实施了暑期“百名教师下企业实践”项目，下企业教师116名。2012年下企业实践95人，其中15人考核优秀。

广大教师深入企业与企业员工同劳动、同思考，并在实践中学技术、学技能、进行课题研究，为企业进行技术服务、技术研发，引进横向课题，同时企业为学院专业建设、课程建设、人才培养方案的完善提供科学指导。截至2012年8月，学院教师拥有汽车销售工程师、物流师、公路检测员、材料检测员、注册心理师、注册会计师、网络工程师等职业资格者达到317人，占教师总数的79.65%。

2. 名师建设工程

2007年学院出台了《教学名师评选及管理办法》，评选从师德、教学研究、学术造诣、教学实践方面进行全面考察，并加强了奖励与管理。2008 年，蒋玲、杨益明被评为江苏省交通系统教学名师；文爱民获交通部“吴福—振华交通教育优秀教师奖”。2009 年，杨益明被评为第五届江苏省高等学校教学名师。2011 年，文爱民、吕亚君、张淑梅被评为江苏省交通系统教学名师。2006~2011 年，张春阳、杨益明、蒋玲、何玉宏、盛海洋先后入选江苏交通“100 人才工程”。2007 年评选出王海方、屠卫星、黄开兴、盛海洋、陈晋中为学院首批教学名师。2009 年评选出文爱民、宋维堂、吕亚君为学院第二批教学名师。2011 年评选出沈旭、张淑梅、刘凤翰为学院第三批教学名师。为充分发挥学院教学名师在专业建设、教学研究、指导青年教师和指导优秀学生开展教学创新中的作用，学院为教学名师配备了“名师工作室”。学院各级教学名师在教学工作中发挥了示范引领作用，积极开展传帮带，创新教学方法，提高了教学质量和人才培养水平。

3. 专业带头人和优秀教学团队建设

2009 年底，学院出台《专业负责人选拔、培养管理暂行办法》，对优秀人才加强了选拔、培养和管理工作。2010 年评选出专业带头人 10 名，专业负责人 19 名，骨干教师 43 名。2012 年评选出专业带头人 5 名，专业负责人 7 名，骨干教师 15 名。2010 年学院评选了汽车技术服务与营销、道路桥梁工程技术、物流管理、计算机网络技术、工程机械运用与维护、建筑工程技术 6 个院级优秀教学团队。2012 年又新增了汽车整形技术、工程测量技术、会计、电子信息工程技术、建筑装饰工程技术、实用英语、思政理论课 7 个院级优秀教学团队。学院有交通运输部高职教育专业带头人 3 名，江苏省高校“青蓝工程”中青年学术带头人 2 名、优秀青年骨干教师 7 名。汽车运用技术教学团队为省级优秀教学团队。

4. 青年教师培养与人才引进

学院通过“青蓝工程”结对培养，以经验丰富的老教师指导新进的年轻教师的方式，每年开展新教师岗前培训，促进年轻教师的迅速成长。学院督导和系部教学督导还对青年教师的课堂教学、课程设计进行监督和指导，并组织他们参加说课比赛、公开观摩课、教案设计比赛、教学大奖赛等。学院还派出教师参与社会服务，为企业培训优秀员工，承担省级大赛裁判工作。

学院通过自主组团出国（境），参团出国考察、培训，落实江苏省教育厅中青年骨干教师出国（境）研修项目、国内访问学者项目，高职教师培训项目，参加国内外学术会议、教学改革论坛等方式，进一步提升中青年教师的教学能力和科研水平。认真落实交通运输部援疆支教工作，2012 年 9 月，学院汽车工程系教师胡俊赴新疆交通职业技术学院开展为期三个月支教工作。

2012 年 3 月，为落实《学院“十二五”发展规划》提出“具有正高职称和博士学位的教师比例分别达到 7% 以上”的目标，学院召开了实施人才优先战略工作推进会，相继出台了学院教职工继续教育、高层次人才引进、高层次人才科研启动经费管理三个关于高层次人才培养、引进的重要文件，加大了鼓励和支持教职工参加学历（学位）进修、岗位培训、实践锻炼等各级各类进修的力度。2012 年申请攻读博士学位 15 人。

2006~2012 年，学院引进正高职称 4 人，副高职称 13 人，博士 9 人。截至 2012 年底，学院有教职工 603 人，其中专任教师 398 人，教授、副教授等高级职称 157 人，博士、硕士 240 人。学院省（部）、市（厅）级人才队伍建设情况见表 8-9。

学院省（院）、市（厅）级人才队伍建设情况 表 8-9

名　称	人次	姓　名	备　注
江苏省高等学校教学名师	1	杨益明	苏教人［2009］26 号
江苏省高等学校优秀教学团队带头人	1	杨益明	汽车运用技术教学团队
江苏省“六大人才高峰”第八批高层次人才项目	1	贾俐俐	苏教办师［2012］3 号
全国交通高职教育专业带头人	4	张春阳	交通行指委［2005］5 号
	4	屠卫星	交通行指委［2005］5 号
	4	杨益明	交通教指委［2007］1 号
	4	盛海洋	交通教指委［2009］1 号
江苏省交通运输系统教学名师	5	蒋　玲	苏交政［2008］87 号
	5	杨益明	苏交政［2008］87 号
	5	文爱民	苏交政［2012］102 号
	5	吕亚君	苏交政［2012］102 号
	5	张淑梅	苏交政［2012］102 号
江苏省高校“青蓝工程”中青年学术带头人	3	贾俐俐	苏教师［1998］32 号
	3	盛海洋	苏教师［2007］2 号
	3	何玉宏	苏教师［2008］30 号
江苏省高校“青蓝工程”优秀骨干教师	10	秦志凯	苏教师［2005］12 号
	10	韩　星	苏教师［2007］2 号
	10	宋维堂	苏教师［2008］30 号
	10	曹旭平	苏教师［2008］30 号
	10	郭　彬	苏教师［2008］30 号
	10	王　健	苏教师［2010］27 号
	10	余　霞	苏教师［2010］27 号
	10	米　洪	苏教师［2010］27 号
	10	姜　军	苏教师［2012］39 号
	10	祁顺彬	苏教师［2012］39 号
交通部吴福—振华交通教育优秀教师奖	2	屠卫星	交科教发［2005］70 号
	2	文爱民	厅科教字［2008］49 号
江苏省交通行业“100 人才工程”人选	5	张春阳	苏交政［2006］149 号
	5	杨益民	苏交政［2009］123 号
	5	蒋　玲	苏交政［2011］122 号
	5	何玉宏	苏交政［2011］122 号
	5	盛海洋	苏交政［2011］122 号

5. 兼职教师队伍建设

学院完善了兼职教师聘用和管理办法，聘请行业、企业专家和技术骨干担任学院的兼职教师，承担实践类课程的教学与指导、专业建设等工作。2008 年学院聘请建筑类客座教授 6 名，指导专业与课程建设。2010 年 11 月，学院聘请 56 家企业的部门经理或人力资源部门负责人，建设首批校外教学质量督导队伍。2011 年 11 月，学院聘请客座教授、兼职教授 18 名。截至 2012 年 8 月，学院拥有兼职教师 401 人。他们对学院的教学、科研、校企合作及其他建设改革起到了重要的推动作用。

二、科研开发与学术交流

1. 科研发展情况

学院不断完善科研管理制度和科研考核评价机制，努力调动教师的科研创新和科研成果转化的积极性。2006 年 11 月，学院出台了《科技创新工作实施意见》，成立了由院长孟祥林担任组长的“科技创新领导小组”，确定了“推进科学研究、科技服务和人才培养紧密结合”的指导思想。2008 年 5 月，学院学术委员会审议通过了《学院科研、教研奖励暂行办法》、《教研工作管理条例》，对科研工作进行了详细的定量评价。2012 年 2 月，学院出台了《高层次人才科研启动经费管理实施办法》，吸引并稳定高层次人才，促进学院学术科研工作的开展。

学院积极建设科研基地，搭建工作平台。到 2012 年，学院依托政府、行业、企业资源和专业优势，建设科技研发与社会服务“五大平台”：江苏省道路交通节能减排工程技术研究开发中心、江苏省交通节能减排工程技术研究中心，江苏交通运输职业教育集团，江苏省机动车驾驶培训教练员考核中心，南京交通职业技术学院国家职业技能鉴定所以及多个校办产业，促进了学院科研开发和技术服务，取得良好的社会效益。

2006 年以后，学院获得江苏省哲学社会科学项目、江苏省教育厅哲学社会科学项目的立项不断增加。2009 年，学院获得江苏省教育厅哲学社会科学基金项目立项 9 项，其中 5 项为资助项目，名列全省高职院第一，并成功申报首个高校科技成果孵化及高新技术产业推广项目。到 2013 年 6 月，学院获得省级哲社项目立项达 67 项，在高职院校中名列前茅。如江苏省教育厅哲学社会科学项目《高职院校素质教育的模式与实施途径研究》(孟祥林 2006 年)，江苏省教育厅教改项目《培养交通行业跨学科、跨专业复合型人才改革研究与实践》(蒋玲 2007 年)、江苏省教育厅教改重点项目《高职院校工学结合背景下教学工作状态评价体系研究与实践》(贾俐俐、陈锁庆 2009 年)、《基于知识流的江苏高职院校核心竞争力研究》(贾俐俐 2009 年)、《工学结合背景下高职院校教学管理模式及教学质量标准建设研究与实践》(杨益明、陈锁庆 2011 年)，以及省纪检研究课题《关于构建高校权利运行监控机制研究》(冷明祥、应海宁 2012 年) 等。在江苏省哲学社会科学项目中，学院领导、教师高度重视学生工作的研究，就学生职业素质、辅导员考核指标等内容进行了深入研究，如《高职院校辅导员工作研究与创新》(高进军 2008 年)、《阳光体育背景下学生体育考核指标体系研究与实践》(史立峰 2009 年)、《高校辅导员绩效考核评价指标体系构建与研究》（王雪琴 2012 年）等。

2008 年，学院首次设立了学院青年基金项目，2010 年 12 月学院成立了交通经济与社会发展研究所，有效激发了青年教师参与科教研工作的热情。2011 年，学院有 14 项教育科研成果获得市厅级奖励。2012 年，学院何玉宏教授等申报的《交通运输方式变革对社会生活方式的影响研究》获 2012 年度教育部人文社会科学研究规划基金项目立项资助，学院社会科学研究工作取得了新的进展。

在江苏省高教学会规划课题、江苏省职业教育教学改革研究课题、江苏省教育科学"十二五"规划课题等较高级别的省级教育课题立项中成绩喜人。2009 年江苏省高教学会规划课题立项 2 项，2011 年江苏省职业教育教学改革研究课题立项 10 项，江苏省教育科学"十二五"规划课题立项 4 项，如《校企合作，工学结合培养人才的机制研究——以交通道路桥梁工程技术专业为例》（盛海洋）、《"大物流"格局下物流管理专业人才培养方案开发研究》（祁洪祥）、《土建专业校内实训项目开发研究》（刘凤翰）、《中高职教育有效衔接的理论与实践研究——以交通运输类专业为例》（何玉宏）。

学院教师立足交通事业发展，努力破解交通工程发展中的待解难题，积极开展科研开发，钻研前沿技术，产生了众多优秀成果。如江苏省交通运输厅项目《基于公众需求的现代综合交通服务体系研究》（孟祥林）、《路基土压实度测试仪研制》（张春阳）、《和谐交通建设的道德环境研究》（史国君、陆礼）、《国产环氧沥青混合料性能的研究》（贾俐俐）、《桥梁基桩检测培训与新技术推广研究》（樊琳娟、金志强）、《硅藻精土在高等级公路沥青路面工程中的深入应用研究》（曹荣吉、蒋玲）、《光学信息技术在路桥检测中的应用研究》（周传林、袁健）、《基于 PAC 技术的公交车载智能系统应用研究》（沈旭）等，发挥了交通运输类高校较强的科研服务作用。

2011~2012 年，学院横向课题数量实现大幅增加，达到 27 项，到账经费 63.7 万元。2011 年，学院获批实用新型专利 1 项，软件著作权 2 项。2012 年，学院专利申请立项取得较大突破，带有雾化水装置的空气净化器、便于清洗过滤插板的反吹装置、具有自动回落污染空气中颗粒的净化器等实用新型专利共计 30 项获得国家知识产权局实质性审查，其中 23 项实用新型专利获得授权。

2011 年交通节能减排工程技术开发中心成立后，学院加大了基于交通发展的节能减排技术、环境污染防治、循环经济等方面的研究力度，逐渐形成了学院的一个学术品牌。如江苏省交通运输厅项目《江苏低碳交通运输组织优化研究》（贾俐俐）、《低碳交通运输发展政策研究》（高进军、陆礼），国家住房与城乡建设部科研项目《气凝胶复合材料处置港口/航道化学品泄漏的应用研究》（程东祥）、《污水中重金属离子的生化再生研究》（程东祥），江苏省教育厅哲学社会科学项目《基于资源生产率理论的区域低碳竞争力评价系统研究》（陈静）、《江苏省道路运输节能减排评价指标体系研究》（姜军）等。

"十一五"以来，学院科研水平不断提高，成绩不断增加。经过初步统计，学院校外课题立项 170 余项，横向课题 40 余项，发表论文 2000 多篇，其中全国中文核心论文 380 余篇，被 SCI、EI、CSSCI 检索论文 60 余篇，申请专利 50 余项。学院"十一五"期间各级各类院外科研项目见表 8-10。

学院“十一五”期间各级各类院外科研项目立项一览表　　表 8-10

序号	项目名称	项目负责人	项目来源	立项时间
1	危化品运输车侧倾侧翻伺服控制系统及报警装置	孟祥林	江苏交通科研计划项目	2006 年
2	江苏交通形象建设策略研究	张永春	江苏交通科研计划项目	2006 年
3	高职素质教育理论与教育实践研究	孟祥林	中国高教学会“十一五”规划课题	2006 年
4	电子商务下农产品物流模式研究	黄体允	教育厅哲社项目	2006 年
5	和谐社会的交通伦理	陆　礼	教育厅哲社项目	2006 年
6	欠发达地区新农村建设实践研究	温习章	教育厅哲社项目	2006 年
7	和谐社会与交通（公平）发展	张永春	教育厅哲社项目	2006 年
8	高职院校素质教育的模式与实施途径研究	孟祥林	教育厅哲社项目	2006 年
9	路基土压实度测试仪研制	张春阳	江苏交通科研计划项目	2007 年
10	交通社会学构建的若干问题研究	何玉宏	教育厅哲社项目	2007 年
11	我省优势学科实践教学基地开发与建设研究	盛海洋	教育厅哲社项目	2007 年
12	高职院校学生职业素质教育的研究与实践	高进军	江苏高职研究会课题	2007 年
13	高职院校国际合作模式的研究和实践	王晓农	江苏高职研究会课题	2007 年
14	高职院校中外合作办学人才培养模式的研究和实践	宋维堂 张淑梅	江苏高职研究会课题	2007 年
15	高职院校图书馆特色数字化资源建设与共享研究	毕朝晖	江苏高职研究会课题	2007 年
16	高职院校综合化课程的研究与实践——以地质土质与土力学课程为例	盛海洋	江苏高职研究会课题	2007 年
17	物流管理专业工学结合课程建设的研究与实践	吕亚君	交通教指委项目	2007 年
18	校内生产性实训基地建设的研究与实践	陆春其	交通教指委项目	2007 年
19	“汽车技术服务与营销”专业工学结合人才培养模式改革的研究与实践	边　伟	交通教指委项目	2007 年
20	高职院校校内生产性实训基地开发与建设的研究	周传林	交通教指委项目	2007 年
21	不同监管模式下交通建设工程安全监管内容的研究	陆春其	南京市交通局	2007 年
22	高校领导体制完善与创新研究	张永春	省社科联项目	2007 年
23	新农村建设中的新型村镇银行内部控制体系开发研究	杨晓东	省社科联项目	2007 年
24	国产环氧沥青混合料性能的研究	贾俐俐等	江苏交通科研计划项目	2008 年
25	基于公众对交通需求的现代综合交通服务体系研究	孟祥林	江苏交通科研计划项目	2008 年

续上表

序号	项目名称	项目负责人	项目来源	立项时间
26	高职院校辅导员工作研究与创新	高进军	教育厅哲社项目	2008 年
27	现代交通科学发展的伦理维度	陆　礼	教育厅哲社项目	2008 年
28	当代东亚历史比较语言学理论与方法研究	李　艳	教育厅哲社项目	2008 年
29	新农村和谐发展中的新型村镇银行风险管理平台开发研究	杨晓东	教育厅哲社项目	2008 年
30	高职院校辅导员职业倦怠与职业生涯发展研究	朱素阳	教育厅哲社项目	2008 年
31	新农村建设中的新型村镇银行内部控制体系开发研究	杨晓东	省社科联项目	2008 年
32	汽车专业群项目化课程教学体系的研究与实践	杨益明	江苏省教育科学“十一五”规划课题	2008 年
33	高职高专英语教学模式创新的研究	胡海青	江苏省教育科学“十一五”规划课题	2008 年
34	多种教学媒体在教学中的运用与提高课堂教学效率的研究	盛海洋	江苏省现代教育科学技术“十一五”滚动课题	2008 年
35	基于知识流的江苏高职院校核心竞争力研究	贾俐俐	教育厅哲社项目	2009 年
36	高职院校学生人文素质教育体系设计研究	吕亚君	教育厅哲社项目	2009 年
37	交通社会学：理论、视野与构建	何玉宏	教育厅哲社项目	2009 年
38	课程体系外的高职学生职业关键能力培养模式研究	杨金刚	教育厅哲社项目	2009 年
39	高职生道德社会化的实证研究	王　健	教育厅哲社项目	2009 年
40	基层司法所对未成年犯社区矫正操作范式的完善	陈习知	教育厅哲社项目	2009 年
41	金融危机下中小企业融资策略研究	祁洪祥	教育厅哲社项目	2009 年
42	金融危机背景下的中国对外投资战略调整与风险控制体系构建研究——以江苏为例	曹旭平	教育厅哲社项目	2009 年
43	高职院校大学生思政教育创新研究	徐燕秋	教育厅哲社项目	2009 年
44	建立江苏汽车快修市场的研究	高进军	江苏交通科研计划项目	2009 年
45	桥梁基桩检测培训与新技术推广研究	樊琳娟等	江苏交通科研计划项目	2009 年
46	江苏中心城市大交通管理体制政策导向研究	何玉宏	江苏交通科研计划项目	2009 年
47	新形势下优秀教学团队建设的研究与实践——以汽车运用技术专业省级优秀教学团队为例	高进军	交通教指委科研项目	2009 年
48	校企合作培养公路工程类创新型技能人才的研究与实践	蒋　玲	交通教指委科研项目	2009 年

续上表

序号	项目名称	项目负责人	项目来源	立项时间
49	高职院校管理类专业创业型人才培养模式研究	王艳梅	交通教指委科研项目	2009年
50	机电一体化专业基于工作过程系统化的教学方案设计	李艳霞	交通教指委科研项目	2009年
51	汽车维修接待学习领域的教学设计研究	刘　阳	交通教指委科研项目	2009年
52	高职思想政治理论课探究型教学模式创新研究与实践	秦志凯	交通教指委科研项目	2009年
53	高职院校校园文化隐性价值诉求研究	徐燕秋	交通教指委科研项目	2009年
54	高职财经类课程教学模式创新与学习方式转变的研究——以财务管理与分析课程为例	王艳梅	江苏省教育科学“十一五”规划课题	2009年
55	基于工作过程的电子信息工程技术专业课程体系建设研究	陈　军	江苏省教育科学“十一五”规划课题	2009年
56	校企合作，工学结合培养人才的机制研究——以交通道路桥梁工程技术专业为例	盛海洋	江苏省高教学会	2009年
57	网络环境下数控机床教学设计研究	李艳霞	省现代教育技术“十一五”规划滚动课题	2009年
58	基于大班教学环境下高职思想理论课多维互动教学模式研究	赵　勇	省高校思政教研课题	2009年
59	高职影视广告专业课程教学新模块的构建	刘宗红	教育部高职高专广播影视类专业教指委“十一五”规划课题	2009年
60	营运车辆驾驶人驾驶适应性检测标准研究	孟祥林等	江苏交通科研计划项目	2010年
61	硅藻精土在高等级公路沥青路面工程中的深入应用研究	蒋玲等	江苏交通科研计划项目	2010年
62	光学信息技术在路桥检测中的应用研究	周传林等	江苏交通科研计划项目	2010年
63	江苏低碳交通运输组织优化研究	贾俐俐	江苏交通科研计划项目	2010年
64	低碳经济下公共交通运输信息平台建设研究	宋维堂	教育厅哲社项目	2010年
65	从大学生公寓人际关系引导探析高校和谐校园文化建设	张毓秋	教育厅哲社项目	2010年
66	呼唤与回应，传承和发展——赫斯顿和沃克小说创作比较	蒋　曙	教育厅哲社项目	2010年
67	高职院学生顶岗实习中的法律风险及其防范	徐　升	教育厅哲社项目	2010年
68	软件技术专业创业型人才培养模式研究	张淑梅	教育厅哲社项目	2010年
69	大学生综合素质网络测评体系构建与研究	耿　巍	教育厅哲社项目	2010年
70	基于信息化服务的高职院校毕业生就业指导研究	王　宁	教育厅哲社项目	2010年

续上表

序号	项目名称	项目负责人	项目来源	立项时间
71	高职院校教学资源库建设的理论与实践研究	宋维堂	江苏省教育科学研究院现代教育技术研究所	2010年
72	基于Blackboard平台的《汽车发动机机械维修》网络课程建设及教学应用研究	郭　彬	江苏省教育科学研究院现代教育技术研究所	2010年
73	网络环境下高职模具专业教学模式的设计与实践研究	李东君	江苏省教育科学研究院现代教育技术研究所	2010年
74	高职院校汽车与保险复合型人才培养模式探索	周　燕	教育部高职高专汽车类专业教指委课题	2010年
75	高职高专计算机类专业人才培养模式研究	宋维堂	教育部高职高专计算机类专业教指委课题	2010年
76	工学结合人才培养模式下高职教学质量校企共同评价与保障体系的研究与实践	贾俐俐	中国交通教育研究会课题	2010年
77	工学结合人才培养模式下的课程改革研究——以财务管理分析课程为例	王艳梅	中国交通教育研究会课题	2010年
78	科学人文主义教育观视域下的高职教育理念的审读	刘　冬	中国交通教育研究会课题	2010年
79	工学结合模式下学生职业能力培养研究——以物流管理专业为例	祁洪祥	中国交通教育研究会课题	2010年
80	高职院校交通工具造型设计专业大学生创业素质培养的路径创新	杨晓东	中国交通教育研究会课题	2010年
81	高职院校的可持续发展研究	何玉宏	中国交通教育研究会课题	2010年
82	现代服务业发展与高职教育创新——以江苏为例	曹旭平	中国交通教育研究会课题	2010年
83	高职交通类学生顶岗实习质量保障体系研究	蒋　玲	中国交通教育研究会课题	2010年
84	高职院校和谐校园文化建设中的大学生团队建设研究	许正林	省高校思政教育研究课题	2010年
85	主题教育与大学生思想政治教育研究	王　平	省高校思政教育研究课题	2010年
86	高职院校增强网络思想政治教育实效性的方法研究	王　宁	省高校思政教育研究课题	2010年

2. 学术交流和科研教改成果

学院积极促进学术交流。每年举办高职教育教学改革等方面的专家讲座，拓宽广大教师视野。每年定期出版南京交通职业技术学院《交通高职研究》学报4期，并同全国近100家高校进行了学报交流。2008年以来，为了推动新一轮教育教学改革，学院先后邀请了姜大源、赵志群等多名国内外知名的职业教育专家来校作高职教育改革、人才培养模式改革、专业与课程改革等报告。同时，学院还邀请了南京工业大学、南京航空航天大学、南京艺术学院等高等院校专家学者，就社会热点、科研新动向等与全院师生进行全方位交流，拓展了广大师生的学术视野。

在新一轮教育教学改革中，广大教师将教学实践与科学研究结合起来，努力探索工学结合人才培养模式、校企合作、集团化办学、项目化课程改革、素质教育、校园文化建设、现代职教体系的体制机制，针对高职教育发展提出了具体可行的对策，获得多项省级教育教学改革成果奖。学院教育教学改革获奖成果见表 8-11。学院教育教学改革立项课题见表 8-12。

学院教育教学改革获奖成果一览表

表 8-11

年度	项目名称	获奖类型	获奖等级	主要完成人
2009	全程参与、深度合作，校企联合培养汽车服务类人才	江苏省高等教育教学成果奖	一等奖	杨益明　文爱民　陈林山　边　伟　屠卫星
2011	紧贴行业，校企共育，路桥专业人才培养创新与实践	江苏省高等教育教学成果奖	一等奖	蒋　玲　盛海洋　周传林　樊琳娟　张文斌　李建才　夏卫国　罗云军　刘求龙　李永成
2012	物流管理专业“3312”工学交替人才培养模式的研究与实践	江苏省高等教育教学成果奖	二等奖	祁洪祥　吕亚君　纪正广　张洪满　邹冬萍

学院教育教学改革课题立项一览表

表 8-12

年度	课题名称	项目类型	项目负责人
2007	高等职业技术教育特色发展战略研究——以交通类高职院为例	江苏省教改重点项目	孟祥林
	培养交通行业跨学科、跨专业复合型人才改革研究与实践	江苏省教改一般项目	蒋　玲
	高职院校实践教学基地开发与建设的研究——以交通道路桥梁工程技术专业为例	江苏省教改一般项目	盛海洋
2008	校企合作公路工程类高技能人才培养模式创新实验基地	江苏省高等教育人才培养模式创新实验基地	贾俐俐
2009	高职院校工学结合背景下教学工作状态评价体系研究与实践	江苏省教改重点项目	贾俐俐 陈锁庆
	阳光体育背景下学生体育考核指标体系研究与实践	江苏省教改一般项目	史立峰
	汽车运用技术专业项目化课程改革的研究与实践	江苏省教改一般项目	高进军
2010	土建专业校内实训项目开发研究	江苏省职教教改项目	刘凤翰
	《钢结构工程技术》专业人才培养方案开发研究	江苏省职教教改项目	陈晋中
	高职广告设计专业“六业并举”人才培养模式研究	江苏省职教教改项目	刘宗红
	职业技能竞赛项目与项目化课程的互动建设研究	江苏省职教教改项目	杨益明
	“大物流”格局下物流管理专业人才培养方案开发研究	江苏省职教教改项目	祁洪祥
	思想政治理论课教学有效性研究	江苏省职教教改项目	王金情
	基于工作过程的项目化课程行动导向教学评价研究	江苏省职教教改项目	郭　彬
	基于工作过程的通信技术课程实践教学模式的创新研究	江苏省职教教改项目	董春利
	高职土建类专业学生工程素质培养研究	江苏省职教教改项目	张文斌
	机电一体化技术专业工学结合人才培养模式研究	江苏省职教教改项目	李艳霞

续上表

年度	课 题 名 称	项 目 类 型	项目负责人
2011	构建服务"大交通"的南京交通高职教育联合体	江苏省高等教育人才培养体制改革项目	贾俐俐
	工学结合背景下高职院校教学管理模式及教学质量标准建设研究与实践	江苏省教改重点项目	杨益明 陈锁庆
	产学研用结合培养高等级公路养护技术创新人才的研究与实践	江苏省教改一般项目	蒋　玲 沈　旭
	职教集团内多元化合作动力机制与评价体系研究	江苏省教改一般项目	贾俐俐 吕亚君
	"入门—入行—入职"递进式的高职教育课程与教学内容体系改革研究与实践	江苏省教改一般项目	祁洪祥
	跨文化交际视野下高职英语教学改革研究与实践	江苏省教改一般项目	胡海青 倪　方
2012	中高职 3+3 分段培养项目：汽车运用技术	江苏省现代职业教育体系建设试点项目	文爱民
	中高职 3+3 分段培养项目：机电一体化技术	江苏省现代职业教育体系建设试点项目	沈　旭
	高职与普通本科分段培养项目：汽车运用技术	江苏省现代职业教育体系建设试点项目	文爱民
	高职与普通本科分段培养项目：物流管理	江苏省现代职业教育体系建设试点项目	祁洪祥

学院还积极推动优秀学者走出去，参加国内外高层学术论坛，提高了学院知名度和影响力。2010 年 5 月，贾俐俐教授当选江苏省职业教育教学改革创新指导委员会委员和江苏省职业教育交通运输类专业教科研中心组组长；当选南京机械工程学会塑性工程（锻压）专委会主任、第五届塑性工程（锻压）专业委员会主任委员。2012 年 7 月，陆礼教授公开出版国内第一部交通伦理学专著《交通伦理》；2006~2012 年先后十多次出席国内外高层学术会议或论坛。2012 年 11 月份，何玉宏教授公开出版学术专著《汽车社会与城市交通——交通社会学的探索》，当选为南京市社科联第七届委员会委员，成为《中国汽车社会蓝皮书》撰稿专家，获得"钱学森城市学金奖提名奖"。

三、省级工程中心建设

1. 江苏省道路交通节能减排工程技术研究开发中心

2010 年，为进一步推进江苏高等职业技术院校的人才培养、科技开发和成果转化工作，提高高职教育服务区域经济社会发展的能力，江苏省教育厅启动了在高等职业技术院校建设若

江苏省道路交通节能减排工程技术研发中心揭牌

干个工程技术研究开发中心的计划。作为交通运输大省，"十二五"期间，江苏省面临的节能减排任务尤为艰巨，加强交通节能减排科技研发具有重要的现实意义。因此，学院紧紧围绕节能减排技术研发任务组织申报建设工程中心。2010年11月顺利通过了江苏省教育厅组织的对"江苏省道路交通节能减排工程技术研究开发中心"现场考察论证，获得江苏省教育厅批准。

2011年4月25日，学院举行"江苏省道路交通节能减排工程技术开发中心"揭牌仪式。江苏省教育厅殷翔文副厅长、江苏省交通运输厅金凌总工为中心揭牌。江苏省发改委、江苏省教育厅、江苏省交通运输厅有关处室领导，南京工业大学、省交通科学研究股份有限公司、镇江江天汽运集团有限公司等高校、行业企业领导和专家出席揭牌仪式。工程中心的研发重点是在节能驾驶技术、路面材料等领域开展节能减排技术研究。该中心是学院第一个省级工程研发中心，学院院长贾俐俐教授任工程中心管理委员会主任，技术委员会主任由南京工业大学能源学院院长张红教授担任。学院依托此平台，实现人才培养、科研成果转化和社会服务融合与提升，从而不断培育学院科研力量。这有利于学院加强内涵建设、提升教师研发能力，有利于发挥学院在交通节能减排领域的科技开发、成果转化及技术培训方面的作用，为学院更好地服务行业、服务社会，优化科技研究体系提供了创新路径。

2. 江苏省交通节能减排工程技术研究中心

根据江苏省交通运输"十二五"发展规划纲要，江苏交通大力推动资源节约、环境友好型行业建设，大力促进新技术、新材料、新工艺和低碳环保技术的研发应用，提出新建2~3个行业研发中心的任务。2011年6月，学院向江苏省交通运输厅提出申请建立"江苏省交通节能减排工程技术研究中心"，经江苏省交通运输厅组织专家可行性论证与审查，同年12月获得省厅批准建设。2012年4月1日，江苏省交通运输厅在学院隆重举行江苏省交通节能减排工程技术研究中心揭牌仪式暨第一届理事会第一次会议。江苏省交通运输厅游庆仲厅长、李先友副厅长，江苏省环保厅刘建琳总工程师和省经信委冯焕明副巡视员共同为中心揭牌。江苏省交通运输厅有关处室、单位，江苏省环保厅有关部门领导出席了揭牌仪式。江苏省交通节能减排工程技术研究中心的成立，对整合江苏省交通运输节能减排技术力量、加强政策标准研究、技术应用推广、完善技术服务于检测体系具有积极作用，将为江苏交通运输转型升级，走绿色、低碳、可持续发展之路提供有力支撑。

江苏省交通运输厅游庆仲厅长出席江苏省交通节能减排工程技术研究中心揭牌仪式

2012年5月20日，江苏省交通节能减排工程技术研究中心召开了第一届技术委员会第一次会议。交通运输部政策法规司朱伽林副司长，中心技术委员会全体成员出席了会议，江苏省交通运输厅党组成员、总工程师金凌主持了会议。在听取了交通节能减排中心建设情况的汇报后，会议就中心的建设目标及2012年工作重点展开讨论，一致通过江苏省交通节能减排中心2012年的工作计划和科研重点。

江苏省交通节能减排工程中心成立后，积极开展工作，推进科技创新，取得了较多成果。2011年至今共计数十个科研开发项目获得立项，获得拨款400多万元。2011年12月，江苏省交通运输节能减排专项经费项目《低碳交通运输发展动态与政策建议研究》和《船舶油污水的气凝胶复合材料再生技术应用研究》的工作大纲顺利通过评审。2012年8月，根据江苏省交通运输厅的部署，经交通节能减排工程中心组织评审推荐，江苏交通系统共有26个项目获得交通运输部2012年度第二批交通运输节能减排专项资金支持，补助金额共计4797万元，位列全国第一。2012年12月，江苏省交通节能减排工程技术研究中心被授予“全省交通运输节能减排先进集体”荣誉称号。

四、职业培训

学院坚持全日制高职教育与成人教育、岗位和职业培训协调发展，形成多层次多形式办学格局。“十一五”以来，学院根据行业、企业和社会需要，进一步加强各级各类技能培训，依托国家职业技能鉴定所和交通行业职业技能培训工作站及鉴定站、中央和省财政支持的高职教育实训基地等，为企业在职员工、转岗人员等进行培训；承担省部级的有关新规范、新技能等行业培训；开展造价工程师、试验检测员（工程师）、监理工程师等工程技术人员多个职业技能和职业资格认证项目的培训。学院每年社会培训超过万人。2008年，学院汽车运用类实训基地被江苏省教育厅确定为江苏省高职汽车类专业“双师”培养基地，每年均承办省教育厅组织的中职、高职院校的汽车运用与维修专业骨干教师培训等，发挥了较好的示范作用。2009年，交通土建类实训基地成为全省交通土建各类专业工种培训与考核基地、全国基桩检测人员培训基地，每年承办全国和全省公路（水运）工程专业技术人员培训班，在省内外产生积极影响。

五、校办产业发展

学院坚持走产学研发展道路，依托专业、技术、人才优势，发展校办产业，推动了专业建设与发展，培养和锻炼师生，促进技术技能型人才培养。“十一五”以来，学院校办产业每年的技术服务产值在3500万元以上，取得了新的发展成效。

按照《教育部关于高校产业规范化建设中组建高校资产经营有限公司若干意见》的要求，江苏省教育厅积极推进高校校办企业改制工作，研究制订了《江苏省省属高校组建资产经营（管理）有限责任公司办法》。2006年3月，学院成立了以史国君、孟祥林为组长的学院校办企业改制工作领导小组，当年制定了校企改制工作总体方案，把学院的江苏育通交通工程咨询监理公司作为改制企业。江苏育通交通工程咨询监理公司在多年的发展过程中，积极开拓省内外交通工程建设业务，经营效益和服务教学能力不断增强。2006年被山东省交通运输厅表彰为“山东省高速公路建设管理年活动优秀监理单位”，2007年，公司取得了国家监理甲级资质，具

学院《公交车载智能系统》等三个科技创新成果
参展江苏省第一届大学生创新创业成果（项目）交流会

有良好的改制基础。2007 年 6 月，学院正式注册成立了南京交通职业技术学院资产经营有限责任公司（简称“学院资产经营公司”），由该公司统一持有并经营管理学校对企业投资的股权和经营性资产，承担经营性资产的保值增值的责任。2008 年改制注册成立了江苏育通交通工程咨询监理有限责任公司，在 2009 年度中国公路建筑行业协会“公路交通优质工程奖”评选中，该公司参建的南京至淮安高速公路获 2009 年度公路交通优质工程奖一等奖。2010 年 3 月，该公司承接的京杭运河常州市区段改造工程喜获第九届“中国土木工程詹天佑奖”殊荣，并同时荣获交通运输部颁发的 2009 年度水运工程质量奖。

学院目前拥有江苏育通交通工程咨询监理有限责任公司、江苏省南京交院土木工程检测所、南京交苑道路工程有限责任公司、南京交院机动车驾驶员培训中心等校办产业，较好地服务交通工程建设和社会需要。这些公司先后参与沪宁高速公路、沿江高速公路、苏通大桥、润扬大桥等交通建设重点项目 40 多项。学院下属的驾驶员培训中心历年来培训质量在南京市名列前茅，在全省享有较好的声誉。2006 年，江苏省交通运输厅在学院设立了“江苏省机动车驾驶培训教练员考核中心”，该中心成为全国首家对全省从事机动车驾驶培训的教练员和申领教练员资格进行考核，并发放教练员上岗资格证书的单位。

2011 年，学院进一步理顺校办产业管理体制，由学院资产经营公司统一管理校办产业，落实目标效益和责任，明确公司经营目标、治理结构和经营措施，加强企业管理，提高企业的市场竞争力。

第六节　学生教育管理与招生就业工作

学院全面贯彻落实中共中央国务院《关于进一步加强和改进大学生思想政治教育的意见》和江苏省委的实施意见，始终坚持“以学生为本，促进学生全面发展”的工作理念，坚持育人为本、德育为先，注重学生综合素质培养。坚持以服务为宗旨、就业为导向，加强学生就业指导和创新创业教育，提高毕业生就业率和就业质量。健全了院系两级学生教育管理和招生就业工作机制，形成了全过程、全方位、全员化“三全”育人和服务体系。

一、学生教育管理工作

1. 大学生综合素质教育

“十一五”以来，学院以每年开展大学生主题教育和实践活动为抓手，把学生思想政治教育工作落到实处。如：2008 年以来，先后开展了迎奥运、纪念改革开放 30 周年暨校庆 55 周年、庆祝新中国成立 60 周年“我爱我的祖国”、先进典型事迹报告会、“地球 1 小时”、中华经典诵读、弘扬江苏交通精神、喜迎党的十八大等主题鲜明、内容丰富的教育活动。每年组织大学生暑期社会实践活动，并开展成果申报评审和展示。2009 年制订并实施了《学院关于进一步加强大学生综合素质培养的实施方案》，进一步深化了学生素质教育和培养，学生工作水平不断提升。2009 年 12 月 18 日，举办全国劳动模范许振超先进事迹报告会，2009 级全体学生和全校教职工 3000 余人参加了报告会，激励广大师生崇尚先进、学习先进，进一步营造比学赶帮超的良好氛围。2012 年 11 月 7 日，交通运输部原总工程师凤懋润应邀来院举办了题为《发展交通 造福中华》的报告。学院 3000 余名师生聆听报告，感受交通带来的巨大变化。报告不仅是传承交通建设专业知识的高水平的学术讲座，更是一次深刻的爱国主义教育活动，激发全院师生作为交通人的自豪感和责任心，进一步坚定了学生们学交通、投身交通的信心。

交通运输部原总工程师凤懋润应邀来院作题为《发展交通 造福中华》的报告

发挥思想政治理论课主渠道作用，不断探索思想政治实践教学改革，增强教学成效。如：举办了师生“毛泽东诗词诵读会”、“颂歌献给党”、南京雨花台革命烈士陵园爱国主义教育等《思政概论》课实践教学活动。积极推进中国特色社会主义理论体系、社会主义核心价值体系等“三进”工作，促进学生的世界观、人生观、价值观培养。

丰富载体搭建平台，增强学生参与教育管理工作的活力。2009 年先后设立了“阡陌文化讲坛”、“道德讲堂”等。2010 年阡陌文化讲坛共举办讲座 17 场，内容涉及艺术、法律、地理知识、心理健康教育、诚信教育、形象设计、环保等方面，听众近 10000 人次。2007 年以来，学院积极开展“阳光体育”活动，以冬季长跑、早操晨跑等方式将趣味性融入体育运动。到 2012 年，“阳光体育”活动已经举行了六届。学院先后被江苏省教育厅评为 2009~2010 年度、2011~2012 年度江苏省体育工作先进学校。2010 年以来积极推进思想政治教育进网络、进学生公寓、进学生社团的“三进模式”，建立了 QQ 群、博客等，将传统思想政治工作优势和互联网的思想政治教育信息平台有机结合起来。2012 年，学院与有关网络运营商签订了“南京交院校园手机报”、“校园短信发送台”合作协议，搭建了学生教育的现代媒体平台。坚持开展“四好六无”文明班级和个人评选、“十佳青年学生”评选（2009 年）等，树立典型，表彰先进，发挥较好的激励作用。

2012 年，在江苏省教育厅主办的“2011 江苏省大学生年度人物”评选中，学院电子信息工程系2009级刘昌春同学荣获"2011江苏省大学生年度人物"提名奖，参加由共青团江苏省委、江苏省教育厅、江苏省学生联合会组织的"我的青春故事"——江苏省百场大学生成长体验报告会，赴省内多所高校巡回讲述自己的青春故事。2013年6月，汽车工程系2010级唐凡同学入选"2012年江苏省大学生年度人物"提名奖。2012年7月，运输管理系连锁经营管理专业2012届毕业生刘娟，积极响应国家号召，光荣成为学院首名国家"西部计划"志愿者，赴新疆生产建设兵团六十八团政法办工作一年。

2013日3月，汽车工程系营销与售后服务专业2006届校友朱虹，当选第十二届全国人大代表，成为江苏代表团150人中最年轻的代表，也是其中仅有的两名大学生村官之一。3月8日上午，习近平总书记参加江苏代表团审议，总书记和她亲切握手、交谈并合影。2006年7月毕业后，朱虹校友毅然放弃了城里待遇优厚的工作，回到家乡无锡锡山区东港镇山联村，成为一名大学生村官，任无锡市锡山区东港镇团委副书记、山联村党总支副书记。她带领家乡村民创业致富，使山联村由原来的贫困村发展成"江苏省首届最美乡村"、"无锡市社会主义新农村十佳示范村"，朱虹本人也赢得了"全国农村青年致富带头人"、"江苏省优秀大学生村官"、"无锡市首届十佳大学生村官"等荣誉。

2. 心理健康教育

2006年，学院进一步完善了院、系、班级心理健康教育"三级"网络，健全了心理健康服务体系。2007年购买了一套网络版心理测评系统和沙盘心理治疗器材，首次运用网络版心理测评系统完成了2007级新生心理建档工作。每年对新入学的学生进行全面的心理健康普查，建立心理健康档案，对普查出来"高危人群"进行有效跟踪和干预。学院每年都举行"心理健康教育月"系列活动，通过开设心理健康讲座、心理健康咨询、心理健康知识竞赛、心理剧大赛、橱窗宣传等形式提高学生的心理健康意识。2007年1月，学院荣获"江苏省大学生心理健康教育工作先进集体"称号。2010年12月，学院获得了"全国高职院校心理健康教育先进集体"荣誉称号。2011年5月，学院承办了江宁大学城首届趣味心理运动会。2011~2013年，学院先后共投入24.8万元完成了心理健康教育中心的硬件设施建设，占地近300m²。学院重视心理健康教育师资队伍建设，2012年选送了6名专兼职人员参加国家心理咨询师培训。

3. 资助工作

2006年，学院成立了学生资助管理办公室，坚持"资助与育人相结合、扶贫与扶志相结合"的原则，建立和完善了奖学金、助学金、国家助学贷款、困难补助、学费减免、新生入学绿色通道等多措并举的学生资助体系。2010年5月，创新开设了"南京交院励志菁英学校"，制订了《南京交通职业技术学院励志菁英学校暂行条例》，面向一年级中家庭经济困难学生招生，每年招生约50人，学习时间为一年。将"资助"与"育人"有效结合，"扶贫"与"扶志"有效结合，通过素质拓展、专题讲座、参观交流和励志教育实践训练项目，以不断完善的资助体系为抓手，全面提升家庭经济困难学生综合素质和能力。"十一五"期间，学院建立了以助学贷款为主，以奖学金、勤工助学、困难补助、学费减免和新生入学"绿色通道”为辅的多元化贫困生资助体系。采用“党员 1+1”帮困助学、发放“爱心就餐卡”和“爱心助学款”等多种方式解决家庭经济困难学生的生活问题。通过合作企业在学院设立奖学金。2008~2010 年，苏州汽车客运集团在汽车工程系设立“苏汽奖学金”，2011 年深圳民太安保险公司在汽车工程系设立“民太安奖学金”。江苏捷宏工程咨询有限责任公司在建筑工程系设立“捷宏奖学金”，2010 年以来校企联合已举办了三届捷宏奖学金暨“捷宏杯”造价技能大赛，先后以竞赛奖励了 60 多名学生。运输管理系与北京华联超市有限公司举办“连锁企业收银技能竞赛”等。2011 年 5 月，学院获“江苏省学生资助工作先进单位”称号。

4. 公寓文化建设

学院坚持“教书育人、管理育人、服务育人”的“三育人”模式，加大了文明宿舍创建力度。2007 年，学院持续开展了创建“宿舍文化”系列活动，先后举行了寝室美化、同心协力吹气球、非常 1+1、才艺秀、拔河、文明宿舍评比等系列活动，丰富宿舍文化建设。2007 年，学院组建了“自管队”、“楼管会”等学生自我管理组织，增强学生自我管理能力。2008 年 3 月 21 日，江苏省大学生公寓管理专业委员会南京北片区 2008 年第一次工作联席会议在学院召开。与会的南京片区 12 所高校 30 多位专家、领导听取了我院学生公寓管理的基本情况介绍，对公寓文化建设、文明宿舍创建以及公寓安全管理等问题作了深入的探讨交流，对学院学生公寓管理起到较好的促进作用。探索建立公寓文化建设长效机制。2009 年 9 月 ~12 月，学院举办了“我爱我家”首届公寓文化节活动。截至 2012 年 12 月共举行了四届公寓文化节，学生公寓成为学院培养大学生文明自律、参与意识和团队精神，积极推进思想政治教育进公寓活动的重要载体。2010 年，学院全部宿舍组团被江苏省教育厅评为“江苏省高校文明宿舍”。

二、招生与就业工作

1. 招生工作

自 2008 年以来，伴随着高考生源下降，高校招生面临着“生源紧缺”的严峻形势。学院积极应对，每年与相关系部签订招生就业目标责任书，层层细化工作，明确职责，进一步把招生就业工作摆上重要位置。学院进一步加大招生宣传力度，采取点面结合、全方位、多渠道的宣传策略并收到了较好成效。

开拓生源基地。2009 年 1 月，学院二届二次教代会院长工作报告提出建立招生生源基地，稳定招生规模的要求。2009 年 3 月，学院进行了为期三周的生源基地调研与建设工作，由各系党政主要负责人带队分赴全省 13 个地级市，展开就业市场和生源基地调研，走访用人单位、各市人才中心和招办、深入当地中学，发放宣传资料。2011 年建成生源基地 23 所，招收生源基地学生 97 人。2012 年，学院建成优质生源基地 53 所，招收生源基地学生 263 人。

扩大招生范围。经江苏省教育厅批准，到 2013 年 6 月，学院招生省份已增加到 16 个省（区、市），外省招生有山西省、辽宁省、浙江省、安徽省、福建省、山东省、河南省、广东省、广西壮族自治区、重庆市、四川省、贵州省、云南省、甘肃省、新疆维吾尔自治区等，每年省外招生计划在 500 人左右。

拓展招生类型。随着学院专业结构优化调整和合作办学、教育国际化的推进，学院招生类型不断拓展。到 2012 年，学院以高中毕业生为招生对象的普通高考招生形式有普通类、现代职教体系建设试点项目高职与本科分段培养、3+3 中职与高职分段培养、艺术类（美术）高职专科、海外本科直通车、中外合作办学，以及面向中职学校选拔优秀学生为招生对象的对口单招方式。

2012 年 12 月，江苏省教育厅将学院列为 2013 年高职院校自主单独招生试点院校。2013 年 1 月，学院正式启动单独招生工作，招生专业为道路桥梁工程技术、汽车检测与维修技术、物流管理、通信技术、建筑工程技术、建筑装饰工程技术 6 个专业，招收应届普通高中毕业生共计 340 名。学院首次自主单独招生报名考生达 1680 名，经筛选共计 1201 名考生进入学院单独招生职业综合素质考试面试环节。2013 年 4 月 13~14 日，学院严格按照江苏省教育厅相关要求，有序完成了面试工作，经江苏省教育考试院审批，录取学生 341 人。2013 年学院各类招生计划数 3500 人。

2006 年学院计划招生 3200 人，其中五年制高职 300 人。实际招生人数为 3218 人，报到人数为 2922 人，报到率为 91.88%。学院每年招生计划稳定在 3400 人左右，新生省内普通报到率都在 92% 以上。招生的各个批次的录取控制线和报到率处于省内高职院校前列，新生报到率、生源质量持续保持较高水平。学院 2010~2012 年招生录取情况见表 8-13。

学院 2010~2012 年招生录取情况表 表 8-13

年份	计划数（人）	录取数（人）	报到数（人）	总报到率	省内普通报到率	外省报到率
2010	3400	3400	3087	90.79%	92.63%	80.43%
2011	3400	3401	3124	91.86%	94.4%	84.96%
2012	3400	3376	3111	92.15%	93.21%	88.39%

2. 毕业生就业工作

学院视就业工作为学院发展的生命线，以“提高学生和用人单位满意度、提高学校就业率和学生就业质量”为目标，把毕业生就业工作作为学院教育教学质量和办学水平的重要检验标准，健全了院系两级就业工作管理机制，建立了毕业生就业工作保障机制，形成了全程化实施就业指导、全方位开展就业服务、全员化参与就业工作的“三全”服务体系，实现了学院毕业生就业率、就业质量双高的可喜局面，基本实现了毕业生充分就业的目标。2012 年 5 月，学院荣获“江苏省高校毕业生就业工作先进集体”。

2009 年 9 月下发了《关于进一步加强学院就业指导促进毕业生就业的意见》，2010 年 11 月印发了《毕业生就业工作考核办法》，从就业的组织领导、考核办法、数据统计、就业指导等方面作了全面规定和指导。学院每年与各个系部签订《毕业生就业工作目标责任书》，落实就业工作目标责任制，各系都成立了毕业生就业领导小组，强化就业工作的全员性和责任意识。学院针对毕业生开设了“就业指导”课程，编印了《就业指导手册》、《交院就业报》。学院开展了“高校毕业生就业优质服务年”活动，做好校企合作招聘工作，赴省内各地拓展就业市场，做到中小型双选会常态化，大型双选会精品化。

校企联动实施就业工程。2010 年 11 月江苏交通运输职业教育集团与学院联合举办了“江苏省百校联动就业活动”。此次招聘会共吸引了 260 家用人单位参与，为我校毕业生提供了近 4000 个就业岗位。2011 年 11 月，江苏省百校联动就业活动——“南京交通职业技术学院暨江苏省交通运输职业教育集团 2012 届毕业生双选会”在学院举办。此次双选会吸引了 200 家省内外知名企事业单位前来参会，各参会单位提供的招聘岗位达 4500 余个。对于实习优秀的学生，公司优先录用。2012—2013 年，继续举办多场双选会，推动顶岗实习和毕业生就业。

在就业工作中，学工部门和各系部相互配合，全方位做好就业指导和服务工作，千方百计提高就业率。2006 年以来，学院就业率不断攀升，2006 年就业率为 97.44%，2007 年以后达到 98% 以上。根据与学院合作的大学生就业评价第三方专业机构——麦可思公司对我院 2010 届毕业生就业与能力测评报告数据，我院毕业生就业质量较高，毕业生就业率、毕业生满意度、专业对口率、毕业生平均收入水平分别比本省高职院校平均水平高出 5%、5%、18% 和 240 元。学院 2011 届毕业生就业率 99.5%，根据 2012 年麦可思报告，学院 2011 届毕业生半年后就业稳定率、专业对口率、毕业生平均收入水平分别比本省高职院校平均水平高出 2.1%、13% 和 242 元。

2012 年学院毕业生年终总就业率、协议就业率均达 99.54%。毕业生就业率、职业期待吻合度持续高于本省高职院校平均水平，专业对口率超过全省高职院校平均水平，毕业生就业竞争力指数名列全省高职院校前列。

三、创新创业教育

“十一五”以来，创新创业教育成为促进学院内涵建设和人才培养上水平的有力抓手。学院提出加强大学生素质深化和创业能力培养为主的创业教育。2007 年启动了大学生实践创新训练计划项目的院级立项创建工作，并将在此基础上遴选申报省级项目立项。大学生实践创新训练计划主要采取“院级立项”、“择优遴选”、“推荐上报”三个步骤进行；训练项目分为“学生个人”和“创新团队”两大类；训练项目建设周期为 1~2 年。学院鼓励大学生跨学校、跨院系、跨专业、跨年级组建创新团队，并对获得立项项目给予经费资助和实施过程的监督、验收、考核。鼓励和支持大学生尽早参与科学研究、技术开发和社会实践等创新活动，不断提高大学生的创新创业精神和实践能力。2008 年以来大学生实践创新训练计划项目每年立项 20 余项，并积极组织申报省级立项，2007~2012 年学院共有 69 项获得江苏省高等学校大学生实践创新训练计划立项，涌现了《电动刮水器及后视镜实验台架制作》、《废弃混凝土建材的再生利用现状和解决措施调查研究（以南京主城区为例）》、《大学生自主创业（汽车美容精品店）创业计划》、《水泥混凝土棱柱体抗压弹性模量试验数据自动采集系统研究》、《基于 .net 的幼儿园主题网站研究与开发》等优秀创新项目。

2009 年学院组织开展了创业教育工作调研，探索学院实施创业教育的途径和载体。2009 年 12 月 27 日，学院举办“IMS 全国大学生就业与职业优化论坛”，学院分

管领导，以及上海终身教育体系的研发核心、教育学博士后、美国 OOPSYSTEMS 公司中国区首席代表王翔教授，全球第一家在韩国上市的中国企业——深圳三诺集团副总裁李菲女士，日籍华人南京大学商学院教育学专家马吟秋教授和企业家代表，与学院 300 余名师生互动交流，增强了大学生职业意识、创新创业意识。2010 年、2011 年，学院加强了资金投入、政策扶持、条件保障建设，积极与文鼎广场、南京市人才服务中心等合作开展创业实践基地建设，专业系部结合专业成立了网上创业孵化基地、顺风工作室等创业工作室。

2012 年 3 月，学院成立了以党委书记贾俐俐、院长张毅为组长的学院创新创业教育工作领导小组，2013 年 2 月印发了《大学生创新创业教育工作实施意见》，旨在全面提高学生的创新创业素质，以创业带动就业，建设创新型校园。

2010~2011 年，学院先后举办了“大学生创业讲堂”、“大学生创赢南京·企业家导师高校行”等具有影响力的大学生创业教育活动，常规性地举办“大学生就业与创业”讲座或报告会。2012 年 4~6 月，学院举办了首届“明日之星”大学生创业计划大赛，作品内容涉及现代服务业、教育培训、室内环保、机械制造与加工、文化传媒、电子商务等八个行业。

2012 年 5 月，汽车工程系梁建磊、仲从双、李斌、史志涛四名同学共同设计的参赛作品《“佳诺”车世界汽车美容精品店创业计划》，在“江苏省第七届‘挑战杯’创业计划大赛”中夺得高职组银奖。2012 年 5 月 25 日，学院与淘宝网·淘宝大学建立了大学生创业孵化基地。

2012 年 12 月 27 日，学院《地铁隧道风力发电系统》、《公交车载智能系统》、《智能机器人搬运标准平台》三个科技创新成果在江苏省第一届大学生创新创业成果（项目）交流会上亮相，十余家媒体进行了采访报道。2013 年 3 月，学院推荐项目《地铁隧道风力发电系统》、“RC 模型协会”获江苏省教育厅大学生创新创业成果奖，经省教育厅组织专家评审和融投资机构代表评定，《地铁隧道风力发电系统》被评为“最具潜力”项目 50 强，“RC 模型协会”被评为“最具活力”社团 20 强。

第七节　校园基本建设与环境育人

2006 年以来，在校园基本建设方面，学院结合事业发展和办学要求，逐步调整完善了校园规划，大力推进二期工程建设，进一步改善了师生的学习、生活条件。同时，着力建设节约型校园、数字化校园，争创江苏省平安校园，促进校园文化和精神文明建设，打造优良育人环境。

一、推进二期工程建设

学院 2005 年底完成一期工程建设 17.9 万 m^2。2006 年完成了风雨操场工程建设任务，同时积极筹措资金推进江宁新校区二期工程建设。2007 年 11 月 16 日，学院教职工住宅（文鼎雅苑）开工，2010 年 3 月 22 日交付，全校 216 名教师乔迁新居。2008 年上半年，学院完成了江宁校区二期学生公寓 E、F 组团的建设，共计 4.8 万 m^2，可入住 3600 名学生；完成了浦口校区的整体搬迁工作和交接工作，降低了办学成本，提高了办学效益。

2009 年 8 月底，学院新食堂——思源堂北楼顺利开业，建筑总面积 8715m^2，共分三层。该新型食堂的建成，为师生提供了宽敞、舒适的就餐环境。

2011 年 3 月，学院二期工程建设一批重点项目全面启动，总建设面积达 4 万 m^2，主要包括图文信息楼建筑面积 19886m^2，行政办公楼建筑面积达 8928m^2，H 组团学生公寓建筑面积约 7204m^2，I 组团学生公寓建筑面积 4147m^2，以及南北大门工程。根据工程建设需要，学院在充实基建工作队伍的基础上，成立了学院基建直属党支部，旨在充分发挥党组织的战斗堡垒和党员先锋模范作用，切实加强党建和党风廉政建设，确保基建工作健康有序开展。

2011 年 8 月，行政办公楼（弘毅楼）主体结构顺利封顶。2012 年 8 月，行政办公楼投入使用。

2011 年 10 月 11 日，学院 H、I 学生公寓楼主体结构顺利封顶，并通过“市级文明工地”及“优质结构工程”的验收工作。当月，完成近 6 万 m^2 校园一期道路上面层沥青的铺筑及标志、标线工作。11 月 28 日，学院建设规模最大、建筑标准最高的标志性的建设工程——图文信息楼主体结构工程顺利封顶，并通过“省级文明工地”的验收，被评为南京市 2012 年度“优质结构”工程，2013 年 5 月正式投入使用。2012 年 9 月，学院南北大门建设完成，投入使用。

2013 年 1 月 10 日，学院又一民生工程项目青年教师公共租赁住房及大学生实习实训基地项目开工。项目拟建总建筑面积约 44817.91m^2，为钢筋混凝土框架剪力墙结构。

截至 2013 年 6 月，学院占地面积 921 亩，校舍总建筑面积 27.9 万 m^2，学院现有全日制在校生近万人，成教在册学生 4000 多人。图书馆馆藏纸质图书 65 万册，电子图书 230 万种，教学仪器设备总值 8400 余万元。教育教学、生活设施、体育运动场馆等相继投入使用，校园附属设施逐步完善，较好地满足办学需要。江宁校区工程建设情况见表 8-14。

江宁校区工程建设情况一览表　　表 8-14

<table>
<tr><th>序号</th><th>项 目 名 称</th><th>建筑面积（m^2）</th><th>投入使用时间</th><th>备 注</th></tr>
<tr><td>1</td><td>汽车机电系部组团</td><td>24322</td><td rowspan="10">2005 年 10 月</td><td>明志楼</td></tr>
<tr><td>2</td><td>公路建筑系部组团</td><td>27300</td><td>修远楼</td></tr>
<tr><td>3</td><td>管理工程系部组团</td><td>16465</td><td>弘博楼</td></tr>
<tr><td>4</td><td>信息工程系部组团</td><td>15635</td><td>齐贤楼</td></tr>
<tr><td>5</td><td>公共教学楼</td><td>18202</td><td>明德楼</td></tr>
<tr><td>6</td><td>教学楼配套半地下停车库</td><td>4310</td><td>明德楼</td></tr>
<tr><td>7</td><td>学生公寓 A 组团</td><td>10000</td><td></td></tr>
<tr><td>8</td><td>学生公寓 B 组团</td><td>10000</td><td></td></tr>
<tr><td>9</td><td>学生公寓 C、D 组团</td><td>20000</td><td></td></tr>
<tr><td>10</td><td>一期食堂</td><td>8080</td><td>思源堂（南）</td></tr>
</table>

续上表

序号	项 目 名 称	建筑面积（m^2）	投入使用时间	备 注
11	风雨操场（含大学生活动中心）	11620	2006 年 10 月	行健馆
12	学生公寓 E 组团	12156	2007 年 10 月	
13	学生公寓 F 组团	12036		
14	二期食堂	7808	2009 年 10 月	思源堂（北）
15	行政办公楼	8877	2012 年 10 月	弘毅楼
16	图文信息楼	19878	2013 年 5 月	
17	学生公寓 H、I 组团	11352		

二、校园绿化美化

学院重视加强校园绿化美化，不断改善校园育人环境和办学条件。2006 年起分别进行了两期较大规模的环境建设。2007 年，根据校园绿化、美化、净化工作的整体部署，学院投入近 100 万元，共计种植树木 1.2 万棵、灌木类绿植 4.2 万余株，草皮绿化 2.5 万 m^2，使校园新增绿化面积 3.8 万 m^2；江宁校区校园绿化面积达到 17.7 万 m^2，绿化率达 33.19%。

2008 年暑期，学院后勤基建部门对校园风华广场的绿化用水喷灌系统进行了布设和安装，共铺设各类供水管线 1800 多 m，安装水泵 4 台、喷灌龙头 84 个，完成土石挖填方 440 多 m^3。

2011 年 6 月，学院进行了草坪改造，实施翻土施肥，布局造景。同时，在各个楼宇附近都进行了景观改造，美化了校园环境。同年 11 月，学院完成了面积为 20 万 m^2 的一期景观、绿化工程施工建设任务。

2012 年 5 月，学院开始一期工程建筑外墙出新先导试验：明德楼、大学生活动中心（行健馆）外墙出新工程。经过试验，进一步推广到其他楼宇，10 月外墙出新工程全部完成，共计约 10 万 m^2。2012 年完成了校内 12 万 m^2 二期景观绿化任务。学院校园环境和办学条件有了较大改善，校园面貌焕然一新，美丽校园建设迈出新步伐。

三、数字化校园建设

学院重视教育信息化建设，积极推进数字化校园建设工作。2010 年 12 月 30 日，学院召开了“数字化校园建设”专家论证会，初步完成相关方案。2011 年，学院安排数字化校园的建设专项资金，建立完善工作机构，充实力量推进数字化校园建设。2012 年 6 月 21 日，学院召开数字化校园建设方案研讨会，组织校内外专家对《学院数字化校园建设方案》进一步研讨和完善。2012 年 10 月 24 日，院党委书记贾俐俐、纪委书记应海宁等一行 7 人到广州工程技术职业学院、广东交通职业技术学院分别调研数字化校园建设工作。根据工作需要，将现代教育技术中心更名为信息化建设与管理办公室，具体负责教育信息化建设。

2012 年，学院数字化校园建设已进入全面实施阶段。同年 11 月，学院加强了校园全覆盖无线网络建设，与江宁联通公司联合搭建的无线校园 NJCI-WLAN 开通，校园内用户可以使用笔记本、手机、平板电脑进行无线办公学习。同年 12 月，学院与中国移动南京分公司、中国联通南京分公司就信息化项目合作签订战略合作协议。两大运营商承担了无线网络基础建设，开展了数字化校园、助学助教、校园迎新等多方面的数字化服务。2012 年 11 月学院荣获“江苏省高等学校信息化建设优秀单位”称号。

四、图书馆建设

学院高度重视图书馆文献信息资源建设和数字化工作。2006 年学院江宁、浦口两校区图书馆馆舍面积 9800m^2，阅览室座位 1000 座，馆藏纸质图书 35 万册，馆藏中外文期刊 1100 余种。2006 年新购买中国知网学术期刊数据库，拥有中国知网、维普科技期刊数据库和超星电子图书数据库。2007 年 4 月，图书馆成功举办了学院首届“读书月”活动，截至 2013 年已经举办七届“读书月”系列活动，密切了读者与图书馆的关系，有效发挥了图书馆的服务功能。2008 年图书馆进一步加强数字资源建设步伐，购买富士通存储设备一套，在高职院图书馆中率先建设 3T 容量存储设备，用于存储馆藏数据库资源。启动图书馆自建数据库工作，建成外文期刊目录数据库和随书光盘数据库，购置新东方学习库和交通部交通专题数据库，满足读者网络学习需要。2010 年图书馆购买读秀学术搜索系统，新增加电子图书 190 万册。

2011 年图书馆启动新馆建设工作，完成新馆调研和设计工作，购置超星学术视频数据库。2012 年购买中国知网优秀博硕士论文数据库，图书馆数据库资源覆盖期刊、学位论文、会议论文、报纸、电子图书等资源。参加了南京高校（江宁地区）图书馆联合体，实现了江宁地区 15 所高校图书馆全部纸质和电子文献资源的共建共享，满足全院师生读者的文献需求。

2013 年 5 月 8 日，经过整体搬迁整理和试运行，学院新图书馆（图文信息楼）开馆。图书馆新馆建筑面积达 1.9 万 m^2，馆藏纸质文献 65 万册，馆藏中外文期刊 1100 多种，阅览室座位 1600 余座，现代化电子和视听阅览室 100 座，拥有读报机、24 小时自动借还机、自助还书机、自助复印机、彩色打印机等现代化设备，全馆实现全开放式借阅，成为全院师生的知识家园和“智慧校园”的重要“窗口”。

学院新建图书馆

五、平安校园建设

学院坚持每年开展“安全教育月”活动，创建“平安校园”、“安全文明校园”，维护安全稳定，构建和谐校园。实行“谁主管、谁负责”，认真落实校园治安综合治理责任制和消防安全责任制，每年的一季度均召开学院安全稳定工作会议，进行总结表彰，会上由各位院领导与分管部门（单位）主要负责人签订年度校园治安综合治理责任书和消防安全责任书。学院完善校园治安防控体系，构建起以“人防为主体、物防为基础、技防为手段”的三位一体大防控体系。健全各类值班制度，坚持院领导带班、中层干部值班、保卫值班、学工值班、医务值班、后勤值班等制度。成立由学生参与的校园巡逻队，加大校园巡查力度；2006 年配备了校园 110 治安巡逻车，强化校园及周边巡逻，提高应急处置能力。2008 年至 2009 年，学院投入 200 余万元，建成了校园监控室等安防系统，制订突发公共事件应急处置预案，有效预防和处置突发安全事故，保证学院正常的教学、工作和生活秩序。同时，加强了校园消防安全、食品卫生安全、交通安全和网络安全等方面的监管，及时化解、妥善处理可能出现的群体性事件。2006 年以来，学院多次被南京市公安局表彰为“全市文化保卫系统先进集体”。

2007 年 11 月 14 日，学院成功举办了第一届消防运动会，此后纳入每年的“安全教育月”活动。着重开展了消防安全“四个能力”建设、消防器材操作技能竞赛。2010 年至 2011 年，学院深入开展了“江苏省平安校园”创建活动，采购安装了消防设施设备、视频监控系统、学生公寓门禁系统等安全设施。2011 年底，学院顺利通过了“江苏省平安校园”市级考核验收，并被首批命名为“江苏省消防安全教育示范学校”。2012 年 2 月 28 日，“江苏省平安校园”考核专家组对学院进行了省级考核验收。2012 年 4 月，学院被江苏省教育厅、综治办、公安厅联合授予“江苏省平安校园”称号。

六、后勤管理

2006 年学院进一步推进后勤社会化改革，完善校内后勤托管制度和有偿服务制度，强化了物业管理及其监管工作。大力推进节约型校园建设，加强水电、食堂安全卫生管理。转变后勤服务理念，强化服务育人意识，推行精细化管理，提升后勤服务水平和保障能力。

推进节约型校园建设。2007~2008 年，以“节水型高校”创建工作为动力，完善了节水节电制度，强化了日常保养、维护和检查力度，节约支出数十万元，并获得江宁供电部门的奖励。2009 年，学院以加强水电节约为重点，全面推进节能工作，2009 年 3 月，经考评验收，学院被江苏省教育厅、省水利厅联合授予“江苏省节水型高校”称号。同时，积极争创南京市“节水型单位”，2009 年 6 月在南京市“节水型高校”创建工作现场推进会上作经验交流，2009 年 10 月，学院再次以优异成绩通过南京市验收，被评为南京市节水型单位。

推进精细化管理和健康教育工作。后勤部门狠抓饮食安全卫生和监管工作，建立了食堂管理运行机制，着力改进餐饮管理水平。开展食堂文明创建和学院健康教育工作。2008 年，学院获得南京市 2006~2007 年度健康教育工作三等奖；2009 年被评为江苏省高校“文明食堂”；2010 年 3 月，学院第一食堂荣获“南京市食品卫生等级 A 级单位”；2011 年 1 月，学院荣获“南京市 2009~2010 年度健康教育工作先进单位”。2012 年 3 月以来，后勤管理处和后勤服务中心大力推行食堂的“7S 精细化管理”：整理 (Seiri)、整顿 (Seiton)、清扫 (Seiso)、清洁 (Seiketsu)、安全 (Safety)、节约 (Save) 和素养 (Shitsuke)。2012 年 12 月，“7S 精细化管理”取得了阶段性成果，食堂面貌发生很大改变，餐饮质量和服务质量得到了较大提升。

围绕中心发挥服务育人作用。2006 年后勤服务中心设立“爱心助学款”，每年度补助费用近 3 万元，通过为家庭经济困难学生进行生活用品补助、发放就餐“爱心卡”、减免部分学生的生活用品费用、传统佳节发放慰问食品、设立勤工俭学岗等多种途径，为贫困学子奉献爱心，营造充满温情的成长环境，使贫困学生在实践、锻炼、培养和服务中体现价值、健康成长，把后勤服务较好地融入学生教育教学工作中。

第八节　党建与思想政治教育工作

学院坚持以科学发展观为指导，充分发挥党委领导核心作用、基层党组织战斗堡垒作用和党员先锋模范作用，坚持围绕中心抓党建，抓好党建促发展的方针，围绕中心，服务大局，深入开展各类主题教育实践活动，切实加强党建与思想政治教育工作，为学院改革发展和人才培养工作提供了坚强的思想和组织保证。

一、思想理论建设

1. 加强两级中心组理论学习

学院党委坚持把思想和理论武装摆上党的建设突出地位，建立健全思想建设工作机制，保证党建和各项工作的顺利开展。

学院坚持党委中心组、系级党组织中心组二级中心组理论学习制度。制订了《南京交通职业技术学院两级中心组学习制度》，每年制订中心组理论学习计划，明确学习时间、学习内容和重点，发挥领导干部理论学习示范引领作用。结合学院工作实际，每年落实党委中心组学习重点，把中心组理论学习与学院中心工作紧密结合，加强领导班子建设，提高办学治校能力。2008 年 4 月 ~6 月，学院党委中心组集中开展了八次“学习贯彻十七大精神，全面落实科学发展观”专题学习活动。2010 年至 2012 年先后围绕示范院校建设开展高职教育理论学习研讨、开展贯彻落实国家和省教育改革和发展规划纲要、学院“十二五”发展规划、贯彻党的十八大精神等专题学习研讨，增强中心组学习实效。坚持基层党组织“三会一课”和民主生活会等制度，制订了《南京交通职业技术学院党员干部学习制度》、《关于加强干部在职学习的实施意见》等，切实推动党员干部的理论和业务学习。

2. 建立思想理论学习研究机制

2006 年 4 月，学院召开第一次宣传思想工作会议，对学院“十一五”宣传思想工作任务进行了部署，邀请了江苏省教育厅社政处领导作形势报告，明确思想建设工作方向。2007 年 4 月，《南京交院报》经过调整改版，于同年 6 月正式复办，该报及时反映学院各方面工作成就，展示师生员工精神面貌，为学院改革发展中提供了强有力的思想保证和舆论支持。2008 年 5 月，学院召开党建和思想政治教育工作会议，深入贯彻落实党的十七大精神和科学发展观，部署学院党建和思想政治教育工作。成立了学院党建和思想政治教育研究会及其理事会组织机构，制订了《南京交通职业技术学院党建和思想政治教育研究会章程》。根据年度党建和宣传思想工作重点任务，每年召开党建和思想政治教育工作会议或宣传思想工作会议，总结部署工作，表彰先进，推动党建与思想政治教育工作理论研究。2012 年，出台了《南京交通职业技术学院党建和思想政治教育研究会研究课题管理办法（试行）》，学院把党建和思想政治教育研究纳入学院科研体系，统一开展课题申报、评审和立项，进一步规范了党建和思想政治教育研究工作。

3. 推进学习型党组织和学习型校园建设

学院于 2010 年制订了《关于在全院建设学习型党组织的意见》，成立创建学习型党组织领导小组，2011 年，制订印发了《南京交院创建学习型党组织建设标准（试行）》，积极开展创建工作。坚持教职工政治理论学习制度，每学期制订教职工学习计划，2011 年制订了《关于进一步加强学院政治学习和业务学习规定》，进一步明确了每周三下午党员和教职工政治理论和业务学习的有关规定，促进学习型校园建设。学院学习型党组织创建工作得到省委宣传部、省委教育工委的肯定。

4. 深入开展学习实践科学发展观活动

2008 年至 2009 年，学院贯彻落实科学发展观要求，加强学习研究，指导工作实践。根据中央部署和省委要求，高校为第二批开展深入学习实践科学发展观活动的单位。2009 年 2 月，学院成立了深入学习实践科学发展观活动领导小组，由党委书记孟祥林、院长贾俐俐任组长，副院级领导为成员，领导小组下设办公室，负责日常工作。学院认真制订学习实践活动实施方案和活动计划，保证了学习实践活动的顺利开展。2009 年 3 月 6 日，学院召开深入学习实践科学发展观活动动员大会。省高校指导检查组第一组组长戴家隽等出席会议，指导学院学习实践活动的开展。

按照上级的规定和要求，学院在《南京交院开展深入学习实践科学发展观活动实施方案》中对学习实践活动的指导思想、主要原则、目标要求、方法步骤等都提出了明确的要求，明确了“坚持科学发展，彰显交通特色，高水平建设示范性高职院校”的学习实践科学发展观活动主题。对规定的“三个阶段六个环节”活动内容和目标任务进行了全面部署。

经过四个多月的精心组织、统筹安排、扎实推进，学院深入学习实践科学发展观活动圆满地完成了各阶段任务。2009 年 7 月 5 日，学院召开了学习实践科学发展观活动总结大会，回顾总结了学院学习实践活动情况和成果。省高校第一督导组组长戴家隽对学院学习实践活动给予高度评价。学院学习实践科学发展观活动取得了良好的效果，实现了“党员干部受教育、科学发展上水平、师生群众得实惠、服务地方作贡献”的活动目标。在督导组开展的群众满意度测评中，师生群众满意率达99.34%。

2009年至2012年，学院认真贯彻落实《南京交院学习实践科学发展观活动整改落实方案》，扎实推进提出的为师生群众办好八件实事的落实，构建学习实践科学发展观长效机制。

二、组织建设

1. 召开第一次党代会加强党委自身建设

2008年12月10日，在江苏省委组织部、江苏省委教育工委、江苏省交通运输厅党组的领导下，学院成功召开了第一次党员代表大会，大会全面总结了学院党委六年来的工作成绩和经验，明确了今后五年学院发展的指导思想和总体目标。经大会选举产生并报上级批准，成立了新一届学院党委领导班子和第一届纪委。2010年，学院认真贯彻落实省委组织部、省委教育工委有关规定，制订了《南京交院贯彻执行党委领导下的院长负责制实施办法》和《南京交院党委会议事规则》、《南京交院院长办公会议事规则》等制度文件，坚持民主集中制原则，建立和完善坚持“集体领导、民主集中、个别酝酿、会议决定”的党政决策机制，保证学院事业健康发展。修订完善了《学院领导干部民主生活会制度》、《学院领导干部联系点制度》、《关于进一步推行党务公开的意见》等，切实加强党委自身建设。

2. 加强基层党组织建设，党建考核获得优秀

学院认真贯彻落实《中国共产党普通高等学校基层组织工作条例》和《江苏省普通高等学校基层党组织建设工作考核实施意见》等各项规定，先后制订了《关于加强和改进学院基层党组织建设的实施意见》、《关于加强党总支建设的若干规定》、《南京交院系实行党政共同负责制的暂行规定》及《系党政联席会议议事规则》等制度文件，积极推进学院基层党建工作。

自2008年筹备召开第一次党代会起，学院就认真开展迎接江苏省高职高专院校基层党组织建设工作考核。2008年4月16日，学院召开推进系党政共同负责制座谈会。党委有关职能部门负责人、各系党政主要负责人参加了会议。组织学习系党政共同负责制有关规定，并结合各自工作实际，就系党政共同负责制的主要事项、党政分工等相关问题进行了重点交流与研讨。根据省委教育工委有关党建考核的规定，学院制订了《学院基层党建工作基本标准及考核办法》、《系级党组织建设工作目标管理与考核标准》等。2009年学院全面启动迎考工作，成立院、系两级迎考组织机构，

中共南京交通职业技术学院第一次代表大会

制订工作计划，分解落实考核指标体系，加强学习培训和调研，确保迎考工作顺利开展。学院以此次党建迎考工作为契机，坚持“以考促改、以考促建、重在建设、服务中心”的原则，认真总结学院党建工作，加强党建制度建设，2009 年 11 月，学院完成了党建自评报告、特色报告及党建光盘工作等主要考核和宣传材料。

2009 年 12 月 14 日，江苏省委教育工委组织党建工作考核专家组一行 7 人对学院基层党组织建设工作进行了为期三天的考核。考核组通过听取汇报、与学院领导个别谈话，分头举行中层干部、党员群众和基层党组织座谈会，查阅相关资料和实地考察等形式对学院党建工作进行了全面考核。根据《江苏省高职高专院校基层党组织建设工作考核实施意见》及其《基本标准》，考核组认真评议，认定学院基层党组织建设工作考核为优秀。

2010 年 4~5 月，学院设置与调整基层党组织，设立了 12 个党总支，34 个党支部。在此基础上，按照《中国共产党普通高等学校基层组织工作条例》的相关规定，完成各党总支、党支部委员会换届工作。2013 年 5 月，根据学院内设机构机构调整情况，再次对基层党组织进行调整，设立了 11 个党总支和 5 个直属党支部，并于 6 月底完成党总支、直属党支部换届选举工作。

3. 深入开展创先争优活动，发挥党组织和党员作用

2010 年 5 月至 2012 年 12 月，学院根据中央和省委部署，在全院基层党组织和广大党员中深入开展以“创建先进基层党组织、争当优秀共产党员”为主要内容的创先争优活动，并制订了《南京交院深入开展创先争优活动实施方案》，明确发动部署、学习教育，全面争创、扎实推进，典型示范、总结提高三个步骤，以“公开承诺、领导点评、群众评议、评选表彰”的方式，按照“推动科学发展、促进校园和谐、服务师生员工、加强组织建设、发挥党员作用”的目标要求有序推进各项活动。全院 13 个党总支（直属党支部）、34 个党支部的 364 名教师党员和在校学生党员全部参加了活动。2010 年 6 月 28 日，学院隆重召开纪念“七一”暨开展创先争优活动动员大会，全面启动创先争优活动。学院各级党组织和全体党员进行公开承诺，注重服务大局，围绕中心开展创先争优多项主题教育实践活动。2010 年 5 月 ~2011 年 7 月，以纪念建党 90 周年为主要内容，开展“学党史树理想信念、学典型树人生标杆”的“双学”活动；2011 年 7 月 ~2012 年 12 月，以迎接党的十八大、学习贯彻十八大精神为主线，着力构建创先争优活动长效机制。学院注重培育先进典型，不断激发全院创先争优热情，发挥了党组织战斗堡垒作用和党员先锋模范作用，涌现了一大批先进典型。汽车工程系党总支第三党支部被江苏省委党建办、省交通运输厅党组授予江苏省交通运输行业“百佳先进堡垒党支部”。学院先后获得江苏省交通运输行业“百名先锋模范党员”2 人、省交通运输行业创先争优“基层示范岗重点建设对象”1 个、全省交通行业文明示范窗口 1 个，江苏省巾帼文明岗 1 个、全国巾帼文明岗 1 个，全省高校“最佳党日活动”优胜奖 3 个。同时，2010~2012 年，学院共有 40 多人获得上级部门的各类表彰。2012 年 7 月，学院组织了创先争优专题评选表彰活动。

4. 党校建设与党员发展工作

学院重视学生党建和党员发展工作。加强党校教育阵地建设，每年举办入党积极分子党校培训班 1~2 期，着力开展党史和党的基本知识、党的理论、形势政策等教育培训，并结合实际，开展党校学员爱国主义教育和社会实践活动，突出理想信念教育，发挥党校学员示范引领作用，党校办学不断取得新成绩。自学校升格后，共举办了 22 期党校培训班，每期招生人数保持在 300 人以上。2008 年 4 月，中共南京交通职业技术学院委员会党校被江苏省委宣传部、省委组织部表彰为"江苏省先进基层党校"。学院坚持做到"早启发、早引导、早发现"，尽早建立起一支数量充足、素质较高的入党申请人队伍，夯实学生党员发展工作的基础。坚持党员标准、规范程序，积极慎重地发展学生党员。对入党积极分子的确定和培养、发展对象的确定和培养、发展党员预审、公示、讨论吸收预备党员、预备党员转正及教育培养等均按规定和程序执行，并积极探索学生党员发展的有效方式和机制，保证学生党员质量。2010~2012 年，学院认真贯彻落实《关于建立高校大学生党员发展质量保障体系的实施意见》和推进大学生党员素质工程，在学生党员中开展"弘扬三创三先 争当校园先锋"主题教育活动，切实加强学生入党积极分子和党员发展工作。2012 年 10 月 30 日，江苏省委教育工委组织对学院大学生党员发展工作进行专项调研，调研组对学院大学生党建工作给予充分肯定。

据统计，截至 2012 年 10 月，学院党员总数达 658 名，其中：在岗教职工党员 324 名，占党员总数的 49.24%；学生党员 290 名，占学生总数的 3.19%；离退休党员 44 名，占离退休人员总数的 50.57%；女党员 282 名，占党员总数的 42.86%；35 岁以下的党员 454 名，占党员总数的 73.23%。

三、党风廉政建设

学院党委始终把党风廉政建设作为重大政治任务，纳入学院发展总体规划，坚持"一把手负总责，一级抓一级，一级对一级负责"的原则，层层签订廉政责任状，贯彻落实党风廉政建设责任制和反腐倡廉各项规定，坚持领导干部述职述廉和考核制度，切实抓好责任落实。学院每年召开党风廉政建设工作会议，总结部署反腐倡廉建设工作，明确目标任务。每年开展廉政文化进校园活动，举办廉政书画、廉政广告、宣传画设计作品展等，大力推进廉政文化建设。加强党员干部警示教育，特别是对党员领导干部和重点岗位工作人员的教育，筑牢思想道德防线。学院党委以推进内控机制建设为载体，完善反腐倡廉制度体系，加强对人、财、物等权力运行的监督监控，有效防控了各类廉政风险。大力构建惩防体系，建立起了反腐倡廉的长效机制，保障和促进学院健康可持续发展。

2010 年 8 月，学院党委认真组织学习了《中国共产党党员领导干部廉洁从政若干准则》，召开了贯彻落实《廉政准则》专题民主生活会，院领导以严肃、认真、求实的态度，仔细对照《廉政准则》8 个方面 52 个不准，认真剖析了各方面存在的突出问题。

2011 年 5 月，学院纪委在基建施工现场召开了廉政教育专题会，观看廉政警示教育片《背叛与忏悔》，签订《南京交通职业技术学院基建办工作人员廉洁自律承诺书》，深入推进工程建设领域廉政建设。

2011年6月，学院与江宁区检察院签定了检校共建协议。2011年12月，被评为“预防职务犯罪工作先进单位”。2009年和2012年，学院两次被江苏省教育厅授予“全省教育纪检监察先进集体”荣誉称号。

2012年12月26日，在江苏省交通运输厅落实党风廉政责任制及惩防体系建设工作专项考核中，学院得到充分肯定。

四、党建带群建

1. 工会工作

学院重视发挥教职工代表大会在学院民主建设和民主管理中的地位和作用，强化了教代会的制度建设，制订了《南京交通职业技术学院教职工代表大会操作规程》。

积极推进依法治校、民主办学，实施校务公开制度，促进学院民主建设，促进了和谐校园的建设。2006年学院被南京市教育系统校务公开领导小组授予“南京市校务公开先进单位”荣誉称号。

2006年，结合学院实际，修订了《学院深入开展建设“教职工之家”活动的决定》，经学院首届五次教代会审议通过。2006年获得南京市教卫系统工会“模范职工之家”荣誉称号；2007年获得南京市总工会“模范职工之家”荣誉称号。在创建“职工之家”基础上，学院积极推行建立健全以教职工大会为基本形式的二级民主管理制度，指导分工会创建“职工小家”活动。2010年12月，学院被江苏省教育科技工会授予“模范职工之家”称号。

2006年5月，注重分工会组织建设，充分发挥分工会在系（部门）改革发展中的积极作用，把工会工作重点转向基层。各分工会根据换届工作程序，无记名投票选举产生了13个新一届分工会委员会。2009年再次进行了换届工作，基层系（部门）工会组织更加健全。

2008年1月25~26日，学院召开第二届教职工、工会会员代表大会。选举产生了学院第二届工会委员会、工会经费审查委员会、女工委员会和各专门工作委员会。2008年，学院工会组织了“迎奥运、教职工健身竞赛活动”、“慈善捐赠，资助千人”、爱心无国界——为救助印度洋海啸灾民募捐活动。2008年5月12日，四川汶川地区突发强烈地震。学院将募集到的15万元抗震救灾款捐献给江苏省红十字会，并应邀参加了江苏卫视“凝聚每份爱”大型赈灾晚会。江苏省红十字会授予了学院“人道、博爱、奉献”铜牌。

学院每年召开1~2次教职工代表大会，审议学院行政工作报告、财务预决算报告等或专题审议学院的重大决策和改革事项。学院教职工代表大会在江宁校区二期工程建设、校区规划、学院发展五年规划、人事分配制度改革、岗位设置与津贴实施方案、师资队伍建设、教职工大病医疗补助、教职工住宅建设等方面起到了审议与监督的作用。同时，学院工会积极组织开展江苏省交通行业“安康杯”活动，以及“巾帼建功”等创建活动，激发教职工主人翁意识和立足岗位创先争优。2012年2月，学院工会被江苏省交通运输厅授予“全省交通运输行业工会工作先进集体”称号。

2. 共青团工作

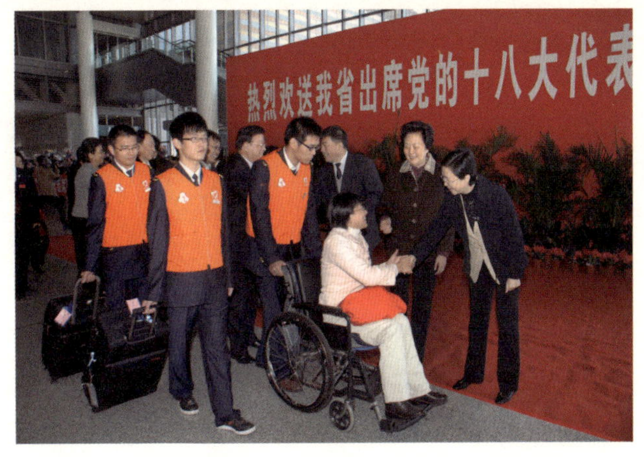

学院志愿者为十八大代表赴京参会服务

学院团委每年举办一期团学干部培训班，培训对象以团干部和学生会、学生社团主要干部为主。自 2008 年起，学院启动了青年马克思主义者培养工程，采取理论培训、活动创办、社会实践和调查研究相结合的方式，坚持不懈地用马克思主义中国化的最新成果武装青年。截至 2012 年底，青年马克思主义者培养工程共培训青年骨干 500 多人，为广大团员树立了身边的楷模。

学院每年举办校园文化艺术节和主题活动。2006 年起先后举办了“我与祖国共奋进”、“喜迎党的十八大我为党旗添光彩”、“我的青春故事”大学生成长故事会等主题教育活动。不断打造校园文化品牌，先后开展了高雅艺术进校园活动、校园文化艺术节活动和“金话筒主持人大赛”、“交院好声音”、“校花校草大赛”等特色活动，广获好评。2011 年以来“我的青春故事”大学生成长故事会展现当代青年优秀代表的风采，受到了同学们的欢迎。

注重建设宣传阵地。2010 年开始出版团讯《交院团声》，新声代广播站、“青春舞台”网站等团属媒体也广受学生欢迎。2011 年 12 月，面向全体学生院团委开通了腾讯微博、飞信群的新媒体平台。2012 年全院开通了 157 个团工作微博，进一步形成了共青团工作的动态、即时交流平台。

青年志愿者服务活动形成了项目化、品牌化的特点。2011 年和 2012 年，学院团委与南京南站、南京地铁等签订了“博爱青年志愿者服务站”共建协议，高铁南京南站、地铁“南京交院站”成为学院重要的志愿服务基地。2012 年 11 月，十八大期间，学院 500 余名志愿者服务南京南站实名制查验专项工作，并为我省十八大代表提供登车服务。志愿者圆满完成了 2013 年春运、中国国际软博会、亚青会吉祥物发布会、世界无车日等省市重大活动的志愿服务工作。参与志愿服务的志愿者人次达到 1200 人，总服务时间超过 5000 小时。2013 年 3 月，学院青年志愿者协会被全国铁道团委授予“2013 年春运优秀青年志愿者组织”。学院每年召开纪念建团暨“五四”表彰大会，表彰先进、树立典型，更好地激励了学院广大团员青年锐意进取，永葆昂扬向上的精神状态。

学院团委大力扶持优秀学生社团的成长。截至 2012 年底形成了文化娱乐、体育竞技、公益实践、科技专业四大类 62 个社团，参加社团的学生超过 2000 人次，每年举办多达 100 多项的活动，涌现了梦飞扬合唱团、天一话剧团、RC 模型协会等一批优秀学生社团。院团委组建重点社会实践团队 41 个，开展社会调查、志愿服务、公益宣传、红色之旅、交通调研等社会实践活动，建立社会实践基地 20 余个，形成800多篇优秀调查报告。其中，低碳交通宣传、城市堵车问题调查、城市停车状况调研等，已成为学院暑期社会实践品牌。

2011年，学院团委荣获江苏省第三届大学生艺术展演优秀组织奖和“共青团工作优秀奖单位”等荣誉和表彰。2010年、2012年，学院团委两次被共青团江苏省委授予“五四红旗团委”称号。2011、2012年，学院两次获得“共青团工作优秀奖单位”。学院广大青年教师积极建功立业，公路工程系道路工程教研室、现代教育技术中心、人文艺术系艺术设计教研室先后获得了“青年文明号”称号。

2011~2012年，学院团委充分利用党建带团建的有利条件，在创先争优活动中开展了团的基层组织建设年活动，取得明显成效。2012年12月26日、29日，共青团南京交通职业技术学院第三代表大会、南京交通职业技术学院第三次学生代表大会召开。选举产生了第三届学院团委和学生会，共青团、学生会组织建设进一步加强。

3. 统战工作

学院党委贯彻落实中央统战部、教育部《关于加强高校统一战线工作的意见》、中共中央《关于巩固和壮大新世纪新阶段统一战线的意见》等文件精神，重视学院统战工作，发挥民主党派人士在学院改革发展中积极作用，邀请民主党派代表列席学院党代会、教代会，参加领导干部民主考核和民主测评；在学院重大决策、重要工作中认真听取他们的意见建议，团结凝聚各方面力量，着力构建和谐校园，推动学院科学发展。

学院建立党员领导干部联系党外代表人士制度，院领导分别联系1~2名党外人士。积极支持民主党派活动的开展，2008~2012年先后选派5名同志参加省委教育工委组织的高校中青年高级知识分子理论培训班的学习和考察活动。

截至2012年12月，学院有农工民主党、九三学社、中国民主建国会、中国民主同盟会、中国民主促进会等多个民主党派的人士共11人，其中有3人分别担任农工民主党、九三学社、中国民主同盟会的地方支部或工作委员会委员。

五、校园文化与精神文明建设

学院重视加强校园文化建设，从校园精神文化、环境文化、校园文化活动等各个层面着力构建富有时代特征、交通特点、学院特色的校园文化。2011年，学院制订了《南京交通职业技术学院“十二五”校园文化建设规划》，进一步明确了学院校园文化建设的指导思想和目标任务。

1. 广泛征集和凝练“一训三风”

作为一所交通运输类高职院校，学院坚持继承和发扬江苏交通人“特别能吃苦、特别能战斗、特别能奉献”的优良传统，汲取交通“振超精神”、“刚毅精神”、“润扬精神”的文化精神，渗透交通运输行业精神与价值观，凝练精神文化。大力开展宣传引导、交流研讨、倡导实践等活动，扎实推进学生素质教育，针对交通运输行业的职业特点，培养良好的“交通人”职业道德素质，使交通行业精神内化于心、外化于行。

2011年，学院组织全院师生认真回顾办学历史和发展成绩，广泛开展学习研讨，对学院的校训、校风、教风、学风进一步凝炼，取得了新的成果。经过全院师生的共同参与，重新凝练确定了“知行合一、明德致远”的校训、“勤奋、求实、团结、创新”的校风、“尚德善教”的教风和“砺志敏学”的学风。2011 年 10 月，学院隆重举行“一训三风”发布仪式，激发师生热爱学校、加快建设和发展学校的新动力。

2. 推进学院环境文化建设

学院在江宁新校区一期工程建设过程中，就启动新校区 CI 设计与策划工作，成立课题组，开展了江宁新校区建筑物、广场、桥梁命名，楼宇名贴置、房间编号及用途标识方案的设计，形成了一批成果并得到应用。2011 年 11~12 月，学院对校园各主要道路进行命名，并建成校内视觉导示系统；结合学校专业结构、办学模式、所在区域等因素，积极引入、依托具体的行业文化形态，加强专业环境文化建设，各系部楼宇文化呈现新亮点。

3. 丰富校园文化活动

学院注重校园活动文化建设。按照大型活动届次化、精品化；中型活动系部化、特色化；小型活动社团化、经常化；品牌活动班级化、普及化的活动思路，积极开展各类特色鲜明、参与面广的大学生科技、文化、体育、艺术活动，在每年举办“技能大赛”、“文化艺术节”、“经典诵读”、“体育文化节”、“公寓文化节”、“心理健康月”、“职业规划大赛”、“阡陌文化讲坛”等活动的基础上，要求“人人参与社团、人人参与体育俱乐部”，打造出了一批特色鲜明、科技含量高、富有影响力的院级品牌科技文化活动，学生的科学素养和创新精神得到较好培养。一些有特色的文化品牌项目经常参与大学园区校际联合表演和省交通运输系统汇演。学院获得了江苏省第二届、第三届大学生艺术展演优秀组织奖，多个节目获得省级一、二等奖，进一步扩大了社会影响。

校园文化艺术节

因特色鲜明，学院校园文化建设理论及成果多次在各级各类会议上交流。2009 年 10 月学院在全省高职高专校园文化建设论坛上作交流发言，2012 年 12 月在第二届高等职业教育“文化育人”高端论坛上，学院作了“有效渗透，找准突破，构建交通特色高职文化育人体系”的主题交流。

4. 精神文明建设

学院继2001年被评为江苏省文明单位标兵以后，更加重视文明创建工作，深入贯彻落实《中共中央关于加强社会主义精神文明建设若干重要问题的决议》和省文明创建工作各项要求，强化文明创建“四个到位”。组织领导到位。学院领导班子团结奋进、锐意进取，把文明单位创建作为学院发展的助推剂，坚持“一把手亲自抓、分管领导重点抓、班子成员配合抓、部门领导具体抓”；思想认识到位。通过宣传造势、氛围营造、理论学习、组织生活、文体活动等多种形式，营造了“党委重视、部门努力、人人参与、全面创建”的氛围；责任落实到位。实行业务与创建工作一岗双责，明确规定创建目标、要求、措施、经费等；措施保障到位。认真抓好精神文明创建工作规划计划，明确目标任务和保障措施，做到年年有计划、有目标。

学院文明创建呈现创新与落实并重、巩固与提高同步发展局面，有力促进了学院各项事业全面、协调推进。2008年12月26日，学院隆重举行了纪念改革开放三十周年暨建校五十五周年庆祝大会。江苏省副省长史和平莅临大会并作重要讲话，充分肯定学院两个文明建设成就，以及对交通事业发展作出的贡献。

学院纪念改革开放三十周年暨建校五十五周年庆祝大会会场

“十一五”以来，学院先后获得“2005~2006年度江苏省高等学校文明学校”，2005~2006年度、2007~2009年连续两次获“江苏省文明单位”，“2006~2010年度全省教育系统法制宣传教育先进单位”，2005年、2008年、2012年三次获“全省高等学校思想政治教育工作先进单位”，2008~2009年度、2010~2011年度、2010~2012年度连续三次获“江苏省高等学校和谐校园”称号等。学院积极开展文明创建结对共建活动，2010年以来，与江宁区横溪、谷里、湖熟街道等社区（街道）在帮困助学、留守儿童心理健康教育、法制宣传、技术技能指导培训等方面开展了城乡结对共建，积极发挥省文明单位示范效应，巩固和不断推动省级文明单位创建工作的持续深入地开展。

附录一

大 事 记

1953 年

6 月，为加快公路、内河运输技术干部和工人的培养，江苏省交通厅航运管理局开办“国营江苏省内河轮船公司第一期工人训练班”。

7 月 7 日，江苏省交通厅干部训练班开办，7 月 9 日举行开学典礼。各单位派送学员 484 人。

1954 年

4 月 9 日，江苏省交通厅航运管理局“国营江苏省内河轮船公司第二期工人训练班”开学。来自泰州、盐城、苏州、镇江、常州分公司及南通营业处技术船员和工作积极分子 95 人参加学习。

6 月，江苏省交通厅第一期干部训练班学员结业。

6 月 29 日，江苏省交通厅航运管理局“国营江苏省内河轮船公司第二期工人训练班”结业。

9 月，江苏省交通厅公路运输局开办汽车驾驶员训练班，培训驾驶员 25 人。

11 月 1 日，江苏省交通厅第二期干部训练班开学，会统班 120 人、公路经营管理班 120 人、航运经营管理班 110 人，共 350 人参加学习。

12 月，江苏省交通厅航运管理局“国营江苏省内河轮船公司第三期工人训练班”结业，三期培训班共培训学员 295 人。

1955 年

1 月 15 日，江苏省交通厅党组决定，将原交通厅“干部培训班”、“航务员工培训班”和“汽车驾驶员培训班”合并，成立“江苏省交通职工学校”，实行统一领导。

3 月 1 日，中国共产党江苏省委员会批准成立“江苏省交通职工学校”，学校校部设在南京市安品街 82 号，办学点另有建邺路 26 号和中华门附近的九儿巷（璇子巷）30 号。

3 月 15 日，学校正式启用“江苏省交通职工学校”印章。

4 月 1 日，江苏省交通职工学校第一期训练班开学，实际报到学员 252 人，学习时间四个月。

4 月 2 日，南京市建设委员会同意暂借公园路人民体育场东部部分空地给学校做汽车教练场地使用，借期三年。

10月22日，为节约开支、方便教学，江苏省交通职工学校向江苏省交通厅报告，拟将校部从安品街82号搬迁至建邺路26号。

1956年

1月28日，江苏省交通厅、江苏省人事局联合下发“增设县乡交通工程技术人员训练班”通知，决定开办县乡交通工程技术人员训练班，培训人数138人。

2月，江苏省交通职工学校更名为“江苏省交通干部学校”。

8月，江苏省交通厅、江苏省航运厅决定在江苏省交通干部学校基础上筹建江苏省交通学校（中等技术），学校设公路系、航运系和培训班，培养交通技术人才。

8月2日，江苏省航运厅（1956）航干吴字第105号文同意学校征购建校基地和汽车教练场500亩，其中建校基地200亩、汽车教练场300亩，并准予拨款十万元。

8月16日，江苏省交通厅（1956）航干吴字第0003号文“批准交通干校建校基地及教练场”，明确建校基地和汽车教练场需征用土地500亩，范围是石门坎以东、工程兵学校以西、旧城河以南、马路以北的200余亩建校基地；天堂村以西、炮校以东、马路以南的300亩为汽车教练场。

8月29日，南京市城市建设局发“关于同意先征用60亩土地的函”（城建土字910号），同意江苏省交通学校（筹）先在光华门外石门坎以东、工程兵学校以西征用土地60亩。

9月29日，江苏省交通厅、江苏省航运厅“关于学校基本建设计划任务书的联合报告”（1956）交计邓字第0584号、（1956）航干徐字第0577号联合发文，呈报江苏省交通学校（筹）基建计划任务书。

10月，江苏省交通学校（筹）办理征用的60亩建校基地相关手续。

1957年

1月21日，江苏省交通厅任命丁征野、印仁昌、刘茂如任江苏省交通干部学校副校长。

5月17日，江苏省交通厅领导指示，原定开办的江苏省交通学校（筹），因贯彻国家增产节约精神，建校任务改在第二个五年计划内进行。

8月，以港航监督处派员为主、学校教务处和航运组教师参加，长江在下关码头至第二码头、内河在下关三汊河至中山桥，对航运技术船员班申请副驾驶40人、正驾驶4人进行鉴定考试。

9月，因贯彻国家增产节约精神，江苏省交通学校筹备建校先行征用的土地退还给南京市和农业社。

10月28日，江苏省交通厅决定将江苏省交通干部学校校址和校舍固定并集中在建邺路26号，将该处校舍范围扩大至能容纳300名学员教学、办公、生活使用。

12月23日，经同意，江苏省交通干部学校建邺路26号新建砖混结构三层教学楼开工，建筑面积728.94m^2。

1958 年

3 月 31 日，江苏省交通干部学校建邺路 26 号新建三层教学楼竣工。

9 月 25 日，南京航务工程学校由交通部下放江苏省，归口江苏省交通厅领导。江苏省交通干部学校撤消，所有校舍及校产移交江苏省交通厅和南京航务工程学校等单位。同时，“江苏省交通干部学校”校印切角缴销。

1961 年

7 月，南京航务工程（专科）学校收归交通部领导，经交通部同意，学校 1958 年下放后由江苏省交通厅举办的中专部公路与桥梁、汽车维修、轮机管理和河船驾驶四个专业划出仍归江苏省交通厅领导，定名“江苏省交通专科学校”，与南京航务工程（专科）学校实行一门两校。

1962 年

下半年，江苏省交通专科学校停办。

1964 年

9 月，江苏省交通厅开办江苏省南京汽车职业学校，学校由南京运输处主管，于德才担任副校长，学校校址在长江路 272 号，当年招收汽车驾驶专业学生 47 人。

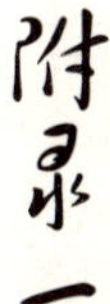

9 月，江苏省交通厅开办江苏省南京航运职业学校，学校由南京航运局主管，蔡致中担任副校长兼教导主任，学校校址在中山北路 507 号，当年招收内河驾驶专业学生 50 人。

1965 年

6 月 25 日，经江苏省人民委员会批准，将南京航运职业学校和南京汽车职业学校合并，组建“江苏省南京交通学校”，由江苏省交通厅领导。

9 月，江苏省南京交通学校租借建邺路 168 原江苏省委党校校舍和设备挂牌办学。当年水运调度、陆运调度、计划统计和财会四个专业在全省统一招生，招收参加统考的应届初中毕业生，共录取学生 204 人。

9 月，江苏省交通厅党组批准成立中共江苏省南京交通学校支部委员会，李光帆任支部书记，施志球、蔡致中、于德才、于从淑为支部委员。任命李光帆为校长（兼），施志球为副校长（主持学校行政工作），蔡致中为副校长兼教导主任、于德才为副校长兼总务主任。

1966 年

5 月，中共南京市委发出关于开展“文化大革命”学习活动的通知，学校组织全校教职工及学生一律参加学习活动。

6 月，中共江苏省委向南京大学等校派出工作组后，6 月下旬江苏省交通厅向我校派出了工作组，领导学校开展“文化大革命”。

6月，江苏省交通厅决定将江苏省镇江汽车学校并入江苏省南京交通学校。7月，学校“停课闹革命”，学校领导和部分教师遭批斗，学校教学秩序遭到严重破坏。

9月初，中共中央、国务院发出关于组织外地师生来京参观“文化大革命”的通知后，学校少数教职工和大批学生赴京，开始“大串联”。

9月，学校二幢宿舍楼竣工，学生入住。

1967 年

2月初，学校造反派组织“红色造反兵团”等夺了学校党政权力，查封了党支部、行政印章，勒令学校领导靠边站。

3月初，南京军区6453部队派出军管小组进驻学校，组织学生军政训练和“复课闹革命”。

3月，江苏省镇江汽车学校从镇江谏壁刘家湾迁到南京市浦口区沿江乡冯墙的江苏省南京交通学校内。

8月，学校64级汽车驾驶专业5个班244名学生、水手专业1个班49名学生进入毕业分配阶段，除张树森、洪家俊等留校外，其他学生按“专业对口”原则分配到有关地区汽车公司工作。

1968 年

1月14日，在省交通局的协调下，64级水手专业49名毕业生中，由交通部分配六机部零九三筹备处15名，山东省交通厅13名，浙江省交通厅13名。

1969 年

1月，江苏省革命委员会派出工人宣传队进驻大中专学校，华电二公司此时派出工宣队进驻我校，领导学校“斗、批、改”。

3月，65级汽车驾驶专业5个班250名学生，会计专业1个班、统计专业1个班、调度专业1个班计162名学生，响应毛泽东“知识青年到农村去，接受贫下中农的再教育很有必要”的号召，下放到农村、农场或生产建设兵团劳动。

12月16日，江苏省革命委员会交通局根据省革委会生产指挥组负责同志指示精神，报请省革委会政工组同意，确定江苏省南京交通学校（含江苏省汽车学校）停办，学校教职工80人另行安排。

1970 年

10月6日，江苏省革命委员会交通局调学校周旭、秦退之等46名（其中：省交通学校16名、省汽车学校30名）教职工到江苏省汽车大队工作。

1971 年

2月27日，根据江苏省革委会生产指挥组苏革生（1971）16号《关于下放企事业单位的通知》，江苏省革命委员会交通局将江苏省南京交通学校、江苏镇江汽车学校并入江苏金陵汽车配件厂，以厂办校。

1973 年

9 月 22 日，江苏省革委会苏革发（1973）67 号文件批准学校复办招生，当年招生计划 200 名，其中在职职工 140 名，非在职职工 60 名。

10 月，成立于秀娥、蔡致中等 5 人组成的江苏省南京交通学校复办筹备组。为加强领导，认真做好江苏省南京交通学校办学事宜，经中共江苏省金陵汽车配件厂委员会决定，成立交通学校临时党支部，支部书记：于秀娥，委员：于德才、蔡致中。

12 月 1 日，学校开学，招收会计与统计专业 42 人、汽车修理与运用专业 90 人，合计 132 人。

1974 年

10 月 19 日，江苏省革命委员会交通局核心小组交党（1974）9 号《关于建立“中共江苏省南京交通学校支部委员会”的批复》，同意由陈展、于秀娥、秦退之、于德才、蔡致中、刘传成、吴兆生、林峰、刘淑兰等组成“中共江苏省南京交通学校支部委员会”，并由陈展任支部书记，于秀娥、秦退之、于德才任支部副书记。

11 月 12 日，江苏省革命委员会交通局交政发（1974）029 号《关于建立“江苏省南京交通学校革命委员会”的批复》，同意由陈展、于秀娥、秦退之、于德才、蔡致中、刘传成、陈彤鳌、陆汉章、高延贵、俞阿芬、吴伦春、王世淮等组成“江苏省南京交通学校革命委员会”，并由陈展任革命委员会主任，于秀娥、秦退之、于德才、蔡致中任革命委员会副主任。

1975 年

8 月 19 日，根据江苏省革命委员会交通局交政发（1975）031 号《关于一九七五年暑期江苏省南京交通学校毕业生分配的通知》精神，学校对会计与统计专业毕业生 42 名（其中内招 18 名，外招 24 名），开始进行毕业生分配，除王世淮、刘淑兰、杨锦棣、徐爱萍和戴继云 5 人留校外，内招的在职职工一般回原单位工作，外招的毕业生分配到相关的交通企事业单位工作。分配工作 9 月底完成。

12 月 19 日，江苏省革命委员会交通局交政发（1975）049《关于举办集体所有制交通企业财会人员训练班的通知》，经研究决定，在江苏省南京交通学校举办集体所有制交通企业财会人员训练班，第一期招收在职职工 100 名，学习时间半年，学习结束后回原单位工作。

12 月 25 日，根据江苏省革命委员会交通局交政发（1975）050 号《关于一九七五年下半年毕业生分配的通知》精神，学校对汽车修理与运用专业 90 名毕业生进行毕业生分配。除张道明、王晓农、胡维忠、范从来、吴兆生、周建、张荣夫、王党生、石明雄、孟祥林、干海方、高冬青、许盘林 13 人留校外，其余毕业分配到相关的交通企事业单位工作。分配工作于 1976 年 1 月前完成。

1976 年

1 月 9 日，学校隆重举行了周总理追悼会，展出了周总理的生平事迹。

3 月，省工交办公室田诚主任召集省交通局、机械局负责人及工交办孙、余两同志研究南京交校与农机校之间的矛盾问题。

4 月 19 日，中共江苏省革命委员会交通局核心小组《关于刘其义同志等任职的通知》交党（1976）7 号，决定刘其义任江苏省南京交通学校支部委员会书记；秦退之任南京交通学校革命委员会主任，并任学校党支部副书记。

10 月，“四人帮”反革命集团垮台，学校用两个月时间组织全体教职工、学生深入开展揭批“四人帮”活动。

11 月，学校规章制度试行（包括请假制度、教室规则、学生宿舍公约、家具房屋管理、福利和用品领用制度、财务管理制度和安全保卫制度等）。

1977 年

11 月 30 日，江苏省革命委员会交通局与山东省革命委员会交通局签定委托培养 20 名公路桥梁专业学生的协议。由山东交通学校公路桥梁专业代培 20 名学生，学制 3 年；江苏省大专院校招生办下达招生计划给南京交通学校，学生生活费用补助、毕业分配由江苏省南京交通学校负责。

1978 年

5 月 12 日，江苏省革命委员会交通局交政发（1978）30 号文件，明确了江苏省南京交通学校性质、专业学制及培养目标等问题。学校性质确定为中等专业学校。毕业生亦按中专毕业生待遇处理。专业设置为汽车运用与修理专业、公路与桥梁专业、财务会计专业；普通班除财务会计专业学制为两年外，其余专业均为三年。

9 月 9 日，中共江苏省革命委员会交通局党组“关于蔡致中同志政历问题的复查结论”省交复字（1978）123 号为蔡致中平反。

9 月 20 日，江苏省计委苏革计（1978）384 号文件批准，同意学校选址新建校舍。

12 月 28 日，经江苏省革委会交通局批准自 1979 年 1 月 1 日起启用“江苏省南京交通学校”新印章。

1979 年

3 月 2 日，中共江苏省革委会交通局党组《关于蔡致中同志平反的决定》（省交复字［1979］5 号），对蔡致中长期蒙受的不白之冤，给予平反，恢复名誉。

4 月 5 日，中共江苏省革委会交通局党组《关于钟镕同志的平反决定》（省交复字［1979］6 号），在文化大革命期间交通学校对钟镕当反革命实行隔离审查，监督劳动是错误的，予以纠正，恢复名誉。

4 月 16 日，江苏省革委会交通局（交政发［1979］23 号）文件同意学校成立办公室、教务处、总务处和教学工厂。

6月9日，中共江苏省革委会交通局党组《关于秦退之等同志任职的通知》（交党［1979］38号），经中共江苏省委组织部（苏委组复［1979］58号）文件批准秦退之、许怡善、姜浩为江苏省南京交通学校副校长。

9月7日，中共江苏省革委会交通局党组《关于组建学校党总支委员会的通知》（交党［1979］63号），决定由秦退之、姜浩、许怡善、罗家琚、黄荣枝组成中共江苏省南京交通学校总支委员会，并由秦退之、姜浩任党总支副书记。

9月11日，江苏省革委会交通局（交政组［1979］29号）文件，同意罗家琚任江苏省南京交通学校办公室副主任、陈彤鏊任教务处主任、黄荣枝任教务处副主任。

10月6日，中共江苏省委组织部（苏委组复［1979］313号）文件，同意陈彤鏊同志任江苏省南京交通学校副校长。

10月，江苏省革命委员会交通局（交党［1979］73号）文件，同意黄荣枝任教务处主任、程万仞任教务处副主任、范祥明任总务处副主任、俞正福任教学工厂副厂长。

12月13日，江苏省革委会交通局“关于南京交通学校扩初设计文件的批复”（交汽发［1979］38号），同意南京交通学校扩大初步设计文件，其中教学楼、办公图书楼等共15项总投资核定为140万元。

1980年

1月，江苏省南京交通学校成立工会，姜浩任工会主席、顾唯一任工会副主席。

1月30日，中共江苏省革命委员会交通局政治部《关于同意建立共青团江苏省南京交通学校委员会的批复》（交政组［1980］19号），同意黄荣枝等组成共青团江苏省南京交通学校委员会，黄荣枝兼任团委书记、刘传成任副书记。

4月8日，江苏省革委会交通局（交政组［1980］43号）文件，同意薛承范任共青团江苏省南京交通学校委员会副书记。

5月11日，江苏省南京交通学校成立学生会。熊寿文任首届学生会主席，张英龙任副主席。

10月25日，江苏省交通厅（交政组［1980］100号）文件，同意薛承范任江苏省南京交通学校教务处副主任、张道明任共青团江苏省南京交通学校团委副书记。

1981年

4月31日，中共江苏省委组织部批复同意：姜浩任江苏省南京交通学校党总支书记，免去南京交通学校副校长职务；秦退之任南京交通学校顾问，免去南京交通学校党总支副书记、副校长职务。

5月20日，江苏省交通厅“关于要求明确半工半读技术学校性质的请示报告”（苏交政［1981］6号），请示省政府对1965年考入江苏省南京交通学校、江苏省镇江汽车学校、江苏省南通河运学校等的半工半读性质的学生毕业后享受中专毕业待遇。

8月29日，省交通厅党组对学校领导班子进行调整，中共江苏省交通厅党组（交党［1981］29号）文件通知，经中共江苏省委组织部批复同意：陈彤鳌任江苏省南京交通学校校长，黄荣枝任副校长，并对学校内部组织机构及中层干部进行了增设。

9月，江苏省交通厅（苏交政［1981］45号）文件，同意建立江苏省南京交通学校学生科，所需人员在本校编制内调整解决。

9月7日，江苏省交通厅（交政组［1981］74号）文件，同意薛承范任学生科科长（免去教务处副主任职务）、虞寿林任教务处副主任。

1982年

5月，编制学校管理制度，包括行政管理制度、教学管理制度、后勤管理制度等。拟定在教学中加强实践环节的若干规定（试行）。

5月29日，江苏省高等教育局（苏高教［1982］56号）文件，同意黄荣枝、朱爱娟、周以强、张宗祥、熊树苏、虞寿林、金德虎、郦时藏、张友恒、杨烈儒、端木建国、龚育申等12人为讲师。

8月18日，江苏省高等教育局（苏高教［1982］121号）文件，同意陈彤鳌为副教授。

9月，学校从南京农机校主体搬迁至浦口校区，到年底全面完成搬迁工作。

11月，根据江苏省汽车运输公司（苏汽人劳［1982］229号）文件，建立学校会计专业干部业务技术职称评定小组。组长：罗家琚，成员：周一、彭民军、郦时藏、张友恒。

12月，根据学校第四次党员大会选举结果，中共江苏省交通厅党组以（交党［82］30号）文件批复，同意姜浩、罗家琚、虞寿林、黄荣枝、许怡善组成中共江苏省南京交通学校总支部委员会，姜浩任党总支书记。

1983年

4月，中共江省交通厅政治部（交政组［1983］47号）文件，批准孟祥林为学校教务处副主任。

5月，江苏省交通厅工程管理局同意给学校拨款4.9万元建设临时宿舍700m^2。

6月，根据江苏省政府（苏政复［1983］90号）文的精神，江苏省交通厅批准学校举办职工中专班。学校1983年共招收在职职工120名，道路桥梁工程、汽车运用与修理、财务会计三个专业各40名，省教育厅统一下达招生计划。

10月，中共江省交通厅政治部（交政组［1983］100号）文件，批准王晓农为学生科副科长、胡维忠为总务处副主任。

1984年

9月，为南京军区工程兵部队开办公路与桥梁中专班。

12月19日，召开共青团江苏省南京交通学校第三次代表大会，选举产生新一届团委。

12月28日，召开江苏省南京交通学校首届工会会员代表大会，民主选举第一届工会委员会由姜浩、范祥明、邬建强、刘静予、许榴宏、张道明、杨锦棣七人组成，姜浩兼任工会主席、范祥明任工会专职副主席。

12月，江苏省交通厅（苏交政［1984］93号）文件，批复学校成立南京交通学校服务公司，作为新办集体经济组织，遵循独立核算、自负盈亏，按劳分配、民主管理等原则运行，为解决教职工子女就业、促进校内经营活动起到了积极作用。

1985 年

1月，根据中央和省委的整党部署，学校被省交通厅党组确定为第二期整党单位。1月30日至7月10日学校全面部署和开展整党工作。全校47名正式党员全部进行登记和参加整党活动，8名预备党员积极参加学习和教育活动。学校制订了《校级党政领导干部八不准》，受到厅党组肯定，并转发全系统参考学习。

2月13日，根据干部“四化”要求，为调整加强学校领导班子建设，江苏省交通厅党组作出《关于南京交通学校领导班子调整的通知》（交党［1985］9号），决定由姜浩任学校党总支书记、陈玉龙任副书记，黄荣枝任校长、孟祥林、张道明任副校长，同时免去陈彤鏊的校长、许怡善的副校长职务。

3月，学校开设“南京交通学校扬州校外班”（开设公路与桥梁专业），纳入学校统一招生计划，招生对象以所在市为主，面向苏北市县。

7月8日，江苏省交通厅党组批准成立中国共产党江苏省南京交通学校委员会。学校成功召开了第五次党员大会，选举产生了第一届学校党委委员：姜浩、陈玉龙、黄荣枝、张道明、罗家琚，姜浩任党委书记、陈玉龙任党委副书记。

8月，根据交通部（电中字［1985］交30号）文件批复，江苏省交通厅在学校建立了“交通部电视中等专业学校江苏分校”（简称“电中江苏分校”），并相继在南京、镇江、徐州、无锡、苏州五市建立了“电中”工作站。

9月，学校隆重举行庆祝第一个教师节大会，表彰学校优秀教师和优秀教育工作者，并向具有25年教龄的教师颁发了荣誉证书。第一个教师节之际，周以强、杨烈儒、许榴宏3人被江苏省交通厅表彰为全省交通系统优秀教师。

9月，学校在盐城交通技工学校开办“南京交通学校盐城校外班”，开设财务会计专业，当年招收财务会计专业40人。

11月16日，江苏省交通厅党组（交党［1985］64号）文件，任命魏明同志为学校副校长。

11月27日，学校召开首届教职工代表大会，审议学校行政工作报告、学校财务预决算报告等。

12月4日，江苏省交通厅党组（交党［1985］70号）文件，批准增补魏明为党委委员。

1986 年

9月，林光郎被交通部表彰为“全国交通系统先进教师”。

9月30日，中共江苏省交通厅党组（交党［1986］40号）文件，决定姜浩调任江苏省交通厅政治部副主任，免去学校党委书记职务。

12月，学校获南京市文明卫生先进单位、区治安先进单位。

1987年

3月，学校建立“南京交通学校徐州校外班”（开设汽车运用与维修专业）。

4月，学校召开校外班工作会议，讨论制订了《南京交通学校校外班教学管理办法》，完善和签订办学协议，保证办学质量，促进校外班办学健康持续发展。

6月，校团委被江苏省交通厅团委授予厅机关共青团先进集体称号；王若光获先进个人称号；任忠芳、黄国良获先进团干部称号。同时，校团委被省级机关总团委表彰为先进集体。

6月，学校成立江苏省南京交通学校职改领导小组。

7月，学校新增“交通运输管理”专业，专业数增加到四个：交通运输管理、汽车运用与维修、公路与桥梁、财务会计。其中，公路与桥梁、交通运输管理专业开始招收初中毕业生，学制四年。

9月，学校校刊《交校教育》创刊。

12月，学校成立路桥教研室、汽车教研室、运管教研室，调整各专业教研组，为成立专业科打基础。

1988年

3月，学校创办南京交通学校业余党校，党委副书记陈玉龙任党校校长、政治处主任罗家琚任党校副校长，由学生工作党支部负责党校的具体工作。

7月，交通运输管理、汽车运用与维修、公路与桥梁、财务会计四个专业全部招收初中毕业生。

10月，江苏省人民政府同意南京交通学校在校生规模扩大为1500人。

11月，江苏省交通厅批准学校在校生规模为1280人，另可挖掘学校潜力进行在职培训。

1989年

2月，学校创办了业余艺校，教学副校长孟祥林任艺校校长、教务处主任林光郎任艺校副校长。

4月20~22日，学校在盐城召开南京交通学校校外班工作会议。会上，盐城、扬州、徐州三校外班对办班取得的成绩作了汇报交流，认真探讨了今后办学的方向。

5月13日，学校图书馆被江苏省交通厅、江苏省海员工会评为全省交通系统两个文明建设先进集体。

6月5日，江苏省交通厅批准学校实行校长负责制（苏交政［1989］35号）文件，学校校长实行聘任制，聘期四年。聘任黄荣枝为学校校长，孟祥林、张道明、魏明为学校副校长。

6月，学校进行机构调整，成立财务科、路桥专业科、汽车专业科、运管专业科；撤销基建办，成立基建组由总务处领导；保卫科改设为行政科室。

7月，学校成立了校务委员会（交办发［1989］18号）文件，校务委员会由学校党政工团负责人、中层干部代表、教职工代表组成。

7月16日，中共江苏省交通厅党组任命王家勋为学校党委书记。

7月，在第五个教师节即将来临之际，温演岁、许榴宏分别被交通部评为全国交通教育优秀教师、全国交通教育优秀工作者。

9月，温演岁被国家教委、人事部、全国教育工会评为“全国优秀教师”称号，并授予优秀教育工作者奖章。

12月20日，温演岁作为江苏省直机关单位党代表，参加中国共产党江苏省第八次代表大会，学校组织欢送仪式。

12月27日，学校召开第六次党员大会，顺利进行了校党委换届选举及第一届校纪委的选举。经厅党组（交党［1990］7号）文件批复：学校新一届党委由王家勋、陈玉龙、黄荣枝、孟祥林、张道明、魏明、罗家琚组成，王家勋任党委书记、陈玉龙任党委副书记；同意成立“中共江苏省南京交通学校纪律检查委员会”，第一届纪委由薛承范、罗家琚、温演岁组成，薛承范任纪委副书记。

1990年

1月，学校实行中层干部聘任制。学校（交办发［1990］1号）文件聘任：胡维忠任办公室主任、林光郎任教务科科长兼学生科科长、张宗祥任教育研究室主任兼教务科副科长、武可俊任路桥专业科科长、高进军任汽车专业科科长、徐爱萍任运管专业科副科长、卞汉文任成人教育办公室主任、马桂兰任成人教育办公室副主任、王建平任财务科副科长、王晓农任图书馆馆长、杨锦棣任保卫科科长、魏代群任总务科科长、彭民军任学生科副科长（兼）、范从来任膳食科副科长兼学生科副科长。

3月，江苏省交通厅政治部（交政组［1990］20号）文件同意建立中共江苏省南京交通学校委员会政治处，撤销组宣科，业务工作划归政治处。校党委（交党发［1990］15号）文件，决定罗家琚任政治处主任。

4月28日，举行学校实验大楼工程验收会，省、市有关设计、质监、消防等单位领导和有关人员参加。省交通厅规划处、财材处派员出席。

5月，省交通厅批准学校在学校校园东侧新征地64.89亩，按1500人规模规划，建设图书馆、教学楼、行政办公楼、运动场、汽车教练场等。

6月4日，学校召开第二届工会会员代表大会，进行工会换届选举，民主选举第二届工会委员会由魏明、许榴宏、刘静予、杨锦棣、邬建强、许盘林、张丽君七人组成，魏明任工会主席。

6月23日，学校汽修厂通过南京市汽车维修行业管理处的验收。

10月31日，学校召开第二届教职工代表大会。参加会议正式代表81人，特邀代表17人。省交通工会、南京市教卫工会领导应邀出席并讲话。

12月24日，确定《南京交通学校校歌》。校歌由著名音乐家沈亚威先生作曲、本校职工陈胜利作词。

1991年

1月29日，南京地区中专校办学条件评估自查情况交流会在学校召开。学校在会上汇报了自查情况，受到与会者的一致好评。

5月25日，经批准，江苏省交通厅汽车高级修理工培训班在学校开学。

9月10日，第七个教师节之际，学校被评为江苏省交通系统先进单位，林光郎获江苏省先进工作者称号。

10月13日，江苏省教委组织的中专校办学条件评估组对学校进行复评，学校被评为A级（较佳级）。

11月27日，学校被江苏省总工会、江苏省计经委评为“江苏省职工生活工作先进集体”。

11月28日，江苏省交通厅四项常规管理检查组来学校进行检查评比，学校获得校园管理第一名。

1992年

4月18日，为深入学习邓小平同志南巡谈话精神，校党委组织全校党员赴江阴华西村考察。

5月18日，江苏省交通厅会计工作（达标）评审组来学校检查验收，确定学校为会计达标单位。

6月21日，汽车专业毕业生试行持“二证”上岗，在校必须取得江苏省劳动局颁发的初级汽车修理工等级证书。

9月7日，图书馆竣工验收，面积2654m^2。

10月15日，交通部电视中专评估组来校，对江苏分校的办学条件、专业设置、师资力量进行评估。因办学成绩突出，电视中专江苏分校被交通部电中总校授予“先进分校”称号。

10月30日，学校路桥试验室被江苏省交通厅认定为甲级交通工程试验室。

11月5日，中共江苏省交通厅党组免去王家勋学校党委书记职务，调江苏省交通厅工作。

11月7日，江苏省教委中专学校办学水平评估专家组进驻学校，对学校办学水平进行了为期5天的复评。

12月12日，黄荣枝校长当选浦口区第十三届人民代表大会代表。

12月31日，江苏省交通厅下发了《关于同意成立“江苏育通发展有限公司”的批复》，同意成立“江苏育通发展有限公司”，隶属于南京交通学校。

1993年

3月1日，学校与江苏交通工程咨询监理总公司达成意向性协议，成为该总公司第一分公司。

3月12日，江苏省文明委来校检查文明学校创建情况。

4月5日，交通部规范化学校评检调查组对学校评检调查，最终交通部批准学校为“全国交通系统规范化普通中等专业学校”。

4月13日，经过江苏省人民政府、江苏省军区批准，“江苏省国防交通干部培训中心”在学校挂牌成立。同日，江苏省国防交通干部首期培训班40人入学。

4月，学校获“江苏省交通系统双文明建设先进单位”称号。

5月10日，经江苏省公安厅交管局批准，学校驾训队在全省范围招收汽车驾驶员进行大货车和小客车培训。

5月28日，学校“江苏育通经济发展公司”揭牌。

7月3日，江苏省教委水平评估专家组来学校进行复评。

8月21日，教学楼竣工通过验收，面积为4289m²，达到市优工程。

8月24日，第九个教师节之际，周以强被交通部评为“全国交通系统优秀教师”，徐爱萍被江苏省教委评为“江苏省先进教师”。

10月12日，江苏省人民政府批准学校为江苏省部级重点中等专业学校。

1994年

3月30日，学校党委实施“3010”工程(30名党员与30名学生、10个支部、科室与10个班级结对帮教活动)签字仪式在雨花台举行。

4月8日，学校接受教育部中专校办学水平评估。

4月，学校全面推行教师课时津贴制和职工岗位津贴制，同时推行人员工资改革。

5月20日，由学校与淮安市公路站合作的《阳离子乳化沥青添加剂的研究》项目，在淮阴通过江苏省级鉴定。

9月，经批准，“交通部电视中专江苏分校南京交通学校教学班”建立，首次招收路桥、财会电中班95人。

9月，学校被批准为“国家级重点普通中等专业学校”。

10月10日，学生食堂综合楼竣工，总面积4750m²，新区景点同时落成。

11月18日，学校利用世界银行贷款建成当时江苏省中专校最先进的“电子计算机中心”，配置并建成了全省中专校第一个多媒体教学教室。

1995年

2月22日，学校工会被江苏省海员交通工会授予“先进基层工会”称号。陈玉龙、刘静予分别被授予“模范职工之友”、“先进工会会员”称号。

3月31日，学校被南京市委教卫部、市总工会授予“民主管理先进单位”称号。

4月26日，学校被南京市总工会授予“模范职工之家”称号。

6月26日，黄荣枝校长荣获国务院“政府特殊津贴”。

7月19日，学校学生会主席、运输管理专业9241班葛垚同学作为江苏省代表

团代表，参加中华全国学生联合会第二十二次代表大会，受到江泽民等党和国家领导人接见。

8月，学校被江苏省交通厅授予“为江苏交通事业发展有功单位”称号。

9月8日，学校与南京建筑工程学院联合开办大专函授（路桥）。

11月9日，江苏省文明校园评估组来校检查两个规范落实情况。

11月，学校承办江苏省交通行政事业单位财务人员培训班举办开学典礼。

12月，学校建成华东地区中专校第一个局域网，并在学校召开如何利用网络教学现场会议。

1996年

1月18日，交通部电视中专江苏分校建校十周年庆祝大会在学校召开。

3月，学校制订“九五”计划，提出的奋斗目标是：围绕“一个核心”（普通中专教育），形成“五个中心”（电视教育管理中心、交通干部培训中心、职业技能鉴定考核中心、交通高层次人才培养中心、驾驶员培训中心），争创“四个一流”（一流的师资队伍、一流的教学设备、一流的教学管理、一流的教学质量），突出“两个特色”（花园式学校、多层次办学），攀登“一个高峰”（交通系统对外交流的窗口学校）。

3月，新学期开学，学校图书馆、各食堂相继实行计算机借阅图书、磁卡售饭。

6月17日，沪宁高速公路首期工作人员岗前培训在学校和镇江交通技校举办。学校培训423人，至7月28日结束。江苏省交通厅厅长徐华强及厅有关处室、直属单位的领导出席开学典礼，新华日报、扬子晚报、江苏电视台等新闻单位进行了报道。

5月13日，交通中专体卫委员会扩大会暨体育教改研讨会在学校召开。

6月18日，学校承办沪宁高速公路岗前培训班举办开学典礼。

7月5日，江苏省教委、省计经委以“苏教计［1996］135号”文件批准学校开办公路与桥梁施工技术专业高职班，1996年招生计划为40人。

7月8日，学校被江苏省教委授予“文明校园”称号。

8月8日，江苏省交通厅首期青年教师培训班开学典礼在学校举行。

9月，学校开展了骨干教师和学科带头人选拔和培养工作，评选产生了首届骨干教师和学科带头人。

9月28日，江苏省交通干部培训中心宿舍楼竣工验收，达到市优良工程。

1997年

1月14日，江苏省交通厅党校、江苏省交通干部培训中心揭牌仪式在学校隆重举行。江苏省委常委、江苏省委党校校长胡福明、江苏省交通厅厅长徐华强为党校和培训中心揭牌。

1月，学校汽车运用工程专业在交通部专业教育质量评估中列第四名，被交通部评为重点专业点。

3月13日，学校档案管理通过江苏省档案局、省交通厅组织的达标评审，达到“三级”标准。

9月30日，江苏省交通厅党组决定，聘任孟祥林为江苏省南京交通学校校长，魏明、王晓农、高进军为副校长。经厅政治部批准，孟祥林兼任交通部电视中专江苏分校校长。

10月6日，学校新领导班子召开第一次校长办公会。会议要求新的领导班子做到“四讲”、“四必须”，即讲大局、讲正气、讲纪律、讲奉献；必须要勤奋、必须要团结、必须要高效、必须要争先。

12月20日，经专家评审，江苏省劳动厅、交通厅同意在学校设立“国家职业技能鉴定所”。

12月，孟祥林校长当选为浦口区人大代表。

1998年

3月12日，学校被授予南京市“花园式单位”称号。

9月20日，根据三届六次教代会决议，学校在行政机关、党群部门、教辅部门、后勤、产业未承包部门实施定岗定编、竞争上岗。岗位编制由原80个压缩到61个。至9月25日，实际录用60人，2人内退，2人待岗。

10月，学校与江苏省高速公路建设指挥部合作共建的江苏省高速公路建设指挥部南京交校检测中心正式开展工作。

10月，江苏省教委对学校的校园网建设进行验收。验收结论：学校校园网布线规范，功能完善，验收合格。

11月9日，交通部公路与桥梁工程专业部级重点专业点复检组到校评检。学校路桥专业通过复检，保持重点专业资格。

11月23日，学校蒋玲、周传林、于苏民三位老师参加全省交通系统青年教师教学竞赛，分别获一、二、三等奖，学校被江苏省交通厅授予组织奖。

1999年

1月19日，学校召开第四届工代会暨教代会。经校党委和上级工会批准，陈玉龙任工会主席，许榴宏为副主席。

3月31日，学校党委举办党员、干部党风廉政和两个文明建设学习班，落实学校党风廉政和两个文明建设责任制。孟祥林校长、陈玉龙副书记分别与各部门签订责任状。

8月23日，学校进一步精简和调整行政机构，重新聘用中层干部，行政科室和中层干部数量有较大幅度减少。

9月1日，学校全面推进后勤服务社会化，分别成立物业管理中心和生活服务中心两个社会化的经济实体，实行市场化运作方式和有偿服务。

9月10日，孟祥林校长被交通部授予“全国交通系统教育先进工作者”称号。

9月，学校与南京化工大学联合举办三年制专科层次教学班，在南京化工大学的招生计划内，学校招收专科层次的学生。

11 月 12 日，教育部组织专家对国家级重点中专学校进行了复评，学校以全省第四名的好成绩再次被教育部评为国家级重点普通中等专业学校。

2000 年

2 月 28 日，学校被江苏省交通厅、省总工会联合授予“1996~1999 年江苏交通建功立业有功单位”称号。

4 月 20 日，学校被江苏省交通厅命名为“江苏省交通系统文明学校”，同时学校荣获“九五江苏交通教育先进单位”称号。

5 月 31 日，教育部公布国家级重点中等职业学校名单，学校榜上有名。

6 月，学校首次实行教师教学质量奖优罚劣制度，按不同职称进行分类考评与奖罚。

6 月 1 日，学校成立校报编辑部，形成了“两刊一报”的校园平面媒体格局，即《教育与科研》、《交校青年》和《南京交校报》。

6 月，学校工会被南京市总工会授予 1998~1999 年“模范之家”称号。

10 月，学校同济大学网络教育学院南京教学点首次招收“交通工程与技术”专业本科生 47 人。

2001 年

4 月 28 日，江苏省教育厅组织以东南大学常务副校长吴介一教授为组长的专家组，对学校申办高职院工作进行评估考察。

5 月 16 日，江苏交苑交通工程咨询监理公司获得江苏省交通厅颁发的“江苏省交通建设工程监理资信登记证明”，从而为公司进入交通建设市场创造了有利条件。

6 月 19 日，经江苏省政府（苏政复［2001］96 号）文件，批复在原南京交通学校基础上，建立南京交通职业技术学院，同时撤销南京交通学校建制。

6 月，孟祥林被江苏省委省级机关工委授予“优秀共产党员称号”，被江苏省交通厅授予“全省交通系统勤政廉政好干部”称号。

12 月 14 日，学院被中共江苏省委、江苏省人民政府授予 1999~2000 年度“文明单位标兵”的光荣称号。

2002 年

1 月 22 日，学院工会被江苏省交通工会、江苏省海员工会评为 2000~2001 年度“全省交通行业工会工作先进单位”荣誉称号。

3 月 21 日，学院被中国教育工会南京市委员会评为“南京市教育系统先进职工之家”荣誉称号。

3 月 21 日，学院被南京市教育系统校务公开工作领导小组评为“南京市教育系统校务公开先进单位”。

3月29日，学院女工委员会荣获“江苏省巾帼建功”先进集体。

5月22日，文爱民被江苏省交通厅、共青团江苏省委评为“2000~2001年度省级青年岗位能手”，管理科计算机教研组荣获“2000~2001年度省级青年文明号”。

6月14日，中共江苏省委组织部批准学院党委享有因公出国人员审批权。

6月24日，学院召开干部大会，省委组织部与省交通厅领导来院宣布学院领导班子。史国君任学院党委书记，孟祥林任院长、党委副书记。高进军、王晓农任学院副院长、党委委员，陈玉龙任副院级调研员。

6月25日，学院“新世纪交院人新形象”演讲比赛被中共江苏省委教育工委评为“2001年度最佳党日活动方案”优胜奖。

6月，学院成立第一届学报编辑委员会，编印第一期第一卷“南京交通职业技术学院学报”。

9月5日，学院举行建院周年庆典暨揭牌仪式，副省长王荣炳出席大会揭牌并题词“为实现交通教育现代化而努力奋斗”。

10月，中共南京交通职业技术学院委员会党校成立。

11月25日，江苏省发展计划委员会同意学院在南京江宁大学城征地800亩进行新校区建设，该项目总建筑面积22万m^2。

12月，完成学院首次中层干部聘任（任用）工作，并签订目标责任书和党风廉政责任书。

12月，经江苏省教育厅批准，学院取得成人函授及夜大学专科教育资格。

12月22日，第一届学术委员会及专业委员会成立。

12月28日，张晓焱在南京市总工会、南京市人事局、共青团南京市委员会等单位组织的南京市第四届职工技能大赛中荣获“南京市新长征突击手”光荣称号。

2003年

2月13日，学院召开首届工代会、教代会。会议通过学院工作报告、学院2002年度财务决算、2003年度财务预算报告、学院2003~2010年发展规划（草案）报告、学院江宁新校区建设进展情况报告等四项报告的决议。

3月5日，路桥教研室被授予2001~2002年度江苏省交通行业“五一文明班组”称号。

3月28日，学院首届二次教职工代表大会通过《南京交通职业技术学院2003~2010年发展规划》。

6月18日，学院江宁新校区银校合作项目签字仪式举行。院长孟祥林代表学院与南京市商业银行副行长周小祺在《银校合作协议》上签字。南京市商业银行承诺全力支持学院江宁新校区的建设，授信贷款额度1.2亿元人民币。

7月11日，学院交通工程试验检测中心顺利通过省交通厅质监站专家组的预审，取得申报交通部交通工程乙级试验室资格。

9月1日，学院举行中层干部聘任仪式，宣布中层干部任免决定，并向新一届中层干部颁发聘任书。

10月28日，学院印发《学院岗位津贴暂行办法》和《学院岗位津贴实施细则》，开始全面推进学院人事分配制度改革工作。

11月25日，江苏省发展计划委员会《关于南京交通职业技术学院新校区项目建设书的批复》（苏计社会发［2002］1310号）文件，同意学院在南京江宁大学城征地800亩进行新校区建设，该项目总建筑面积为22万m^2。省发展计划委员会要求学院委托资质设计单位结合新老校区使用功能，进行新校区总体规划，经多方案比选后，认真编制项目可行性研究报告报批。

12月4日，受江苏省教育厅委托，省高等学校后勤社会化改革规范分离评估组一行9人来学院进行验收评估。经过评估，评估组对我院后勤社会化工作给予很高评价，学院综合得分90.5分，被评估组向省教育厅推荐为验收达标单位。

12月18日，学院批准设置教研室、实训中心等系部二级教学机构。

12月19日，学院领导班子调整工作分工，同时成立了新校区建设领导小组及基建办公室。

2004年

3月31日，学院党委召开党委委员联系党总支、党员联系班级动员大会。党委委员与各系党总支书记签订了共建协议书。

4月19日，学院被江苏省总工会授予"'三个代表'，力争'两个率先'先进集体"的荣誉称号。

4月28日，学院隆重举行首届大学生实践技能大赛。

5月28日，学院兼职教授聘任仪式隆重举行，东南大学韩以谦教授等来自企业与社会各界的40位专家受聘为学院兼职教授。

5月，学院出台科研管理相关办法。

8月2日，经专家评议与评审委员会专家评审，学院汽车工程系被确定为江苏省汽车维修行业鉴定示范基地，学院汽车工程系成为当时江苏省唯一一家具有汽车维修高级技师评审资格的鉴定中心。

9月，学院首次进行跨省（安徽、河南、江西）招生。当年，省内外新生报到2394名，报到率超过90%。

10月19日，南京交通职业技术学院——日本丰田汽车公司T-TEP开校仪式在学院大礼堂隆重举行。省人民政府副秘书长朱步楼、省交通厅副厅长钱国超、省教育厅副厅长殷翔文、交通部科教司综合处处长邹力、一汽丰田汽车销售有限公司副总经理藤原启税及售后服务部副部长田青久、南京交通职业技术学院党委书记史国君、院长孟祥林以及省劳动和社会保障厅、全省各市交通局、运输管理处的领导，各地T-TEP学校代表，丰田公司江苏各经销店等企业界的代表，以及学院有关系部的师生1300余人出席了开校仪式。

10月30日，南京交通职业技术学院教学工作委员会成立大会暨第一届工作委员会会议在学院召开。

12月15日，全国大学生数学建模竞赛中，学院六支参赛队荣获全国二等奖二队，江苏赛区二等奖一对，江苏赛区成功参赛奖三队；在江苏省普通高等学校非理科专业第七届高等数学竞赛中，学院荣获专科组一等奖二名、二等奖五名、三等奖十六名，在同类高职院校中名列第一。在第五届全国大学生力学竞赛中，学院代表队荣获江苏赛区专科组团体二等奖。

12月，学院先后被教育部、交通部、中国汽车协会、中国汽车维修行业协会确定为“汽车运用与维修”专业领域技能型紧缺人才培养培训基地，被教育部、建设部确定为建筑专业领域技能紧缺人才培养培训基地。

2005年

1月，学院国家职业技能鉴定所被江苏省劳动和社会保障厅授予“2004年度优秀省属国家职业技能鉴定所”荣誉称号。

3月，张春阳、屠卫星被评为全国交通高等职业教育专业带头人。

3月18日，学院2个代表队在2004年全国大学生数学建模大赛中均获二等奖，1个代表队荣获江苏二等奖，3个代表队荣获江苏赛区成功参赛奖。6月，学院在江苏省第七届高等学校非理科专业高等数学竞赛喜拔头筹，获得专科组一等奖2名，二等奖5名，三等奖16名。

3月23日，江苏省交通厅党组书记、厅长潘永和视察学院江宁新校区建设工地。

4月，学院建筑工程系与江苏沪宁钢机股份有限公司签订协议，决定联合开办建筑工程技术专业钢结构工程方向的“沪宁钢机班”。

5月，经省交通厅批准，江苏省机动车驾驶培训教练员考试中心在学院投入建设。

6月，学院增设“市政工程技术、汽车整形技术、连锁经营管理、交通安全与智能控制、工程监理、电子信息技术”6个新专业。2005年招生专业数达到34个。

8月，学院江宁新校区一期工程建设任务完成，学院主体于新学期顺利搬迁入驻。新校区占地850亩，一期工程完成建筑单体16个，总建筑面积16.43万m^2，满足近5000名学生的教学、学习、生活需要。

8月15日至11月30日，学院开展了保持共产党员先进性教育活动，全院8个党总支（直属党支部）、18个基层党支部，325名党员紧紧抓住学习实践“三个代表”重要思想这条主线，紧密联系学院工作实际，顺利完成了学习动员、分析评议、整改提高三个阶段的各项任务。

9月，学院被中共江苏省委授予“江苏省高等学校思想政治教育工作先进集体”称号。

10月28日，学院隆重举行了江宁新校区落成典礼。省人大常委会副主任、省总工会主席张艳，交通部公路司副司长徐亚华，江苏省交通厅党组书记、厅长潘永和，江苏省交通厅副厅长蒋年华、省劳动和社会保障厅副厅长吴可立及省交通厅各处室、厅属各单位领导，省总工会、省劳动和社会保障厅有关部门领导出席了典礼。

10月28日，学院承办江苏省汽车维修工职业技能大赛决赛。此次大赛由省交通厅、省总工会和省劳动和社会保障厅联合举办，是近年来全国规模最大、参赛人数最多的一次汽修赛事。省人大常委会副主任、省总工会主席张艳，交通部公路司副司长徐亚华，省交通厅党组书记、厅长潘永和，副厅长蒋华年，省劳动和社会保障厅副厅长吴可立，党委书记史国君、院长孟祥林以及省交通厅各处室、厅属等各单位领导出席大赛开幕仪式。

12月11日，学院接受高职高专院校人才培养工作水平评估。教育部高职高专院校人才培养工作水平评估专家组严格按照评估程序，对学院人才培养工作水平进行现场考察评估，全面地考察了学院办学情况，对学院人才培养工作给予了充分肯定，并提出了准确、深刻、中肯的意见和建议。江苏省交通厅蒋华年副厅长、江苏省教育厅高教处王煌处长看望了评估专家。高职高专人才培养工作水平评估是学院建院以来参与层次最高、系统性最强、指导与促进作用最为显著的评估活动，是学院改革建设和发展的重要里程碑。

12月，学院被省教育厅评为省“文明学校”，被省文明委授予“2003~2004年度省文明单位”光荣称号，被省委教育工委推荐为“四五普法先进集体”。

2006年

1月，学院国家职业技能鉴定所再次获得省劳动厅、省职业技能鉴定中心颁发的2005年度“省属先进国家技能鉴定所”荣誉称号，并被确认为首批江苏省职业技能鉴定基地。全省高校系统只有东南大学和学院的鉴定所获此殊荣。至此，学院连续二年被评为“全省职业技能鉴定先进单位”。

3月，学院组织交通部首期公路工程试验工程师试点考试。交通部公路工程试验工程师试点考试项目主要包含路桥基础、路基路面、桥梁隧道与实践操作等，全省14家检测机构150名试验检测人员参加了考试。

4月，承办全国交通职业院校学分制改革经验交流暨选修课教材开发协作会议。本次会议共有45所院校的分管教学副院长（校长）、教务处处长（科长）78位同志参加。会上成立了全国交通职业院校选修课教材开发协作委员会，秘书处设在学院。

4月，武可俊获得“2003~2005年度南京市劳动模范”称号。

4月22日，学院召开全体干部大会，传达了省委关于学院党委书记史国君赴淮安挂职副市长及由孟祥林主持学院党政日常工作的决定。

5月11日，我院与加拿大圣克莱尔学院合作办学获教育厅正式批准。双方进行“模具设计与制造”专业的合作教育，该项目属专科学历层次，学制三年，纳入统一招生计划，学院中外合作办学有新突破。

6月14日，江苏省交通政工和教育研究会学校分会成立大会在学院隆重举行。来自全省9所交通类职业教育学校的32名代表参加了会议，学院被推选为江苏省交通政工和教育研究会学校分会首届会长单位，院长孟祥林当选学校分会会长。

7月14日，《工程地质与水文》、《汽车发动机构造与维修》、《物流管理》三门课程被评为江苏省精品课程（二类），“汽车运用技术”专业被评为江苏省品牌专业、“道路桥梁工程技术”、“物流管理”专业被评为江苏省特色专业。

8月8日，全国首家机动车驾驶培训教练员考核中心——江苏省机动车驾驶培训教练员考核中心在江宁校区举行揭牌仪式，该中心主要负责全省机动车驾驶培训教练员上岗资格的考核、教练员职业资格的评定和教练员素质要求的研究。

8月18日，高进军被中共江苏省交通厅党组、江苏省交通厅表彰为“全省交通系统勤政廉政好干部”。

10月，召开第二届团员及学生代表大会。院党政相关领导、253名师生代表和来自全市17所兄弟院校的团委书记出席了会议。大会选举并经院党委审核产生了共青团南京交通职业技术学院委员会第二届委员会成员，任命团委书记、副书记；选举产生了学院第五届学生委员会成员，批准了经大会选举产生的学生团工委书记、学生会主席的人员名单。

11月10日，江苏省人事厅批准同意在学院成立“江苏省人才流动服务中心南京交通职业技术学院分中心”，该中心是江苏省人才流动服务中心在学院的派出机构，是江宁大学城片区唯一一所。

11月16日，学院撤销了学院基础学部，从此学院形成了“七个教学系一个体育部”的构架。

12月，学院被中共江苏省委宣传部、江苏省依法治省领导小组办公室、江苏省司法厅联合表彰为“2001~2005年全省法制宣传教育先进单位”；被交通厅表彰为“2001~2005年交通厅法制宣传教育先进单位”。

12月，学院在全国、全省大学生数学建模比赛中取得全国二等奖1个，江苏赛区一等奖1个、三等奖1个；首次参加全省大学生职业生涯规划设计大赛，荣获大赛组织奖；在全省大学生机器人大赛中获三等奖。

2007年

1月，学院荣获“江苏省大学生心理健康教育工作先进集体”称号。

3月，国家职业技能鉴定所被交通部首批认定为“交通行业技能培训、鉴定工作站”。此外，学院国家职业技能鉴定所再次获得“省属先进国家技能鉴定所”荣誉称号，并被评为江苏省高技能人才培养示范基地。

4月，学院召开第一次宣传思想工作会议。孟祥林作《学院宣传思想工作报告》，全面回顾学院近年来宣传思想工作情况，并针对当前及今后一段时期宣传思想工作的开展提出具体要求。

4月，学院党委作出复办院报的决定，《南京交院报》经过调整改版，于6月正式发刊。

6月，学院学报取得江苏省新闻出版局准印证，更名为“交通高职研究”。

8月28日，江苏省交通厅党组任命许正林任学院党委委员、党委副书记。

9月10日，江苏省交通厅党组书记、厅长潘永和、江苏省教育厅副厅长杨湘宁莅学院第23个教师节庆祝大会。潘永和代表厅党组向学院教职工致以节日的问候，充分肯定了学院建设和改革发展所取得的成绩，并表示将一如既往地支持学院工作，为学院抓好创建工作营造一个良好的外部环境。

11月10日，学院成功承办全省交通院校汽车维修专业学生技能竞赛。来自全省交通系统的10所院校代表队参加竞赛。省交通厅副厅长李先友，省交通厅、省教育厅、省劳动和社会保障厅有关领导莅临竞赛开幕式。学院代表队凭借过硬的职业技能，在电控发动机故障诊断、汽车变速器拆装和汽缸磨损检测等竞赛项目中一路领先，最终包揽前九名，稳夺大赛桂冠。

11月，《道路建筑材料》与《汽车文化》两部教材被评为江苏省精品教材。学院选送课件在第七届全国多媒体课件大赛上获奖，《汽车发动机配气机构构造与维修》荣获高职组一等奖。

11月，学院再次被江苏省教育工委表彰为2005~2006年度“江苏省高等学校文明学校”。

2008年

1月14日，经省档案局、省交通厅、省教育厅专家联合评审，认定学院档案工作通过省一级标准单位。

1月18日，中共江苏省委员会任命孟祥林为学院党委书记，贾俐俐为学院院长、学院党委副书记。

2月，学院获得“全省高校思想政治教育工作先进集体”称号。

3月，学院国家职业技能鉴定所获得“省属职业技能鉴定工作先进单位”，“计算机信息高新技术考试站”被评为“2007年度计算机信息高新技术考试先进单位”。

4月，学院党校被中共江苏省委宣传部、省委组织部表彰为2004~2007年度“先进基层党校”。

5月21日，学院召开党建和思想政治教育工作会议，成立了学院党建和思想政治教育研究会，选举产生了研究会理事会。

6月，学院有5项教育科学成果获得奖励：“校企合作公路工程类高技能人才培养模式创新实验基地”被评为江苏省人才培养模式创新实验基地；“汽车技术服务与营销”专业被评为江苏省品牌专业建设点；“道路建筑材料检测与应用”、《ASP动态网页设计》两门课程被评为江苏省精品课程；“汽车运用技术专业”教学团队省级被评为江苏省优秀教学团队。

7月8日，根据江苏省教育厅、财政厅联合发布的《关于公布2008年江苏省示范性高等职业院校和园区建设单位名单的通知》，学院顺利通过专家评审，被江苏省教育厅、财政厅确定为2008年江苏省示范性高等职业院校建设单位。

9月5日，江苏省交通厅厅长游庆仲莅临学院与全院教职员工共庆第24个教师节。游庆仲厅长专门深入到汽车工程系、公路工程系、大学生活动中心视察。

10月23日，学院召开示范性院校建设领导小组会议，正式启动了省级示范性高职院校建设工作。会议明确了江苏省级示范性高职院校建设思路、指导思想、总体目标和具体任务，并提出了阶段性目标，详细布置了各子项目本学期的建设工作。

11月7~9日，学院成功承办由省交通厅、省总工会、省劳动和社会保障厅联合举办的全省交通桥梁工程试验检测技能竞赛决赛。交通运输部质监总站副站长黄勇同志，江苏省交通厅党组副书记、副厅长杨根林，省交通厅党组成员、副厅长钱国超，省总工会副主席胡同军，省劳动和社会保障厅副厅长吴可立莅临开幕式。这是2008年全省十大工种职业技能竞赛之一，也是江苏省乃至全国首次面向交通桥梁工程举办的技能竞赛。学院荣获优秀组织奖。

12月4日，江苏省交通厅批准周传林为学院副院长。

12月10日，学院隆重召开第一次党代会。江苏省交通厅党组书记刘大旺、江苏省教育纪工委书记蒋吉生、江苏省委组织部干部五处处长苏春海、江苏省交通厅副厅长汪祝君以及兄弟院校代表莅临大会。大会全面总结了学院党委六年来的工作成绩和经验，明确了今后五年学院发展的指导思想和总体目标。大会选举并经上级党组织批准成立了学院第一届党委委员会，孟祥林、贾俐俐、许正林、高进军、王晓农、周传林、应海宁当选为学院新一届党委委员；成立了学院第一届纪律检查委员会，应海宁、何卫平、张家俊、赵勇、张文斌当选为纪委委员。

12月16日，江苏省委教育工委批准应海宁为学院纪委书记。

12月26日，学院隆重举行纪念改革开放三十周年暨建校55周年庆祝大会。江苏省副省长史和平莅临大会并作重要讲话，省委组织部、省委宣传部、省政府办公厅、省交通厅、省教育厅、江苏交通控股有限公司等上级领导和全省交通系统各单位各部门的嘉宾到校祝贺。国家交通运输部科教司、江苏省教育厅沈健厅长致信祝贺。江苏省交通厅汪祝君副厅长主持庆祝大会。

2009年

1月7日，学院举行江苏省示范性高职院校分项目建设责任书签字仪式，院领导与示范性高职院校5个重点专业（群）、两个试点项目负责人签订建设任务责任书。

2月，学院荣获“全省教育纪检监察先进集体”荣誉称号。

2~7月，学院党委认真贯彻落实中央、省委教育工委的部署要求，围绕“坚持科学发展，彰显交通特色，高水平建设示范性高职院校”主题，顺利完成了“学习调研、分析检查和整改落实”三个阶段六个环节的具体工作，开展了深入学习实践科学发展观活动。

3月，学院被省教育厅、省水利厅联合授予江苏省“节水型高校”称号。

4月，学院报送的《全程参与、深度合作，校企联合培养汽车服务类人才》获得江苏省高等教育教学成果奖一等奖，并被推荐参加第六届高等教育国家级教学成果奖遴选。

5月，经南京市地名委批准，设立地铁1号线南延线“南京交院站”。

5月，学院“汽车运用与维修实训基地”顺利通过国家级、省级高职教育实训基地建设点验收。

5月，学院《模具数控加工技术》、《网络互联技术》两门课程被确定为江苏省成人高等教育精品课程。

7月，学院《基于知识流的江苏高职院校核心竞争力研究》、《交通社会学：理论、视野与构建》、《高职院校学生人文素质教育体系设计研究》、《课程体系外的高职学生职业关键能力培养模式研究》、《高职生道德社会化的实证研究》五项课题获江苏省高校哲学社会科学研究基金资助项目，《金融危机下中小企业融资策略研

究》、《金融危机背景下的中国对外投资战略调整与风险控制体系构建研究－以江苏为例》、《基层司法所对未成年犯社区矫正操作范式的完善、《高职院校大学生思政教育创新研究》4项课题获江苏省高校哲学社会科学研究基金指导项目。学院此次哲社基金申报获资助项目数量在全省高职院校中排名第一。

8月，学院新食堂——思源堂北楼顺利开业，开始为全院师生提供饮食服务。学院思源堂北楼建筑总面积8715m²，共分三层。

8月，学院完成浦口校区全部搬迁工作。

9月，学院杨益明获得“江苏省优秀教育工作者”、“第五届江苏省高等学校教学名师”称号。

9月，学院在第六届江苏省大学生力学竞赛比赛中获得“优秀组织奖”和“团体一等奖”。

10月17~18日，学院在第二届江苏省高校测绘技能大赛以团体总分第一名的成绩荣获大赛团体一等奖，并分获导线测量团体一等奖、水准测量团体一等奖。

10月17日、19日，学院召开2009年教学工作会议。江苏省交通运输厅汪祝君副厅长应邀到会并作重要讲话；江苏省教育厅、交通厅有关处室领导出席会议。

10月24~25日，学院在首届全国交通高职高专院校工程测量技能竞赛中荣获大赛团体二等奖。

11月26日，东风标致培训中心落户学院，东风标致为学院提供8辆汽车、5台发动机、4台变速器、2套专用工具、2套专用检测仪等价值160余万元的教学设备。

12月14日，江苏省委教育工委党建工作考核组对学院党的建设工作开展了为期3天的考核。考核组通过听取汇报，与学院领导个别谈话，举行中层干部、党员群众和基层党组织座谈会，查阅相关资料和实地考察等形式对学院党建工作进行全面考核。经过考核组认真评议，认定学院基层党组织建设工作考核为优秀。

2010年

1月，学院被江苏省教育厅表彰为“2008~2009年度江苏省高等学校和谐校园”。

2月，学院在全省首批高校公共体育课程考核中获“优秀”等次。

3月，学院第一、第二食堂获江苏省高校2006~2009年“文明食堂”荣誉称号；学生宿舍A-F全部组团获江苏省高校“文明宿舍”荣誉称号。学院第一食堂还获“南京市食品卫生等级A级单位”荣誉称号。

3月，学院育通交通工程咨询监理有限公司承接的京杭运河常州市区段改造工程获得中国土木工程詹天佑奖，同时荣获交通运输部年度水运工程质量奖。

3月26日，学院成立“十二五”规划编制工作领导小组和“十二五”规划编制专题工作组，领导小组下设学生培养规划编制、专业建设规划编制、人才队伍建设编制、科教研规划编制、继续教育与合作办学规划编制、校园建设与保障规划编制、制度建设规划编制七个工作组，启动学院“十二五”规划编制工作。

4月10日，学院加入“海外本科直通车”，招生专业为会计、计算机网络技术、机电一体化等三个专业。

5月11日，贾俐俐当选为江苏省职业教育教学改革创新指导委员会委员和江苏省职业教育交通运输类专业教科研中心组组长。

5月26日，由学院牵头组建的江苏交通运输职业教育集团举行成立大会暨揭牌仪式。江苏省交通运输厅党组书记、省铁路办主任刘大旺和省教育厅副厅长丁晓昌出席大会并共同为“江苏交通运输职业教育集团”揭牌。丁晓昌副厅长、省交通运输厅副厅长汪祝君作了重要讲话。来自省内外近80家企事业单位代表和相关院校领导150余人参加了大会。集团下设教学指导委员会、专业建设指导委员会、就业指导委员会、校企合作指导委员会等。首批加盟该集团的有院校22所、企业50家、科研院所和行业协会学会7家。学院被推选为理事长单位，贾俐俐当选为理事长。

6月25日，学院代表江苏省参加了教育部主办的2010年全国职业院校（高职组）汽车技术技能大赛，荣获团体一等奖。

6月，学院《道路建筑材料检测与应用》课程被评为国家精品课程。

7月13日，全国交通职业教育路桥学科骨干教师培训班在学院开班，来自全省17省区18所兄弟院校50余位教师参加了培训。

9月9日，江苏省交通运输厅庆祝第26个教师节文艺调演在学院举行，全省交通系统8家单位以“交通梦·师生情”为主题作了精彩演出。江苏省交通运输厅游庆仲厅长出席本次活动。

10月，学院在GE智能平台2010年度全国大学生自动化控制设计大赛中获得大赛最高奖项——智能团队大奖。

11月21日，学院在全国交通高职高专院校“刚毅杯”路桥工程材料试验技能竞赛中夺得团体一等奖。

11月，学院首次聘任56家企业经理或人力资源部门负责人为学院校外兼职教学督导员。

11月，学院获得“2009~2010年度江苏省价格诚信单位”荣誉称号。

11月，学院被表彰为“2008~2009年江苏省体育工作先进学校”。

12月，学院获得“2007~2009年江苏省文明单位”荣誉称号。

2011年

1月5日，交通运输部科技司司长贺建华、副司长洪晓枫在江苏省交通运输厅金凌总工的陪同下莅临学院视察指导。

1月，学院先后组织了20场“十二五”改革与发展规划征询意见座谈会，分别就学院总体发展规划纲要、7个子规划和10个系部建设分规划广泛征求教职工的意见和建议。学院领导、中层干部、教师代表、民主党派代表、离退休教职工等累计500人次参加了座谈会。

1月，学院荣获“2009~2010年健康教育工作优秀单位”称号。

3月18日，学院4万m^2二期工程建设（土建、安装）开工。其中：图文信息楼建筑面积19878m^2，行政办公楼建筑面积达8877m^2，H组团学生公寓建筑面积约7204m^2，I组团学生公寓建筑面积4147m^2。

4月25日，由江苏省教育厅批准成立的“江苏省道路交通节能减排工程技术研究开发中心”在学院挂牌。江苏省教育厅殷翔文副厅长、江苏省交通运输厅金凌总工为中心揭牌。

5月11日，学院荣获“江苏省学生资助工作先进单位”荣誉称号。

5月13日，中共江苏省委员会任命贾俐俐为南京交通职业技术学院党委书记，免去孟祥林同志南京交通职业技术学院党委书记、委员职务；张毅为学院院长、党委副书记。

5月23日，江苏省政府启动实施高等教育综合改革试验区建设，学院被省政府确定为江苏省高等教育综合改革试验区试点院校之一，承担“高校人才培养体制改革”中的“高职人才培养体制改革”任务，具体负责“交通类”专门人才培养体制改革。以交通物流专业为试点，创新实施“游学制”人才培养模式。

5月31日，江苏省高校思想政治理论课建设工作检查组专家到校开展专项检查，学院思想政治理论课被评为合格。

6月8日，江苏交通运输职业教育集团2011年年会在学院召开。江苏省交通运输厅汪祝君副厅长、江苏省教育厅李世恺副巡视员出席大会并讲话。集团成员单位由79家增加到了104家；成立了南京交通高职教育联合体理事会，汪祝君副厅长当选为理事会理事长；汪祝君副厅长和李世恺副巡视员共同为南京交通高职教育联合体揭牌。年会上决定由相关院校牵头组建8个集团专业分会：由南京交通职业技术学院牵头组建汽车工程分会和路桥分工程分会，南通航运职业技术学院牵头组建轮机工程技术分会和港航机械工程分会，南京铁道职业技术学院牵头组建现代物流分会，江苏海事职业技术学院组建航海技术分会，江苏交通技师学院牵头组建筑路机械工程分会，江苏省无锡交通高等职业技术学校牵头组建船舶工程技术分会。

8月，学院荣获“全国高职高专院校科研工作先进单位”称号。

10月，学院《紧贴行业，校企共育，路桥专业人才培养创新与实践》获江苏省高等教育教学成果奖一等奖，《物流管理专业“3312”工学交替人才培养模式的研究与实践》获江苏省高等教育教学成果奖二等奖。

10月27日，学院对经过征集、评审、论证而形成的新“校训”、“校风”、“教风”、“学风”举行发布仪式。新校训为“知行合一　明德致远”，校风为“勤奋求实团结　创新”，教风为“尚德善教”，学风为“砺志敏学”。

11月25日，江苏省内外交通运输行业18位专家、学者受聘为学院客座教授、兼职教授。

12月9日，学院荣获全省教育系统“五五”（2006~2010）法制宣传教育先进单位。

12月16日，学院建筑工程技术和工程机械运用与维护两个专业获中央财政支持的高等职业教育重点建设专业点。

12月18~21日，学院顺利通过新一轮高职人才培养工作评估。由教育部高职评估委员会主任杨应崧教授担任的新一轮高职院校人才培养工作评估专家组到学院进行了为期三天的全面考查。专家组充分肯定了学院的人才培养工作。本次评估考察工作得到省教育评估院高度评价。

12 月 22 日，江苏省交通运输厅批准学院成立“江苏省交通节能减排工程技术研究中心”。

2012 年

1 月 13 日，学院获江苏省教育厅“2010~2011 年度江苏省高等学校和谐校园”荣誉称号。

2 月 6 日，江苏省团省委公布了 2011 年度全省高校共青团工作考核结果，学院再次获得“共青团工作优秀奖单位”。

2 月，贾俐俐被确定为江苏省“六大人才高峰”第八批高层次人才项目资助对象。

3 月，2012 年度教育部人文社会科学研究规划基金项目正式公布，何玉宏教授申报的研究项目《交通运输方式变革对社会生活方式的影响研究》获准立项。

4 月 1 日，江苏省交通节能减排工程技术研究中心揭牌仪式暨第一届理事会第一次会议在学院举行。

4 月，贾俐俐当选为江宁区第十六届人民代表大会代表。

5 月 7 日，学院承办 2012 年江苏省高等职业院校技能大赛“汽车维修与故障诊断排除”比赛。学院代表队获得两个单项一等奖、团体一等奖第一名的优异成绩。

5 月 9 日，学院被江苏省教育厅、综治办、公安厅联合授予“江苏省平安校园”荣誉称号。

5 月 20 日，学院获江苏省第二届文科大学生自然科学知识竞赛“优秀学校奖”。

5 月 30 日，学院承办江苏省高校思想政治教育研究会高职高专分会第四次全体理事会议，来自全省近 60 所院校的近百名代表参加会议。江苏省教育厅副厅长殷翔文、江苏省交通运输厅副厅长汪祝君、江苏省教育厅、江苏省交通运输厅相关处室领导出席会议。学院《以励志菁英学校为平台，创新资助育人新模式》荣获思政教育“实践创新一等奖”。

5 月，学院获 2012 年度“江苏省毕业生就业工作先进集体”荣誉称号。

6 月 18~19 日，学院在教育部主办的 2012 年全国职业院校技能大赛“汽车与维修”赛项中获得“汽车自动变速器拆装与检测”、“汽车电气系统检修”两个单项团体一等奖，为江苏省代表队增添了两枚金牌，并荣获团体综合二等奖。

6 月，学院运输管理系刘娟同学顺利入选西部计划志愿者，是学院入选西部计划第一人。

7 月 21 日，学院与南京林业大学签署合作协议，学院汽车运用技术和物流管理两个专业，分别对接南京林业大学“交通运输（汽车运用工程方向）、交通运输（物流技术方向），采取“3+2”分段培养模式，2012 年面向江苏普通高考考生招收 160 名学生。学院“汽车运用技术”、“机电一体化”两个专业，与金陵中等专业学校、溧水中等专业学校开展“3+3”中高职分段培养试点，实现中高职教育贯通、中高级技能衔接。

8月20日，学院承办第一届“江苏技能状元”大赛汽车检测与维修职业决赛。经过为期三个月自下而上、层层竞赛和选拔方式，全省13个市级和省（部）属企业共14个赛区选拔推荐的78名汽车检测与维修行业选手参加了决赛。江苏省人民政府副省长史和平、副秘书长王志忠，省交通运输厅厅长游庆仲、省人力资源和社会保障厅厅长谭颖出席开幕式并共同推动象征决赛开幕的启动杆。省交通运输厅副厅长汪祝君、省人力资源和社会保障厅副厅长王立平，省国资委副主任李琨，省总工会副主席胡同军出席开幕式。

8月30日，学院代表南京市在第一届“江苏技能状元大赛”汽车检测与维修职业决赛中获得学生组第一名、第二名好成绩。

8月，学院被江苏省人民政府授予“高技能人才摇篮奖”的荣誉奖牌。

9月，学院招生省份增加至16个，录取新生3401个，报到率达92%。

9月6日，根据《教育部关于确定“中德职业教育汽车机电合作项目”第二批试点院校的通知》，学院被列入该项目的试点合作院校。

9月，学院交通节能减排中心30余项专利申请获批。

10月12~14日，学院在“苏一光杯”第四节江苏省高校测绘技能大赛中获得团体一等奖。

10月15日，学院被江苏省教育厅授予“2012年江苏省职业院校技能大赛先进单位”荣誉称号。

10月16日，学院被授予“2012年江苏省教学工作先进高校”称号。

10月19日，江苏交通运输教育集团汽车工程分会在学院成立，省内12家交通职业院校、12家交通运输企业参加了会议。

11月20日，地铁“南京交院站”正式成为学院首个地铁志愿服务基地。

11月，学院获得“江苏省高等学校信息化建设优秀单位”荣誉称号。

12月8~10日，学院选送《发动机曲柄连杆机构构造与拆装仿真教学软件》在教育部、工业和信息化部、江苏省教育厅共同主办的“神州数码杯”全国职业院校信息化教学大赛中获得高职组多媒体教学软件比赛一等奖。

12月27日，学院《地铁隧道风力发电系统》、《公交车载智能系统》、《智能机器人搬运标准平台》三个科技创新成果，参加江苏省第一届大学生创新创业成果（项目）（项目）交流会。

2013年

1月10日，学院青年教师公共租赁住房及大学生实习实训基地项目开工。

1月，学院获准自主单独招生，计划招生340人，专业包括汽车检测与维修技术、道路桥梁工程技术、物流管理、通信技术、建筑工程技术和建筑装饰工程技术六个重点、特色优势专业。

1月，学院获得2011~2012年度“江苏高校思想政治教育工作先进集体”荣誉称号。

2月，学院被江苏省教育厅授予“全省教育纪检监察先进集体”称号。

2月，学院获年度职业技能鉴定先进单位荣誉称号，这是我校自2004年以来第八次获此殊荣。

3 月 5 日，江苏省交通运输厅党组任命杨益明为南京交通职业技术学院副院长。

3 月，学院内设机构调整设置方案得到江苏省交通运输厅批准，其中，汽车工程系、路桥工程系、运输管理系、电子信息工程系、机电工程系、建筑工程系分别更名为汽车工程学院、路桥与港航工程学院、运输管理学院、电子信息工程学院、机电工程学院、建筑工程学院。学院相应完成了基层党组织设置与调整，设立了 11 个党总支、5 个直属党支部。

3 月，学院顺利通过全省教育系统 2012 年度关心下一代工作委员会常态化建设合格单位考核验收。

3 月，学院被江苏省军区、江苏省教育厅授予“2010~2011 年度江苏省学生军训工作先进单位”。

3 月，学院运输管理系会计教研室被全国妇联授予“全国巾帼文明岗”称号。

4 月 19 日，江苏省教育厅沈健厅长、江苏省交通运输厅游庆仲厅长视察学院。

4 月 19 日，2013 年江苏省高等职业院校技能大赛总开幕式在学院举行，江苏省教育厅沈健厅长、江苏省交通运输厅游庆仲厅长、教育部职业教育与成人教育司林宇处长、江苏省教育厅丁晓昌副厅长、江苏省交通运输厅汪祝君副厅长及两厅相关处室领导出席了开幕式。学院在此次比赛“实耐宝杯”汽车检测与维修项目获得团体一等奖，在“运华天地杯”汽车营销项目中获得团体一等奖。

5 月 3 日，学院团委被共青团江苏省委授予“五四红旗团委”称号。

5 月 8 日，图书馆新馆开始试运行。

5 月 21~22 日，学院参加全球教育联盟 GEC2013 年年会，并被全球教育联盟接纳为会员单位。

6 月，学院获江苏省第四届理工科大学生人文社会科学知识竞赛“优秀学校奖”。

6 月，学院在 2013 年全国职业院校技能大赛高职组“科力达杯”测绘测量赛项中获二等奖。

6 月 18~21 日，学院在 2013 年全国职业院校技能大赛“一汽一大众杯”汽车检测与维修、汽车营销赛项中获得“汽车检测与维修赛项综合技能”团体一等奖、“汽车故障诊断”单项一等奖、“汽车电气系统检修”一等奖，“汽车自动变速器拆装与检测”单项二等奖、“汽车营销赛项”团体一等奖。

附录二

历届团委、学生会组成人员一览表

江苏省南京交通学校

历届团委组成人员一览表（1980~2001）

届 次	时 间	组 成 人 员
第一届	1980 年	书　记：黄荣枝 副书记：刘传成 委　员：朱菊英　朱金桥　熊寿文　樊新海　潘庆长　冒跃明（1980.11.4 增补）
第二届	1983 年	书　记：张道明 副书记：袁　平 委　员：冒跃明　奚建光　许亚忠　赵远军　汤振华
第三届	1984 年	副书记：祁国新 委　员：陈胜利　雷　敏　吴效祥　张荣贵　田晓华　殷　克
第四届	1986 年	副书记：彭民军 委　员：陈胜利　吴效强　周　蓉　王文成　滕红兵　黄国良
第五届	1988 年	书　记：彭民军 委　员：万江波　吴绪雷　陈伟平　葛　振　陶　玉
第六届	1990 年	副书记：祁国新 委　员：陈万玉　万江波　葛明亮　孙　海　张　彬
第七届	1993 年	副书记：陈万玉 委　员：瞿建春　潘国平　刘乃良　封　勇　施亚娟　曹　唯　毛　瑾
第八届	1995 年	副书记：陈万玉 委　员：史立峰　孙海孝　张丽萍　宋海霞　王道峰　陈小勇
第九届	1997 年	副书记：韩承刚 委　员：蒋　琴　赵春菊　李　敏　杨小焕　史立峰　陆飞跃　王　炜
第十届	1999 年	副书记：康建军 委　员：范　健　林　榕　邵新华　梁文灿　杨　丽　陈伟先　李克海　谢　非
第十一届	2001 年	副书记：康建军 委　员：林　榕　毛卫华　王　琼　朱　燕

南京交通职业技术学院

历届团委组成人员一览表（2003~2012）

届　次	时　间	组　成　人　员
第一届	2003 年	副书记：吴兆明 委　员：王　宁　王　健　刘　阳　刘　鹏　汤　进　张文斌　肖　颖　瞿　枫
第二届	2006 年	书　记：吴兆明 副书记：谢剑康 委　员：彭涌涛　王文婷　常开健　唐为付　丁文冠　李　君　李小滨
第三届	2012 年	书　记：季仕锋 副书记：戴广东 委　员：王文婷　袁冬梅　白　梅　庄　岩　陆尚豪　周淑艳　谢理智

江苏省南京交通学校

历届学生会组成人员一览表（1980~2001）

届　次	时　间	组　成　人　员
第一届	1980 年	主　席：熊寿文 副主席：张英龙 委　员：刘志耕　王晓芳　张玉恒　徐松涛（1980.10.25 病退） 祁国新（1980.10.25 增补）
第二届	1982 年	主　席：祁国新 委　员：张金明　孙幼军　李玉超　范陶建
第三届	1983 年	主　席：陆星星 副主席：张金明 委　员：李玉超　邱　峰　汪　燕　胡　进　孙家杰　樊陶建
第四届	1984 年	主　席：管鹤楼 副主席：邱　峰　刘卫星 委　员：赵新生　汪　燕　徐　勇　胡俊良
第五届	1985 年	主　席：管鹤楼 副主席：董德喜 委　员：赵松柏　刘小兵
第六届	1986 年	主　席：董德喜
第七届	1986 年	主　席：刘　宁 副主席：陈植民　丁天锐 委　员：丁天锐　缪息生　施杭娟　钱金海　秦兴秀　沈　慧　庄争一
第八届	1988 年	主　席：胡海啸 副主席：王晋华　郭剑锋 秘书长：张学义
第九届	1990 年	主　席：王晋华 副主席：郭剑锋 秘书长：张学义
第十届	1992 年	主　席：梅士宏 副主席：李贵宾 委　员：宗晓萍　盛　俊　赵　颖　陈　涛　张国芳　黄　锋　吉国祥

续上表

届 次	时 间	组 成 人 员
第十一届	1994 年	主 席：葛 垚 副主席：张 延 委 员：刘成刚 葛辉军 夏伟华 裴庄青 沈丽华 孙艳萍 高水娟
第十二届	1996 年	主 席：黄 涛 秘书长：姜 华 委 员：王 瑛 李 飞 林 榕 姚宝明 徐育东 张治平 冒家彪
第十三届	1999 年	主 席：邵新华 副主席：赵跃东 委 员：王卫青 王 林 孙 斌 陈伟先 杨 丽 李克海 梁文灿 蒋忠文 谢 菲 马琴梅 王小松 孙章勇 许 嵩 陈 光 李 芳 张 英 张建庆 李 琼 陈 婷 宗 佳 赵 赴 高庆东 郭敏珏 徐 艳
第十四届	2001 年	主 席：赵跃东 副主席：王 琼 委 员：郭敏珏 陈宝真 王小松 薛艳玲 咸 松 蒋忠文 张孝丽 李 芳

南京交通职业技术学院

历届学生会组成人员一览表（2002~2012）

届 次	时 间	组 成 人 员
第一届	2002 年	主 席：刘 鹏 副主席：瞿 枫 颜 笑 委 员：王 健 毕 艳 刘 宝 汤 进 肖 颖 邱学刚 罗 涛 陶 静 徐 民 陶 宏
第二届	2003 年	主 席：刘 鹏 副主席：瞿 枫 颜 笑 委 员：王 健 毕 艳 刘 宝 汤 进 肖 颖 邱学刚 罗 涛 陶 静 徐 民 陶 宏
第三届	2004 年	主 席：汪洪锋 副主席：薛毅啸 委 员：赵 倩 梁沈阳 朱 虹 李全义 卢 超 陈英杰 周栋来 张寿杰 巫春雪 顾 亮 顾勤勤 徐海宁
第四届	2005 年	主 席：汪洪锋 副主席：刘永金 委 员：赵 予 孙 亚 刘圣连 潘健成 徐 岩 徐 洲 陈 睿 张红兰 马容芳 周 兰
第五届	2006 年	团工委书记：常开健 主 席：唐为付 副主席：丁文冠 委 员：李 君 刘维正 张 毅 莫伶俐 于 洋 瞿婧晶 周琪华 陈 将
第六届	2007 年	团工委书记：张 亮 主 席：季良达 副主席：田扬洲 刘 琼 委 员：熊 玲 吴 瑞 王 杰 程蕴菲 郑 懿 徐金毓 解立冬 付 冰 唐耀宗 魏 斌 李 娴 杨 智 丁 锐

续上表

届　次	时　间	组　成　人　员
第七届	2008 年	主　席：孔爱成 副主席：仲崇团　杨贵敏 委　员：杜海文　李　庚　胡矩辰　陈　园　张　宝　袁江发　王　露　陈　森 郭威武　张国芳　任　雯　杨子慧
第八届	2009 年	主　席：周　赟 副主席：冯　报　梅楼建 委　员：管艳玲　奚　琦　张保亮　孔惠慧　姚　鑫　毛学清　周　煜　李萍萍 陈　明　杨同贵　范　玲　鲁　艺　何　伟
第九届	2010 年	主　席：王东阳 副主席：齐运新　朱艮彬 委　员：张明珠　郭远昕　尹　超　汤晓雷　张　然　刘宇枫　李如开　王峋翊 王文磊　刘　玮　高长宏　陈宁波　倪春健　曹　鸿　李壮华
第十届	2011	团工委书记：葛少鹏 主　席：胡　越 副主席：李　斌　董健超 委　员：周淑燕　李大卫　张若愚　徐鹏程　胡　琪　曹　晨　刘　晶　陈康伟 袁　彬　李大磊　杨家海　肖书美　祝登成　丁鹏惠　冯英豪
第十一届	2012 年	主　席：周淑燕 副主席：季冬华　谢理智 委　员：庄　岩　吴　冰　杜　云　陆尚豪　郗　敏　李雪儿　余明松　马义琴 冀梦华　李智强　张艺钟　王保周　梁亚东　王　成　沈　超

附录三

校歌

1=C 2/4
进行速度　朝气蓬勃地

陈胜利 词
沈亚威 曲

满怀　青春的　豪　情，　从大江　南　北　走来，　年轻的　你
扬起　希望的　风　帆，　从四面　八　方　走来，　自豪的　你

我．志　向　高远，　发奋攻　读，　我们要为　共和国
我．团　结　进取，　勇于实　践，　我们要使　共和国

建设桥梁　公　路
条条血脉　畅　通

啊，　交　院　啊，　交　院！　你是　交　通　人才的

啊，交　院，　啊，交　院，　交通　人才的

摇　篮　我　们　在这里勤　学　苦练　我们从　这里　奔

向　美好的　未　来！　来！

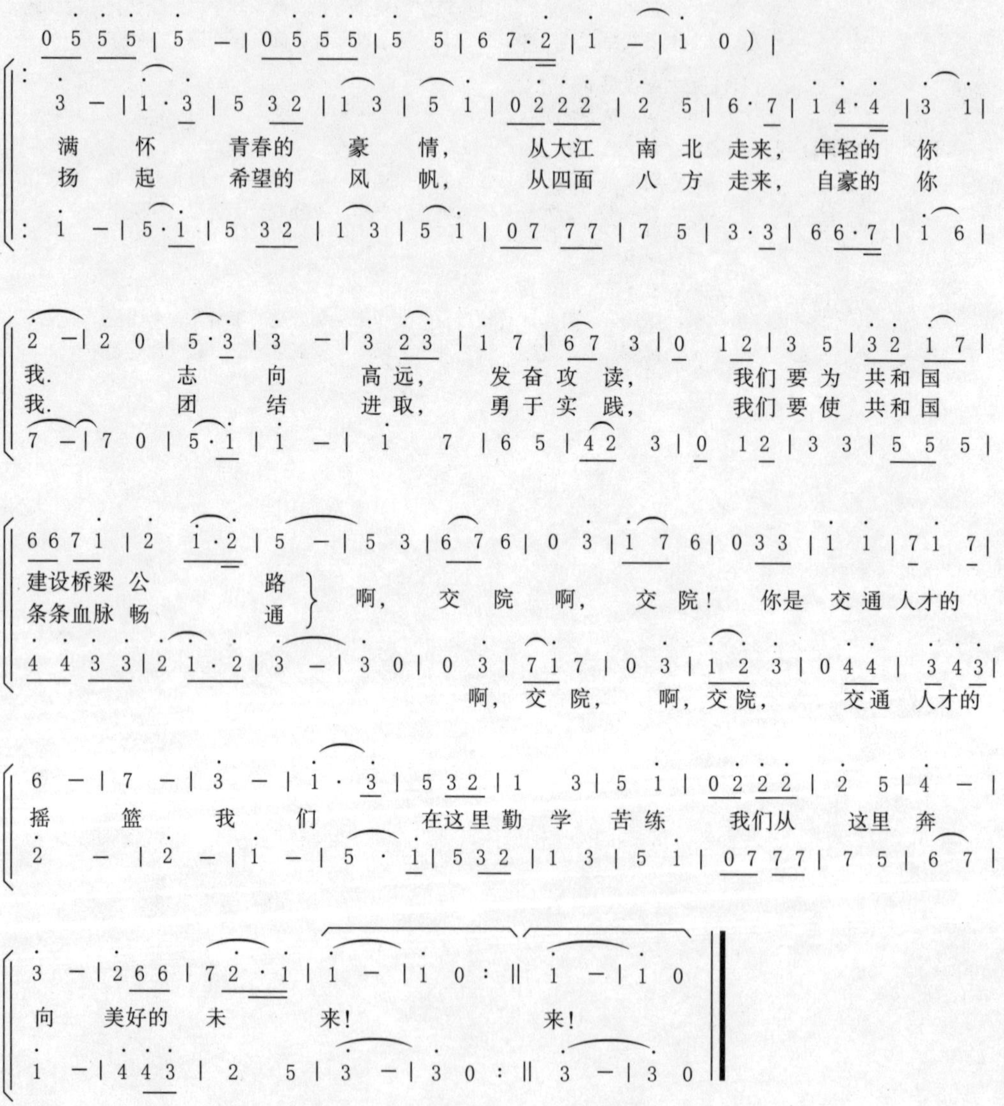

参 考 文 献

[1] 江苏省交通史史志编纂委员会 . 江苏省公路交通史 (第二册) [M] . 北京：人民交通出版社 . 1995.

[2] 江苏省地方志编纂委员会 . 江苏省・交通志・航运篇 [M] . 南京：江苏古籍出版社 . 2011.

[3] 徐传德 . 南京教育史 [M] . 北京：商务印书馆 . 2006.